混合智能系统的理论方法及应用研究

王 刚 著

科 学 出 版 社

北 京

内 容 简 介

本书是近年来作者对混合智能系统研究成果及经验的总结。本书界定了混合智能系统的研究范围和研究层次，给出了混合智能系统的概念。以设计科学的思想为基础，以基于案例推理的混合智能系统技术选择为核心，依据“从定性到定量综合集成研讨厅”的基本思想，提出了基于案例推理的混合智能系统构造方法。在对串型混合智能系统、并型混合智能系统、反馈型混合智能系统、内嵌型混合智能系统、混联型混合智能系统的应用特点进行分析的基础上，对基于案例推理的混合智能系统构造方法进行了实证研究，并将混合智能系统引入商务智能的应用中。最后对混合智能系统的未来发展进行了分析和展望。

本书可供混合智能系统相关领域研究人员阅读，也可作为相关专业研究生的教学参考书，还可作为高年级本科生开拓视野、增长知识的阅读材料。

图书在版编目（CIP）数据

混合智能系统的理论方法及应用研究 / 王刚著. —北京：科学出版社，2023.2

ISBN 978-7-03-069612-0

Ⅰ. ①混… Ⅱ. ①王… Ⅲ. ①混合系统-智能系统-研究 Ⅳ. ①TP18

中国版本图书馆 CIP 数据核字（2021）第 166777 号

责任编辑：李 嘉 / 责任校对：贾伟娟
责任印制：赵 博 / 封面设计：无极书装

科 学 出 版 社 出版

北京东黄城根北街 16 号
邮政编码：100717
http://www.sciencep.com

涿州市般润文化传播有限公司印刷
科学出版社发行 各地新华书店经销

*

2023 年 2 月第 一 版 开本：720 × 1000 1/16
2024 年 5 月第三次印刷 印张：14
字数：283 000

定价：128.00 元

（如有印装质量问题，我社负责调换）

前　　言

自 1956 年提出“人工智能”的概念以来，人工智能已经走过了 60 多年的研究历程，产生了许多很好的技术和方法，但是这些技术和方法单独应用时仍存在一些问题。针对这一情况，目前研究的焦点很大一部分集中在将多种智能技术综合集成上，也形成了人工智能领域一个新的研究方向——混合智能系统。

混合智能系统是在解决现实复杂问题的过程中，从基础理论、支撑技术和应用等角度，为了克服单一技术的缺陷，而采用不同的混合方式，使用各种智能技术和非智能技术，但至少有一种智能技术，从而获得知识表达能力和推理能力更强、运行效率更高、问题求解能力更强的智能系统。最初的混合智能系统研究始于 20 世纪 80 年代末～90 年代初的专家系统和神经网络的组合，开发了有关应用系统，并在两者集成模式方面进行了研究。随着模糊系统、遗传算法、案例推理等技术在人工智能领域的不断发展，混合智能系统的研究逐渐丰富，并开始进入一个新阶段，不同的学者提出混合方式不同的混合智能系统。但从总体上看，这个领域的发展还处于起始阶段，需要更多的学者从不同角度提出新的方案，以加快这个领域的发展。

全书共 8 章。第 1 章：绪论。首先，该章讨论混合智能系统及其应用研究的背景和意义，通过对研究背景的分析，明确本书的主要意义；然后，确定混合智能系统及其应用的研究内容、研究目标和拟解决的关键问题；最后，讨论本书所采用的主要研究方法和技术路线。

第 2 章：混合智能系统的概念界定及研究综述。首先，该章对混合智能系统及其应用研究的主要基本概念进行界定，通过对混合智能系统的研究范围、研究层次的界定，给出混合智能系统的概念；然后，对混合智能系统国内外的研究现状进行分析。

第 3 章：混合智能系统的构造原理。首先，该章给出混合智能系统构造的理论基础，基于设计科学的研究框架给出混合智能系统构造的主要流程；其次，给出混合智能系统的形式化描述，并给出五类基本的混合智能系统联接方式；再次，讨论混合智能系统构造的核心环节——基于案例推理（case-based reasoning，CBR）的混合智能系统技术选择；最后，讨论混合智能系统的评价问题。

第 4 章：串型混合智能系统、并型混合智能系统及反馈型混合智能系统的实证研究。该章结合具体的应用背景讨论串型混合智能系统、并型混合智能系统和反馈型混合智能系统的构造。首先，讨论串型混合智能系统、并型混合智能系统和反馈型混合智能系统的应用特点；然后，对串型混合智能系统、并型混合智能系统和反馈型混合智能系统进行实证研究。

第 5 章：内嵌型混合智能系统和混联型混合智能系统的实证研究。该章结合具体应用背景讨论内嵌型混合智能系统和混联型混合智能系统的构造。首先，讨论内嵌型混合智能系统和混联型混合智能系统的应用特点；然后，对内嵌型混合智能系统和混联型混合智能系统进行实证研究。

第 6 章：混合智能系统在商务智能中的应用研究。首先，该章对商务智能的概念、产生原因及作用进行简单概述；然后，对商务智能应用中存在的主要问题进行讨论，并针对目前商务智能应用中的问题，提出基于混合智能系统的商务智能技术架构；最后，提出基于混合智能系统的商务智能应用方案。

第 7 章：混合智能系统在商务智能中应用的案例研究。该章结合上海烟草工业印刷厂（简称上海烟印厂）商务智能的应用背景进行案例研究，验证第 6 章提出的基于混合智能系统的商务智能应用方案的有效性。

第 8 章：混合智能系统研究新进展。首先，该章介绍人工智能联结主义的最新进展——深度学习，并结合具体应用介绍基于深度学习的混合智能系统；然后，介绍符号主义的最新进展——知识图谱，并结合具体应用介绍基于知识图谱的混合智能系统；最后，对混合智能系统的发展进行展望。

自我 2008 年博士研究生毕业以来，一直有个心愿：出版一部混合智能系统的专著。本书内容主要是本人博士研究生阶段以及近年来工作的系统总结。我博士研究生阶段的导师是复旦大学管理学院的黄丽华教授，攻读博士研究生学位期间及毕业后在高校从教的这些年里，黄老师都给予了我莫大的关爱和帮助。从她的言传身教中，我不仅学到了专业知识，而且学到了治学与为人的道理，有幸师从于黄老师，我终身受益，值本书出版之际，再次向黄老师致以最诚挚的谢意和衷心的感谢！

在此，衷心感谢国家自然科学基金委员会，省、部级相关科研管理部门和有关企业对相关科研工作的大力支持！衷心感谢所有参考文献的作者！衷心感谢团队所在的过程优化与智能决策教育部重点实验室，它为团队科研工作创造了良好的学术环境和研究条件！衷心感谢科学出版社，它为本书的出版做了大量精心细致的工作！

由于本书涉及多个学科前沿，知识面广，作者水平有限，本书难免有不妥之处，恳请广大同行、读者批评指正。

王　刚

2021 年 2 月 3 日立春

于斛兵塘畔

目　录

第1章　绪　　论

1.1　研究背景和意义

1.1.1　研究背景

时代的车轮滚滚向前，时代的潮流势不可挡，在信息时代飞速发展的今天，信息网络化、经济全球化已成当今时代发展的必然趋势。信息产业革命是人类有史以来最大的一次产业革命，它正以排山倒海之势，左右着整个社会产业结构和社会财富的重新分配，与此同时，也为我们提供了千载难逢的机遇和挑战[1]。

当前，人类的科学事业正面临四大问题的挑战，这四大问题是物质的本质、宇宙的起源、生命的本质和智力的产生。智能科学就是研究最后一个问题，也可能是最困难、最重要的问题——智力是如何由物质产生的。智能科学是生命科学技术的精华、信息科学技术的核心、现代科学技术的前沿和制高点，涉及自然科学的深层奥秘，触及哲学的基本命题。因此，一旦取得突破，将对国民经济、社会进步、国家安全产生特别深刻和巨大的影响。目前，智能科学正处在方法论的转变期、理论创新的高潮期和大规模应用的开创期，充满原创性机遇[1]。

人类试图用人工的方法模仿智能已有很长的历史，从公元 1 世纪英雄亚历山大・里亚发明的气动动物装置，到冯・诺依曼发明的第一台具有再生行为和方法的机器，再到维纳提出的控制论，都是人类人工模仿智能的典型例证。现代人工智能力图抓住智能的本质，自从 Minsky、McCarthy 等学者在 1956 年提出“人工智能”的概念以来，人工智能已经走过了 60 多年的研究历程，并取得了一些划时代的成果，如 20 世纪 50 年代的感知器、60 年代的模糊集理论、70 年代的专家系统、80 年代的误差反向传播（back-propagation，BP）算法、90 年代初的遗传算法（genetic algorithm，GA）和案例推理等。这些研究成果为人工智能的发展奠定了基础，丰富了人工智能的研究内容。

但是经过 60 多年的发展，人工智能前进的步伐越来越小，创新与突破距离人们在 20 世纪五六十年代的预期也越来越远，此时，人们开始对人工智能进行反思。这个过程中一个重要的突破就是 Marks 在 1993 年提到的计算智能与人工智能的区别。他认为智能可以分为生物智能、人工智能、计算智能。计算智能是一种智力方式的低层认知，它与人工智能的区别只是认知层次从中层下降至低层而已。中层系统含有知识，低层系统则没有。若一个系统只涉及数值数据，不应用人工智能意义上的知识，而且能够呈现计算适应性、计算容错性、接近人的速度、误差率与人相近，则该系统就是计算智能系统[1]。当一个计算智能系统以非数值方式加上知识值时就成为人工智能系统。

不管怎样，人工智能这个智能模拟学科仍在发展，在其发展过程中还面临一些基本问题有待解决：①包含许多知识的人工智能系统的实时性问题；②对环境中不完全的、模糊的，甚至部分错误的信息的处理问题；③知识自动获取问题。针对人工智能研究中遇到的这些问题，目前，人工智能研究很大一部分集中在综合多种智能技术上，也形成了人工智能领域一个新的研究方向——混合智能系统（hybrid intelligent systems，HIS）。早在 1991 年，人工智能领域的著名专家 Minsky 就认识到研究不同智能技术组成的人工智能系统的必要性[2]。20 世纪 90 年代初，钱学森教授也提出了综合集成研讨厅，即将机器体系、专家体系和知识体系有机结合起来构成的一个高度智能化的人机结合系统[3]。

与人工智能发展相对应，企业信息系统也伴随着计算机的出现而不断向前发展，从最开始的主要用于会计领域，继而在生产方面发展为物资需求计划（material requirement planning，MRP）、制造资源计划（manufacturing resources planning，MRPII）、企业资源计划（enterprise resource planning，ERP）和供应链信息系统。企业信息系统在管理中的应用正由下层走向上层，由内部走向外部，对管理、组织、社会产生深刻的影响，引发管理制度与管理模式的重大变革。管理信息系统的未来发展方向之一就是智能化[4, 5]。

人工智能在信息管理与信息系统领域的应用从最初的专家系统、决策支持系统，到现在的数据挖掘和商务智能（business intelligence，BI）系统，走过了几十年的发展历程。目前，各个行业都面临激烈的竞争，及时、准确地决策已成为企业生存与发展的生命线。随着信息技术在企业中的普遍应用，企业产生了大量富有价值的数据。但这些数据大多存储于不同的系统中，数据的定义和格式也不统一。商务智能系统能从不同的数据源搜集的数据中提取有用的数据，并对这些数据进行清洗，以确保数据的正确性；对数据进行转换、重构等操作后，将其存入数据仓库（data warehouse，DW）或数据集市（data market）中；运用合适的数据查询和报表、联机分析处理（on-line analytical processing，OLAP）、数据挖掘（data mining）等管理分析工具对信息进行处理，使信息变为辅助决策的知识，并将知识以适当的方式展示在决策者面前，供决策者运筹帷幄。

目前，商务智能已经得到广泛应用，并且被广大用户所接受。但商务智能在应用过程中存在一定问题，限制了其进一步推广。商务智能在应用过程中碰到的主要问题是应用框架不成熟，技术发展不平衡，重技术开发、轻管理应用。这些问题可以归结为技术和管理两个方面，其中，管理方面需要通过一系列管理措施来解决，技术方面则需要针对目前技术发展不平衡的问题，特别是数据挖掘技术在应用过程中存在难度的问题，通过混合智能系统的引入，辅助用户进行数据挖掘工具的选择，并且进一步增强商务智能技术架构的智能性和适应性。

1.1.2 研究意义

对混合智能系统及其在商务智能中的应用研究，从理论上看，可以深化对人工智能的认识，拓展混合智能系统的基本理论，构造新的混合智能系统，从而拓展混合智能系统的应用范围；从实践上看，可以进一步深化人们对商务智能的认识，为企业开展商务智能应用提供有效的解决方案。

1. 理论意义

1）深化对人工智能的认识

目前，人类关于计算智能的研究已经取得丰硕的成果，如人工神经网络（artificial neural network，ANN）、模糊计算、遗传算法、进化算法、蚁群算法、粒子群算法、免疫算法等。这些智能都是人类模仿生物获得的，例如，模仿人类神经系统工作的人工神经网络，模仿生物进化行为的遗传算法、进化算法，模仿蚂蚁寻食的蚁群算法，从鸟类飞行获得启发的粒子群算法，模仿生物免疫系统的免疫算法等。这些计算智能的基本原理都十分简单，且可以产生巨大的效果，但其背后深层次的原理仍未可知。通过混合智能系统的研究，将计算智能同传统的计算模型结合起来，这更符合人类大脑的思维方式，通过对其原理的研究，也必将深化人们对人工智能的认识。

2）拓展混合智能系统的基本理论

混合智能系统的研究已开展多年，目前还处在研究的酝酿期，本书有助于进一步加强混合智能系统基本理论的研究，对混合智能系统的研究范围进行重新界定，对混合智能系统的概念进行定义。此外，通过对混合智能系统相关的理论（混合智能系统的研究动因、混合智能系统的分类、混合智能系统的构造方法、混合智能系统的评价等）进行系统的研究，拓展混合智能系统的基本理论，为混合智能系统的基本技术研究和应用研究奠定基础。

3）构造新的混合智能系统

通过对混合智能系统及其在商务智能中的应用研究，一方面，对不同类型混合智能系统的应用特点进行研究，并结合具体的应用背景，提出新的混合智能系统，对提出的构造方法、评价方法进行检验；另一方面，解决新提出的混合智能系统在实际应用过程中的问题。

4）拓展混合智能系统的应用范围

通过对混合智能系统基本理论和基本技术的研究，提出新的混合智能系统，并将其应用到商务智能领域，进一步增强商务智能的应用水平。相信随着混合智能系统研究的进一步深入，混合智能系统的应用范围会越来越广。

2. 实践意义

1）深化对商务智能的认识

商务智能是指企业利用现代信息技术收集、管理和分析结构化和非结构化的商务数据和信息，创造和积累商务知识与见解，改善商务决策水平，采取有效的商务行动，完善各种商务流程，提高各方面商务绩效，增强综合竞争力的智慧和能力。通过混合智能系统的引入，进一步增强原有信息技术收集、管理和分析结构化和非结构化数据和信息的能力，增强商务智能的应用能力，也深化人们对商务智能的认识。

2）为企业有效开展商务智能应用提供有效的解决方案

通过将混合智能系统引入商务智能，对原有的商务智能技术架构进行改进，提出基于混合智能系统的商务智能技术架构和基于混合智能系统的商务智能应用方案。基于混合智能系统的商务智能技术架构将混合智能系统引入其中，增强原有商务智能系统的推理能力和适应能力，进一步扩展商务智能的应用范围，使其更能满足处于多变环境中的企业的应用需要，为企业开展商务智能应用提供有效的解决方案。

1.2 研究内容、研究目标及拟解决的关键问题

1.2.1 研究内容

本书主要的研究内容如下。

1. 混合智能系统的基本理论研究

混合智能系统的基本理论研究主要是在总结归纳前人研究的基础上，重新划分混合智能系统的研究范围，给出混合智能系统的定义，明确混合智能系统的内涵和外延。在明确研究对象的基础上，对混合智能系统的研究动因、主要类别等问题进行进一步的分析。通过研究动因的分析，主要解决“在什么时候需要使用混合智能系统”的问题；通过主要类别的研究，主要解决“哪些混合智能系统可以使用”的问题。在以上研究的基础上，提出构造混合智能系统的方法论，通过这个问题的研究，解决“如何构造一个混合智能系统”的问题。最后还需要研究

评价问题，也就是对构造的混合智能系统的有效性进行评价，主要解决“新构造的混合智能系统是否满足要求”的问题。

2. 混合智能系统的基本技术研究

混合智能系统的基本技术研究主要是对混合智能系统所要混合的技术的研究，涉及的技术主要有传统的“硬计算”（hard computing）技术和新兴的“软计算”（soft computing）技术。本书主要包括两个方面的内容：一是对混合智能系统涉及的关键技术进行梳理，对其发展历程、主要的优缺点进行总结，为下一步构造新的混合智能系统做好准备；二是针对不同类型的混合智能系统，分析其应用特点，并结合具体的应用背景，对其使用的主要技术进行研究。

3. 混合智能系统在商务智能中的应用研究

在前面两个方面研究的基础上，本书还要研究混合智能系统的具体应用。不同的应用场景（自动控制、软测量、机械制造等）需要不同的混合智能系统。本书结合商务智能这个背景，针对目前商务智能应用中存在的问题，将混合智能系统融入其中，构造基于混合智能系统的商务智能技术架构和基于混合智能系统的商务智能应用方案。

1.2.2 研究目标

通过混合智能系统及其在商务智能中的应用研究，预期实现以下目标：在理论上，明确混合智能系统的研究范围，提出具体的构造方法及其评价方法；在技术上，针对不同类型的混合智能系统，总结归纳现有主要技术的优缺点，并结合具体问题，研究构造混合智能系统的基本技术；在应用上，针对商务智能这个应用场景，研究基于混合智能系统的商务智能系统，提出研究框架，并结合具体案例进行实证研究。

1.2.3 拟解决的关键问题

根据以上研究内容和研究目标，本书拟解决的关键问题如下。

1. 混合智能系统的基础理论

1）确定混合智能系统的研究范围

本书第一个需要解决的关键问题是确定混合智能系统的研究范围。从文献综述可以看出，目前，关于混合智能系统的研究主要有两个流派，其研究的出发点是不同的。因此，要进行混合智能系统的研究首先就要确定混合智能系统的研究范围。在确定研究范围的基础上，给出混合智能系统的定义，明确研究对象的内涵和外延。

2）混合智能系统的关键理论问题研究

在确定混合智能系统的研究范围及给出混合智能系统明确定义的基础上，对混合智能系统的关键理论问题进行研究。混合智能系统的关键理论问题主要有混合智能系统的研究动因、混合智能系统的分类、混合智能系统的构造方法、混合智能系统的评价等。通过这些关键问题的研究，对混合智能系统的基本理论进行深入的探讨，为后面的技术研究和应用研究奠定基础。

2. 不同类型的混合智能系统构造的关键技术

在混合智能系统基本理论研究的基础上，对支撑混合智能系统的一系列关键技术进行研究，这主要分为两个方面：一是对混合智能系统构造过程中的关键技术进行综述；二是对不同类型混合智能系统构造过程中的关键技术进行实证研究。

1）混合智能系统构造过程中的关键技术综述

对混合智能系统技术进行研究，首先要对混合智能系统构造过程中涉及的关键技术进行分析归纳，如专家系统、神经网络（neural network，NN）、模糊系统、遗传算法等，通过对这些常用技术特点的分析，相比其他技术，总结其优势和劣势。通过总结归纳，为进一步的混合智能系统构造奠定基础。

2）不同类型混合智能系统构造过程中的关键技术的实证研究

在对混合智能系统分类和关键技术综述的基础上，针对不同类型的混合智能系统，结合具体应用对其构造过程中的关键技术进行实证研究。对于串型混合智能系统结合商业银行全面质量管理（total quality management，TQM）问题，对其中使用的层次分析（analytic hierarchy process，AHP）法、主成分分析（principal component analysis，PCA）法、人工神经网络等技术进行实证研究；对于并型混合智能系统结合农业产业化评价问题，对其中使用的PCA模型、模糊综合评价模型、灰色评价模型、集对分析评价模型和人工神经网络等技术进行实证研究；对反馈型混合智能系统结合多目标优化问题（multi-objective optimization problem，MOP），对其使用的克隆选择（clonal selection，CS）算法（人工免疫算法的一种）和模拟退火（simulated annealing，SA）算法等进行实证研究；对于内嵌型混合智能系统结合数据挖掘分类问题，对其中使用的差异进化（differential evolution，DE）算法和神经网络等技术进行实证研究；对于混联型混合智能系统结合入侵检测问题，对其中使用的模糊系统、DE算法、神经网络等技术进行实证研究。

通过对不同类型的混合智能系统的构造研究，细化混合智能系统的构造和评价方法，为实践中具体使用混合智能系统奠定基础。

3. 基于混合智能系统的商务智能技术架构和应用方案

在对混合智能系统基本理论和基本技术研究的基础上，结合商务智能这个具体的应用背景，提出基于混合智能系统的商务智能应用方案。

1）基于混合智能系统的商务智能技术架构

首先对商务智能的研究背景进行分析，对目前商务智能系统的架构进行分析，了解商务智能系统的主要构成，以及实践中进行商务智能系统构造的主要步骤，并对商务智能应用过程中存在的问题进行分析，以此为基础，提出基于混合智能系统的商务智能技术架构。

2）基于混合智能系统的商务智能应用方案

在对商务智能系统架构分析的基础上，对其中关键技术使用混合智能系统进行改进，以增强数据挖掘部分的“实力”。构造基于混合智能系统的商务智能应用方案，指导在商务智能中如何应用混合智能系统。结合具体的案例，从商务智能的需求分析入手，对基于混合智能系统的商务智能应用方案进行检验。

1.3 研究方案

1.3.1 研究方法

本书主要使用的研究方法如下。

1. 理论分析与建模研究方法

对于混合智能系统及其在商务智能中的应用研究，首先要进行研究的是混合智能系统本身，然后考虑其在商务智能中的应用。已有不同的学者从各自的研究领域出发进行了混合智能系统的相关研究，因此，本书要从一个更高的角度来重新审视这些研究，从理论的高度进行分析，明确其研究对象、研究范围，以及具体的研究内容，建立相关的研究模型。对于混合智能系统在商务智能中的应用，也需要从理论上分析混合智能系统给商务智能带来的好处，建立基于混合智能系统的商务智能模型。

2. 模拟实验研究方法

对于新构造的混合智能系统，需要进行框架设计、模拟实验，再获取反馈，对模型的参数、结构等要素进行修正。本书主要依据实验研究方法的步骤，关键是对对比实验的设计，对控制组数据要进行现有方法的测试，对实验组数据除进行现有方法的测试外，还要进行改进模型的测试。

3. 案例研究方法

对于新构造的混合智能系统，首先通过加利福尼亚大学（尔湾）(University of California，Irvine，UCI）机器学习数据库的测试，然后通过对企业实际的调研，分析其对商务智能方面的需求，根据不同企业的实际需求，依据混合智能系统的理论，进行相应的商务智能系统的设计，为企业解决实际问题。

1.3.2 技术路线

本书的技术路线如图 1-1 所示。

由图 1-1 可知，本书的技术路线主要包括以下部分。

1. 混合智能系统文献综述

首先，对混合智能系统的研究进行文献综述，主要从理论研究、技术研究和应用研究三个方面进行总结归纳。在理论研究方面，对混合智能系统的理论研究进展、所取得主要成果进行综述；在技术研究方面，对目前混合智能系统主要使用的技术进行归纳总结，对比分析，为混合智能系统的构造奠定基础；在应用研究方面，对目前混合智能系统主要应用的领域进行分析、归纳总结。

2. 混合智能系统理论研究

在对混合智能系统文献综述的基础上，对混合智能系统的基本理论进行研究。在基本理论方面，首先明确混合智能系统的研究范围以及定义，这是接下来理论研究以及后面技术研究和应用研究的基础；然后，对于混合智能系统的研究动因、主要类别、构造方法、评价准则等进行系统研究，为后面技术研究和应用研究奠定基础。

3. 混合智能系统技术研究

在对混合智能系统理论研究的基础上，对实现混合智能系统的主要技术进行系统研究。结合混合智能系统的基本类别（串型混合智能系统、并型混合智能系统、反馈型混合智能系统、内嵌型混合智能系统以及混联型混合智能系统）及其具体应用，讨论其构造及评价方法。

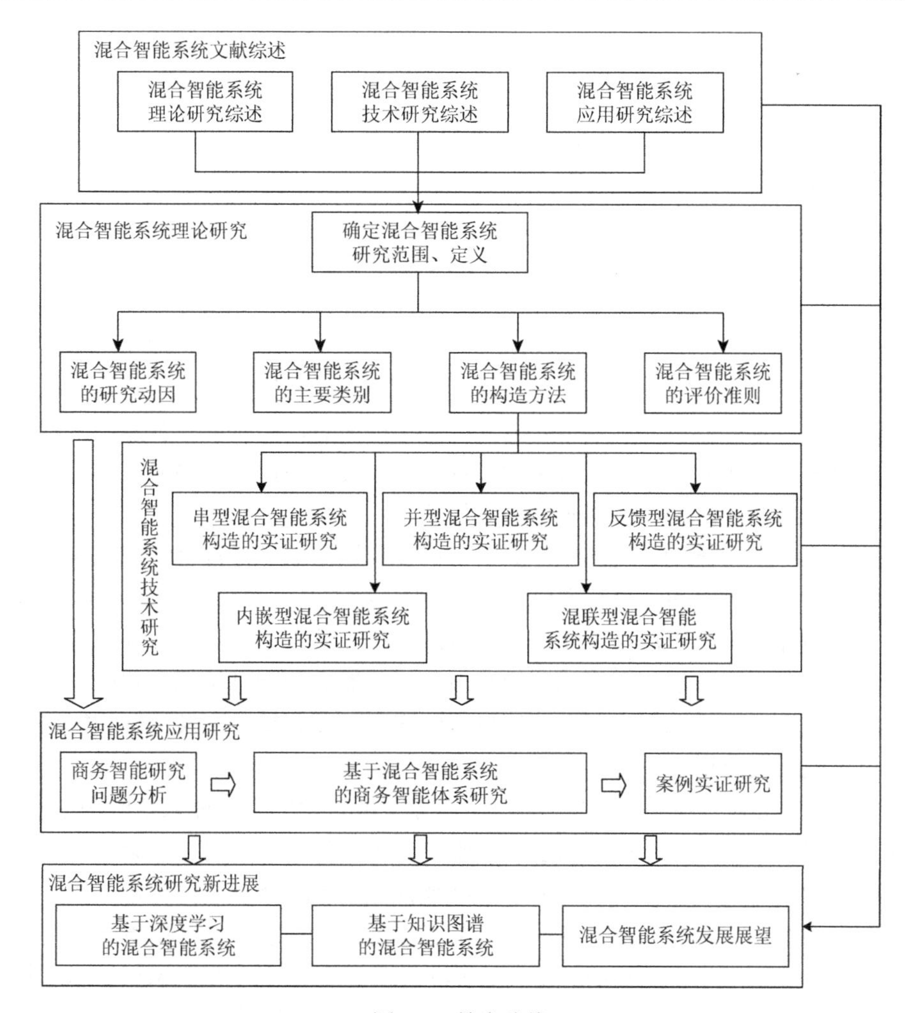

图 1-1 技术路线

4. 混合智能系统应用研究

在对混合智能系统理论和技术研究的基础上，结合商务智能的应用背景，对混合智能系统在商务智能中的应用进行研究。首先，对商务智能进行综述，分析目前商务智能系统的主要特点，找出应用中的主要问题；然后，以混合智能系统的理论和技术为基础，构造基于混合智能系统的商务智能技术架构和基于混合智能系统的商务智能应用方案；最后，结合具体的案例背景，对基于混合智能系统的商务智能框架进行实证研究。

5. 混合智能系统研究新进展

在以上研究的基础上，结合当前新一代信息技术、新一代人工智能等，对人工智能两大流派研究的最新进展进行分析。具体来讲，首先，对人工智能联结主义的最新进展——深度学习进行分析；然后，对符号主义的最新进展——知识图谱进行分析，并结合具体应用场景介绍其在混合智能系统研究方面的进展；最后，对混合智能系统的发展进行展望。

1.4 本书结构

根据上述研究内容和目标，本书共分为 8 章，下面分别介绍各章的主要内容。

第 1 章：绪论。首先，本章讨论混合智能系统及其应用研究的背景和意义，通过对研究背景的分析，明确本书的主要意义；然后，确定混合智能系统及其应用的研究内容、研究目标和拟解决的关键问题；最后，讨论本书所采用的主要研究方法和技术路线，为后面的研究奠定基础。

第 2 章：混合智能系统的概念界定及研究综述。该章对混合智能系统及其在商务智能中应用研究的主要基本概念进行界定，通过对混合智能系统的研究范围、研究层次的界定，给出混合智能系统的概念；在此基础上，对国内外的研究现状进行分析，首先回顾混合智能系统的发展历史，然后分别讨论混合智能系统的理论研究现状及分析、混合智能系统的技术研究现状及分析，以及混合智能系统的应用研究现状及分析。

第 3 章：混合智能系统的构造原理。该章主要讨论混合智能系统的构造原理，首先，给出混合智能系统构造的理论基础，基于设计科学的研究框架给出混合智能系统构造的主要流程；其次，为了更好地描述混合智能系统的构造过程，给出混合智能系统的形式化描述，并给出五类基本的混合智能系统联接方式；再次，讨论混合智能系统构造的核心环节——基于案例推理的混合智能系统技术选择，并以此为基础给出混合智能系统的具体构造流程和关键技术；最后，讨论混合智能系统的评价问题。

第 4 章：串型混合智能系统、并型混合智能系统及反馈型混合智能系统的实证研究。该章结合具体的应用背景讨论串型混合智能系统、并型混合智能系统和反馈型混合智能系统的构造。首先，讨论串型混合智能系统、并型混合智能系统和反馈型混合智能系统的应用特点。然后，从已经应用混合智能系统的案例中，选取商业银行全面质量管理、农业产业化评价以及多目标优化三个案例，分别讨论串型混合智能系统 AHP-PCA-ANN 在商业银行全面质量管理中的应用、并型混合智能系统在农业产业化评价中的应用、反馈型混合智能系统 CS-SA 在多目标优化中的应用。

第 5 章：内嵌型混合智能系统和混联型混合智能系统的实证研究。该章结合具体应用背景讨论内嵌型混合智能系统和混联型混合智能系统的构造。首先，讨论内嵌型混合智能系统和混联型混合智能系统的应用特点；然后，从已经应用混合智能系统的案例中选取数据挖掘分类和入侵检测两个案例，分别讨论内嵌型混合智能系统DENN在数据挖掘分类中的应用，以及混联型混合智能系统FC-DENN在入侵检测中的应用。

第6章：混合智能系统在商务智能中的应用研究。首先，该章对商务智能的概念、产生原因及作用进行简单概述；然后，对商务智能应用中存在的主要问题进行讨论，并针对目前商务智能应用中的问题，提出基于混合智能系统的商务智能技术架构；最后，提出基于混合智能系统的商务智能应用方案。

第7章：混合智能系统在商务智能中应用的案例研究。为了验证本书提出的基于混合智能系统的商务智能应用方案的有效性，该章结合上海烟印厂商务智能的应用背景，进行深入的案例研究。首先，对上海烟印厂的背景进行简要介绍；其次，讨论上海烟印厂的商务智能应用方案；再次，开发上海烟印厂商务智能原型系统，对系统需求分析、系统功能架构设计以及系统开发过程的关键技术进行详细讨论；最后，给出上海烟印厂企业绩效管理和订单成本分析两个应用实例，验证基于混合智能系统的商务智能应用方案的有效性。

第8章：混合智能系统研究新进展。该章主要对混合智能系统研究的最新进展进行研究。首先，介绍人工智能联结主义的最新进展——深度学习，并结合具体应用介绍基于深度学习的混合智能系统；然后，介绍符号主义的最新进展——知识图谱，并结合具体应用介绍基于知识图谱的混合智能系统；最后，对混合智能系统的发展进行展望。

1.5　本章小结

本章主要讨论了本书的研究背景和意义、研究内容、研究目标、拟解决的关键问题，以及采取的研究方案。

首先，通过研究背景和研究意义的论述，主要说明了为什么要进行混合智能系统的研究；其次，通过研究内容、研究目标及拟解决的关键问题的论述，主要说明了要研究什么的问题；再次，通过采取的研究方案的论述，说明了如何进行研究的问题；最后，对本书的结构进行了简要介绍。通过前三个方面问题的论述，明确了本书的内容、意义以及方法，为研究的具体展开奠定了基础。

第 2 章　混合智能系统的概念界定及研究综述

混合智能系统是人工智能领域一个新的研究方向，其目的是使建立的系统在知识表示、推理等方面更有效。混合智能系统研究始于 20 世纪 80 年代末～90 年代初的专家系统和神经网络的组合，开发了有关应用系统，并在两者集成模式方面进行了研究。随着模糊系统、遗传算法、案例推理等技术在人工智能领域的不断发展，混合智能系统的研究逐渐丰富，并开始进入一个新阶段，不同学者提出混合方式不同的混合智能系统。但从总体上看，这个领域的发展还处于起始阶段，需要更多的学者从不同角度提出新的方案，以加快这个领域的发展。

2.1　混合智能系统的研究范围、研究层次和基本概念

目前，学术界对混合智能系统的研究范围、研究层次和基本概念还没有统一的界定。早期简单地将混合智能系统认为是由专家系统和人工神经网络组成的集成系统，或认为凡是由两种或两种以上智能技术组成的系统就是混合智能系统。这些虽然反映了混合智能系统的某些特征，但不系统，缺乏对混合智能系统全面的理解。

2.1.1　混合智能系统的研究范围

从目前对混合智能系统研究的趋势来看，主要有两个流派的学者在进行混合智能系统的研究。一个流派是智能派，主要是人工智能领域的学者，特别是计算智能领域的学者，他们主要从人工智能的角度，特别是计算智能的角度出发，将混合智能系统的研究界定在人工智能领域，特别是计算智能领域，主要把混合智能系统作为一种新兴的计算智能来研究[6]。一些学者将新兴的计算智能和传统人工智能的符号主义结合起来，作为混合智能系统的研究范围[7]。但总体上来讲，他们把混合智能系统局限在人工智能的研究领域，并没有把传统的“硬计算”纳入混合智能系统的研究范围。另一个流派是融合派，主要是非人工智能领域的学者，他们以应用为主要目的，在研究混合智能系统的过程中，从实际应用背景出发，不仅考虑人工智能领域的各种技术，还考虑传统“硬计算”的许多技术，将这些技术组合起来，强调“软计算”和“硬计算”的融合，即他们研究的混合智能系统中既包含传统的“硬计算”，又包含人工智能领域的“软计算”，两者共同作为混合智能系统的技术基础，从而能更好地解决现实中的问题[8]。

通过前面的论述可以看出，不同领域的混合智能系统学者对于混合智能系统研究范围的界定是不同的。为了对混合智能系统的研究范围进行界定，必须从混合智能系统的研究目的出发。混合智能系统的研究目的是通过混合各种技术，更好地解决实践中的问题。研究的重点应该是如何“混合”，而不是混合技术本身，这些技术本身有着属于自己的研究领域。在研究的过程中，如果使用非智能技术就能够更好地解决实践问题当然是可以的。不过，仅从使用的技术来看，混合智能系统一定要有一种智能技术，否则只能算是混合系统。

通过前面的分析不难看出，混合智能系统的研究范围不仅包括人工智能的计算智能和传统的符号主义，还应包含非人工智能领域的许多“硬计算”技术，但其使用的技术中至少有一种技术是智能技术，只有这样才能发挥智能技术的特长，更好地解决实践中复杂多变的问题。

2.1.2　混合智能系统的研究层次

基于以上对混合智能系统研究范围的确定，本书将混合智能系统的研究分为三个层次：混合智能系统基本理论的研究、混合智能系统基本技术的研究、混合智能系统应用的研究，如图 2-1 所示。

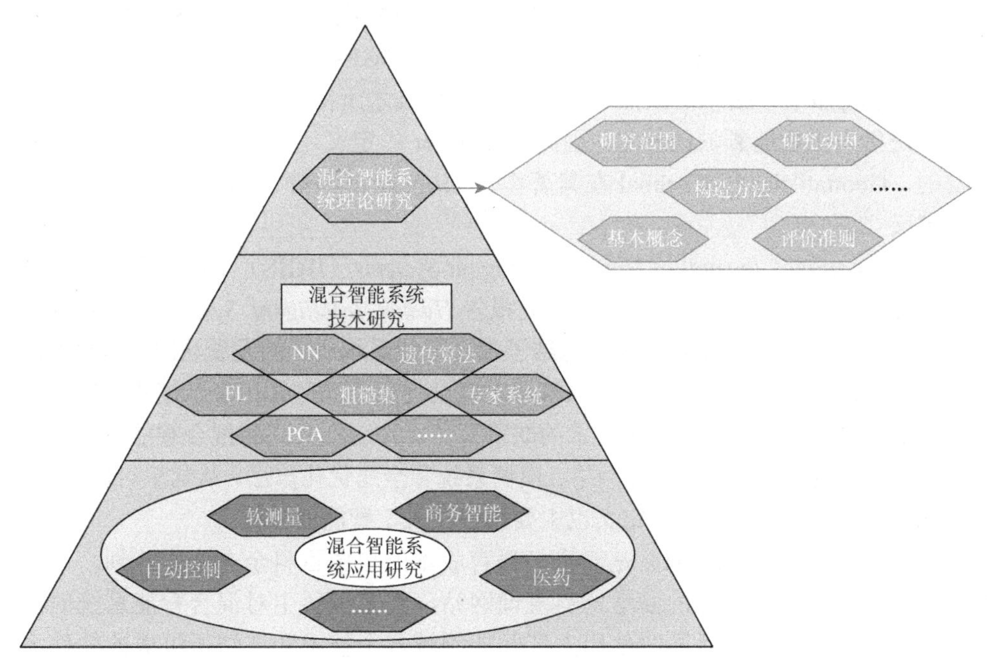

图 2-1　混合智能系统的研究层次

FL 指模糊逻辑（fuzzy logic）

从混合智能系统的研究层次图可以看出，对于混合智能系统的研究，起推动作用的是混合智能系统的应用研究，根据不同领域实践问题的需要，提出研究的需求，从而带动混合智能系统的研究；起支撑作用的是混合智能系统的技术研究，通过各种技术的相互配合来实现混合智能系统；最上层的混合智能系统理论研究则起着领导作用，通过对混合智能系统基本理论的研究，加深对混合智能系统的认识，更好地选择支撑混合智能系统的技术，从而解决实际问题。

2.1.3 混合智能系统的基本概念

在明确混合智能系统研究范围、研究层次的基础上，本书结合前人的研究成果给出混合智能系统的概念。关于混合智能系统，由于学者出发点不同，其具体的定义也不同。下面先列举前人的一些定义，再结合混合智能系统研究范围、研究层次的界定，给出本书对混合智能系统的定义。

混合智能系统领域的第一本著作是著名学者 Medsker 于 1995 年出版的 *Hybrid Intelligent Systems*。模糊数学创始人、美国著名自动控制专家扎德在这本书的序言中写道："Medsker 教授的著作是介绍混合智能系统概念及设计领域的第一本著作……在很多例子中，通过联合使用模糊系统、神经网络和遗传算法，构成一个集合体比单独使用这些方法更有效。" Medsker 对混合智能系统的描述是"为了克服单个技术的缺点而综合运用各种技术所得到的集合体"[9]。这里的技术是指人工智能领域的技术，因此，Medsker 的定义还是从人工智能的研究出发的。Goonatilake 和 Khebbal 在其著作 *Intelligent Hybrid Systems* 中给出了类似的定义[10]。

International Journal of Hybrid Intelligent Systems（IJHIS）主编、混合智能系统著名专家 Abraham 于 2002 年在研究报告 *Hybrid Intelligent Systems Design：A Review of A Decade of Research* 中总结了混合智能系统研究的发展状况，其中对混合智能系统的定义是"混合智能系统通过联合使用不同的知识表示模式、决策模型以及学习策略，以克服单个技术的缺陷"[11]。Abraham 还将混合智能系统的基本技术归纳为三类：人工神经网络、模糊系统和全局优化算法。从这里可以看出，Abraham 给混合智能系统的定义也主要集中在人工智能的领域。

维基百科（Wikipedia）是一个多语言版本的自由百科全书协作计划，已经成为互联网上最受欢迎的参考资料查询网站。维基百科中对混合智能系统的定义为"混合智能系统是同时使用人工智能领域多个技术和方法所组成的软件系统"[12]。混合智能系统的专门刊物 *International Journal of Hybrid Intelligent Systems* 在其网站上也给出了混合智能系统的描述："混合智能系统研究是现代人工智能领域所关注的，是下一代智能系统研究的重要领域……混合智能系统可以处理现实中的复杂问题，可以很好地解决现实中不精确、不确定、含糊、高维度问题……混合可以采用各种形式，例如，一个模块中集成两个或更多的相互独立的智能方法，或者把一种智能方法融合到另一种智能方法中，又或者把一种智能方法所拥有的知识传递到另一种智能方法中……”[13]

除了上述智能派的研究，融合派的学者将混合智能系统使用的技术不仅仅局限在人工智能领域，还对“软计算”和“硬计算”的融合进行研究。赫尔辛基理工大学 Ovaska 等对混合智能系统的定义是“混合智能系统是在算法级别或者系统级别，联合使用特定的‘软计算’和‘硬计算’方法，以达到功能改善的目的”[14]。Shi、Sterritt、Cho、Kewley 等在进行研究的过程中也给出了类似的定义，把混合智能系统应用到各自的研究领域[15-18]。从这些定义中可以看出，这里的混合智能系统所达到的目的同前面的研究是一致的；不同的地方在于，使用的技术是特定的“软计算”和“硬计算”方法，并且从混合智能系统基本模式的分类上可以看出，其使用的技术至少包含一种“软计算”方法和一种“硬计算”方法。

国内学者对混合智能系统研究得还比较少，其中，刘振凯在其博士学位论文《智能混合系统的理论及其工程应用研究》中对混合智能系统进行了研究，不过，他仅就专家系统和神经网络组成的智能系统进行了研究，并没有对混合智能系统给出明确的定义[19]。王刚对混合智能系统的定义为“混合智能系统是由两种或两种以上的符号子系统与非符号子系统按某种互补原则融合而成的复杂智能系统，融合后的复杂系统运行效率更高、知识表达能力和推理能力更强”[20]。从这些定义可以看出，目前，国内学者还仅跟踪国际的研究，基本上属于智能派。

通过前面的分析可以看出，智能派和融合派在混合智能系统研究范围上的差异最终导致其对混合智能系统定义上的差异。正如本书在对混合智能系统研究范围分析时指出的，混合智能系统的研究重点是在如何混合使用各种已有技术，以达到克服各自缺陷的目的。因此，在技术选择上，不能仅局限于智能领域，同样不能仅局限在研究“软计算”和“硬计算”的融合上，而应该综合考虑这两个方向。

基于以上分析，本书给出混合智能系统的定义：混合智能系统是在解决现实复杂问题的过程中，从基础理论、支撑技术和应用等视角，为了克服单个技术的缺陷，而采用不同的混合方式，使用各种智能技术和非智能技术，但至少有一种智能技术，从而获得知识表达能力和推理能力更强、运行效率更高、问题求解能力更强的智能系统。

2.2 国内外研究现状及分析

2.2.1 混合智能系统研究的发展历史回顾

1. 混合智能系统研究的历程

混合智能系统的研究从神经网络和专家系统的集成开始，到后来遗传算法、进化算法、模糊系统、免疫算法等智能技术，以及传统“硬计算”技术的不断加入，目前已初步发展为一个专门的领域。在混合智能系统的研究范围、研究层次、概念定义的基础上，对混合智能系统研究的历程作简单回顾，其主要发展脉络如图 2-2 所示。

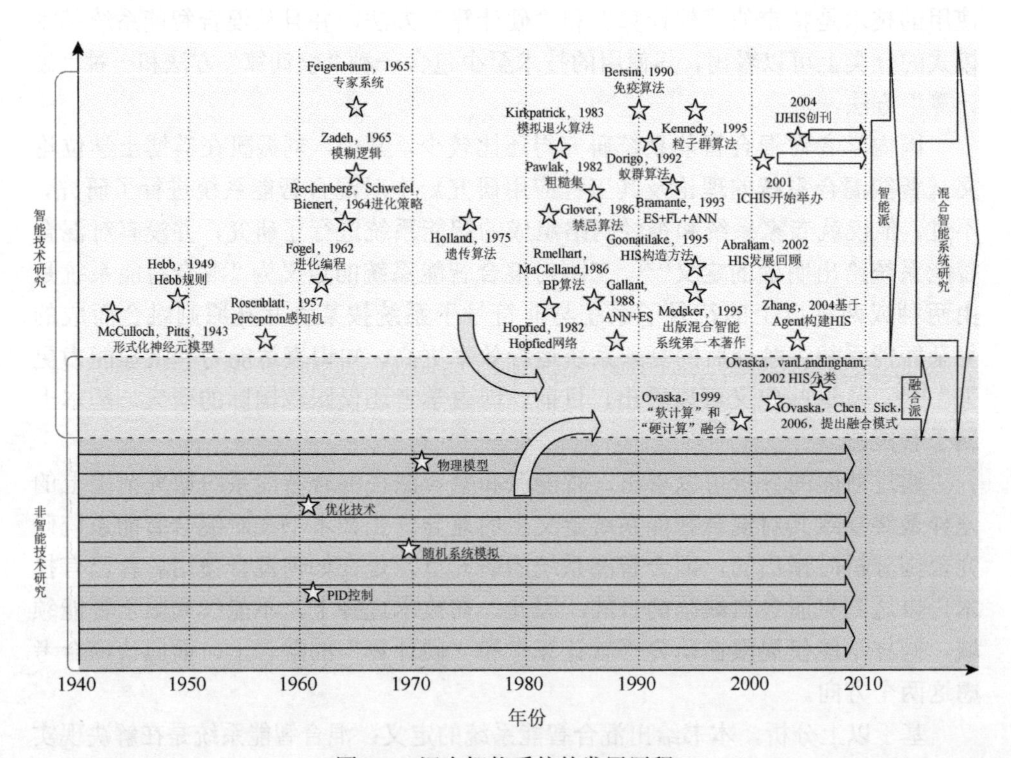

图 2-2 混合智能系统的发展历程

HIS 指混合智能系统（hybrid intelligent systems），ICHIS 指混合智能系统国际会议（International Conference on Hybrid Intelligent Systems）；PID 控制指比例-积分-微分（proportional integral derivative）控制

由图 2-2 可知，混合智能系统的研究以各种智能技术和非智能技术的研究为

基础，随着人们对各种单个技术研究的逐步深入，人们对每一种技术的特点更加了解，知道其优势及存在的主要问题。这时，不同领域的学者从各自的研究目的出发，将单个智能技术同其他智能技术或非智能技术组合起来，发挥各自的特长，从而开创一个新的研究领域——混合智能系统。

混合智能系统研究的不断升温吸引了大量学者投入对其的研究中。由电气和电子工程师协会（Institute of Electrical and Electronics Engineers，IEEE）的计算机学会主办的专门针对混合智能系统研究的国际学术会议——混合智能系统国际会议从 2001 年开始每年举办一次。第 21 届混合智能系统国际会议于 2021 年 12 月 14～16 日在线举行。除此之外，IEEE、美国计算机协会（Association for Computing Machinery，ACM）、美国人工智能协会（American Association for Artificial Intelligence，AAAI）等举办的国际会议也将混合智能系统作为一个重要的研究领域。

随着混合智能系统研究的兴起，许多杂志用专刊对混合智能系统的研究进行征文。例如，2002 年，*IEEE Transactions on Systems，Men，Cybernetics—Part C：Applications and Reviews* 就“Fusion of soft computing and hard computing in industrial application”发特刊；*Nonlinear Studies* 2004 年第 11 卷第 1 期是关于“Hybrid intelligent systems using fuzzy logic，neural networks and genetic algorithms”的特刊；2004 年，*Information Sciences* 征文“Special issue of hybrid intelligent systems using fuzzy logic，neural networks and genetic algorithms”；*International Journal of Knowledge-based and Intelligent Engineering Systems* 2005 年第 9 期就“Special issue on integrated and hybrid intelligent systems in product design and development”发特刊。此外，2004 年混合智能系统领域的第一本专门刊物 *International Journal of Hybrid Intelligent Systems* 正式出版，把混合智能系统研究推向一个新的高潮。

2. 混合智能系统的研究文献回顾

为了对混合智能系统这个新兴领域作进一步了解，本书对混合智能系统的研究文献进行了回顾。这里对常用的 14 个数据库：IEEE、ACM、Elsevier、Kluwer、Springer、Blackwell、Wiley、WS、Web of Science、EI、EBSCO、ABI、OCLC、JSTOR，分别以 Hybrid Intelligent Systems（HIS）、Intelligent Hybrid Systems（IHS）、Integrated Intelligent Systems（IIS）为检索词[①]，在每个数据库中分别以两个主要检索项进行检索，其中，时间范围为每个数据库的最大时间范围，部分数据库有国内镜像站点和国际站点，均采用国际站点的数据库，得到的文献数量如表 2-1 所示。

---

① 由于学术界对混合智能系统没有统一界定，在文献中也出现了 Intelligent Hybrid Systems、Integrated Intelligent Systems 的叫法，本书进行文献检索时，也对这些关键词进行了检索。

表 2-1　各数据库主要检索结果

数据库	HIS		IHS		IIS		总计
IEEE（Index Terms & All Fields）	29	235	2	4	3	6	279
ACM（Abstract & All Information）	0	12	0	11	0	7	30
Elsevier（Keywords & Abstract，Title，Keywords）	18	36	2	7	0	5	68
Kluwer（Keywords & All Fields）	0	2	0	0	1	1	4
Springer（Summary & All Text）	19	30	1	2	0	0	52
Blackwell（Keywords & All Fields）	10	23	0	1	0	1	35
Wiley（Keywords & All Fields）	0	4	0	2	0	1	7
WS（Keywords & All Fields）	1	4	0	0	0	0	5
Web of Science（Title & Topics）	12	37	2	6	1	3	61
EI（Title & All Fields）	18	177	3	16	4	18	236
EBSCO（KW & TX）	2	26	1	12	0	10	51
ABI（Abstract & Citation and Document Text）	2	52	1	23	2	12	92
总计	111	638	12	84	11	64	920
Core	106		15		4		125

注：①OCLC、JSTOR 中检索结果都为 0，故略去；②Core 为除去重复且和本书相关的文献数量后其余文献数量，为计算机自动返回结果；③文献检索日期为 2007 年 12 月 20 日。

对这些文献以时间为序进行排列，得到图 2-3。但是这些数据库中并没有包含 2004 年创刊的 *International Journal of Hybrid Intelligent Systems* 出版的文献，因此，本书将该杂志截至 2007 年 12 月 20 日的文献加入以上统计数据中，得到图 2-4。

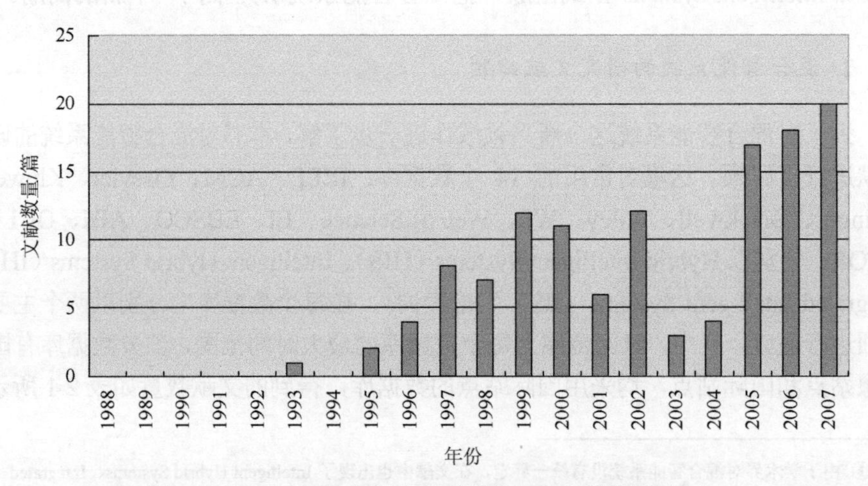

图 2-3　1988～2007 年混合智能系统研究文献数量（一）

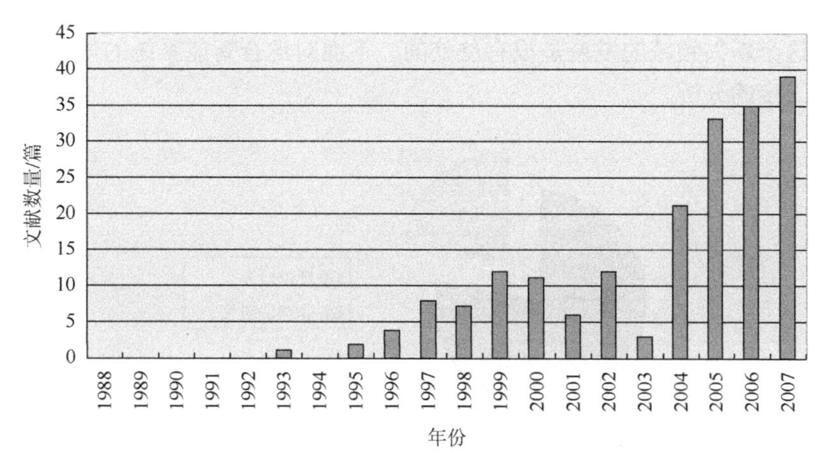

图 2-4　1988～2007 年混合智能系统研究文献数量（二）

通过图 2-3 和图 2-4 可以看出，混合智能系统的研究刚刚起步，文献数量并不多。1999～2000 年，以及 2004～2007 年，文献数量形成两次高潮，这与实际情况也是比较相符的。2001 年开始举办每年一届的混合智能系统国际会议，2004 年开始发行针对本领域的第一本杂志 *International Journal of Hybrid Intelligent Systems*，伴随着国际会议以及专门杂志的推出，混合智能系统的研究队伍逐步壮大，新的研究成果也不断涌现。

2.2.2　混合智能系统的理论研究现状及分析

基于以上对混合智能系统的认识，下面从混合智能系统的理论研究、混合智能系统的技术研究以及混合智能系统的应用研究等方面对混合智能系统的研究现状进行综述分析。本节首先对混合智能系统的理论研究现状进行分析。

一方面，混合智能系统的理论研究对混合智能系统的技术研究和应用研究具有重要的指导作用；另一方面，混合智能系统的理论构造是以混合智能系统技术研究和应用研究为基础的，通过对不同类型的混合智能系统的技术研究以及应用研究的总结，归纳混合智能系统的构造方法，以及具体的评价方法。

为了准确地把握混合智能系统理论研究的发展脉络，本书对 2.2.1 节中搜索的文献进行分析，把文献按照是否进行理论研究分为两类，分析结果如图 2-5 所示，并对理论研究文献按时间进行分类，得到如图 2-6 所示的结果。

通过图 2-5 和图 2-6 可以看出，混合智能系统理论研究在总的研究中占 22%，这个比例对于急需理论指导的研究现状来说还是比较小的；通过对这些理论研究文献进行分析发现，混合智能系统的理论研究是逐步增多的，受到了更多的关注，这对于这个新兴领域的发展是很有益处的。下面对混合智能系统的理论研究现状进行进一步的分析。

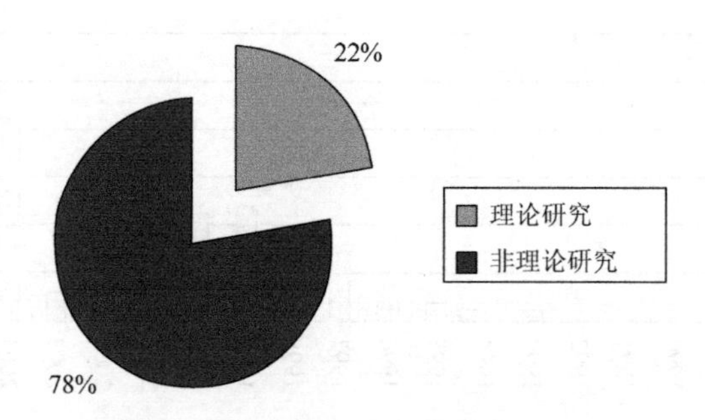

图 2-5 混合智能系统理论研究概况

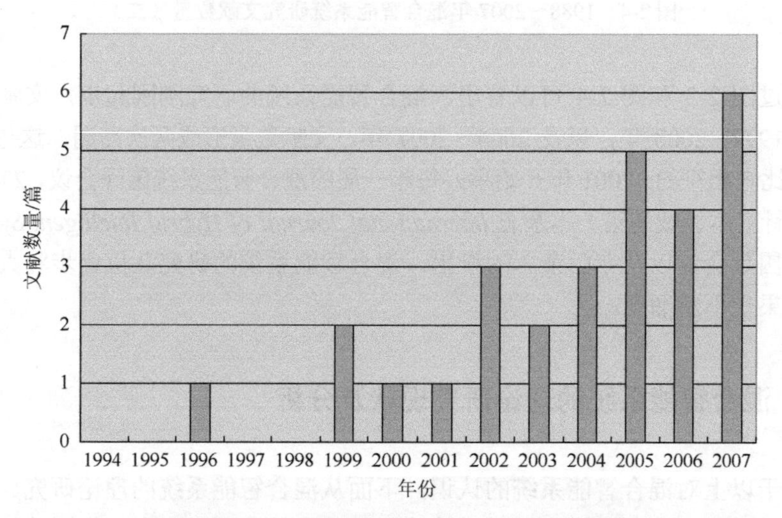

图 2-6 混合智能系统理论研究发表文献数量

对于混合智能系统的理论研究主要包括混合智能系统的研究范围、混合智能系统的研究层次、混合智能系统的概念、混合智能系统的研究动因、混合智能系统的类别、混合智能系统的构造方法、混合智能系统的评价等。对于这些问题，还没有学者进行系统研究，目前，大多数学者只是在自己的研究领域对其中某几个问题进行讨论，既不全面，也不系统。前三个问题在 2.1 节中已经论述，这里就不再讨论。下面对混合智能系统的研究动因、混合智能系统的类别、混合智能系统的构造方法、混合智能系统的评价的研究现状进行分析。

1. *混合智能系统的研究动因*

对于混合智能系统的研究动因这个问题，从事混合智能系统研究的学者都讨论过。由于现实世界中的问题复杂多变，且大多是模糊、高维问题，原有的单个智能技术不能很好地解决这些问题，要混合使用这些技术，以期在实践中得到突破[6-20]。

但这些分析还处于初步阶段，应该对现有混合智能系统进行分析，总结归纳提出这些系统的原因。这样在以后的应用过程中，当碰到类似问题时，才可以适时地提出使用混合智能系统来解决这些问题。最先进行这方面研究的是 Goonatilake。他根据当时所研究的混合智能系统，把混合智能系统的研究动因总结为三类：一是提高技术，混合智能系统的提出是为了克服单个技术的不足；二是多应用任务，混合智能系统的提出是因为单个技术不能解决现实应用问题的所有子问题；三是实现多功能，混合智能系统可以使用一个结构来实现多信息处理，这比通过单个智能技术来模仿人类智能要好。陆续有学者也作了类似研究，但基本局限在 Goonatilake 分析的这些问题。

2. *混合智能系统的类别*

不同学者根据不同的分类标准，将混合智能系统分成不同的类别。其中，被后来学者不断引用的是 Medsker 和 Bailey[21]、Goonatilake 和 Khebbal[10]、Ovaska 和 van Landingham[22]提出的分类法。

Medsker 和 Bailey 将混合智能系统按照组成的结构分为独立模式（stand-alone models）、转换模式（transformation models）、松耦模式（loose-coupling models）、紧耦模式（tight-coupling models）、完全集成模式（fully-integrated models）[21]。随着技术发展，Medsker 和 Bailey 提出的这些类别已经实现部分融合，但这是一个重要的分类角度：从混合智能系统的基本结构出发，为混合智能系统的构造提供重要的模板。

Goonatilake 和 Khebbal 将混合智能系统按照研究动因分为功能替代型（function-replacing hybrids）、交互型（intercommunicating hybrids）以及多态型（polymorphic hybrids）[10]。Goonatilake 和 Khebbal 主要根据不同研究动因，对混合智能系统进行分类，可以进一步分析这些由于“共同原因”而聚为一类的混合智能系统在具体构造方法选择上有没有共同点，这方面是值得研究的。

Ovaska 和 van Landingham 根据“软计算”和“硬计算”不同的融合形式将混合智能系统分为 7 个类别，包括独立型（isolated）、并行型（parallel）、反馈型（feedback）、串行型（cascaded）、设计型（designed）、增益型（augmented）、帮助型（assisted）[22]。根据“软计算”和“硬计算”的地位，具体可以分为 12 种结构。Ovaska 和 van Landingham 主要从系统论的角度对混合智能系统进行分类，特别是对系统的输入、输出以及参数值都进行了考虑，相对 Medsker 和 Bailey 的分类更具体。但主要问题在于，在具体混合智能系统构造过程中，这些参数的确定比较困难，因此，还没有学者研究具体构造方法的意义。

除此之外，Khosla 和 Dillon[23]、Jacobsen[24]、Lertpalangsunti 和 Chan[25]、Abraham[11]按照 Medsker 和 Bailey 的思路进行了一些探索，但总体上还是没有脱离 Medsker 和 Bailey 分类法的影响。

3. 混合智能系统的构造方法

混合智能系统构造方法是混合智能系统的重要研究领域之一。它是混合智能系统方法论中操作性最强的部分，也是目前混合智能系统研究最缺乏的部分。Jacobsen[24]对 1998 年混合智能系统研究的现状评价道："大多数混合智能系统的研究方法是'快速'的设计方法，对于提出的混合智能系统的有效性，都是通过在实际应用中进行检验得到的，这就使得这些方法很难再应用到其他条件中去。"

为此，很多学者对混合智能系统的构造方法进行了研究。其中，Goonatilake 和 Khebbal[10]最早提出了混合智能系统的六阶段开发方法：问题分析（problem analysis）、原形匹配（property matching）、混合类型选择（hybrid category selection）、实施（implementation）、有效性（validation）、维护（maintenance）。其中，问题分析主要是确定子任务及其属性，原形匹配主要为每个子任务选择适当的技术，混合类型选择主要是选择要使用的混合智能系统的类型。Goonatilake 和 Khebbal 提出的六阶段开发方法是按照信息系统的开发步骤进行的，对于开发新的混合智能系统有较大的指导意义。但这种方法的适应性还有待加强，特别是在原形匹配和混合类型选择阶段，对于匹配方法以及选择方法没有提出具体的操作方案，这些地方还需进一步研究。

近些年来，随着 Agent 研究的不断深入，一些学者将 Agent 的思想引入混合智能系统的构造中，提出了基于 Agent 的混合智能系统构造方法。Zhang Z L 和 Zhang C[26]根据 Agent 的动态交互特性，提出了基于 Agent 的混合智能系统框架，该框架主要由交互 Agent、计划 Agent、问题解决 Agent、合成 Agent、中间 Agent 以及各种技术 Agent 组成，其中，最关键的部分是中间 Agent，它主要完成对各个技术的能力的存储，以及根据需要对能力进行检索。基于 Agent 的混合智能系统框架可以根据任务的需要，自主进行混合智能系统的构造，但这个框架的问题在于必须要对待解决的问题进行描述，将其表示成 Ontology 的形式存储到 Agent 中，并且问题解决 Agent 必须具备该领域的知识，而这是比较难做到的。Li 和 Liu[27]也提出了一个基于 Agent 的混合智能系统框架，该框架主要由 8 个模型组成：混合策略识别模型、组织模型、任务模型、Agent 模型、专家模型、协调模型、再组织模型、设计模型。这个框架通过引入再组织模型，可以实现在一个系统内动态组织各种 Agent，在理论上可以解决混合智能系统的构造问题，但在实践中同样会碰到基于 Agent 的混合智能系统框架问题，关于这方面的研究还有待进一步深入。

通过以上对混合智能系统构造方法的分析，不难发现，无论是传统基于过程的构造方法，还是基于 Agent 的构造方法，最关键的问题都是所要混合技术的选择以及混合的方式，这也是混合智能系统的两个关键问题，这个方面如果取得突破，必将使混合智能系统的应用前进一大步。

4. 混合智能系统的评价

通过对混合智能系统评价的研究，找出混合智能系统构造过程中应该注意的问题，对混合智能系统的发展意义重大。从研究现状分析来看，这方面的系统研究还比较少，基本上是对混合智能系统使用结果的评价。

少数学者注意到了这个问题，对混合智能系统的评价进行了初步研究。Hefny 等[28]提出的评价准则主要包括误差水平（error level）、训练过程（training process）、结构复杂性（structure complexity）、推理能力（reasoning capabilities）。同时，Hefny 等[28]提出了混合智能系统研究的问题：随着混合过程中使用的技术的增多，系统在耦合性、结构复杂度、学习算法以及计算复杂性等方面可能存在问题。Kordon[29]在研究工业数据分析的过程中，根据混合智能系统的开发流程，提出了相应的混合智能系统的评价准则：开发过程的健壮性、速度、成本；对变化的敏感性；绩效的自评价能力；维护成本。

整体上，这方面的研究还比较少，研究的角度和深度还有待进一步拓展。其中，Kordon 等的思路值得借鉴，以过程的观点来看待混合智能系统的开发，对所有环节综合进行评价。

2.2.3　混合智能系统的技术研究现状及分析

混合智能系统的技术研究是混合智能系统理论研究的重要支撑，也是混合智能系统应用研究的基础。从总体上看，混合智能系统的技术研究分为两个层次：第一个层次是“自上而下”的研究，是在混合智能系统理论指导下进行的技术研究。根据混合智能系统的构造方法，对每一种构造技术进行对比分析，确定具体的构造形式。这个层次的技术研究有理论的指导，可以更好地构造混合智能系统，也是未来混合智能技术研究的主要方向。第二个层次是“自下而上”的研究，它没有混合智能系统理论的指导，研究都局限在一个或几个领域，在对一种技术的研究过程中发现自身所不能解决的问题，转而寻求外界的帮助，从而引发了多种技术的混合研究。这个层次的研究没有具体方法论的指导，只是一种“自发”的研究。

“自上而下”的技术研究和“自下而上”的技术研究对于混合智能系统的技术研究都是十分重要的，并且会产生重要的影响。“自上而下”的技术研究是以混合智能系统基本理论为方法论指导进行的研究，这应该是混合智能系统技术研究所要关注的部分，也是混合智能系统研究的一个重要组成部分。此外，通过具体的构造研究，也可以对混合智能系统基本理论进行检验。“自下而上”的技术研究本质上并不属于混合智能系统的技术研究范畴，这些研究还处于一种没有理论指导的“原始状态”，是以单个技术研究的方法论为指导的，属于各自技术领域所要研究的问题。但“自下而上”的技术研究给“自上而下”的技术研究奠定了基础，“自上而下”的技术研究可以对已有的“自下而上”的技术研究进行总结归纳以及检验。

对于“自上而下”的混合智能系统技术研究，本书对 2.2.1 节中搜索的文献进行了分析，结果如图 2-7 和图 2-8 所示。

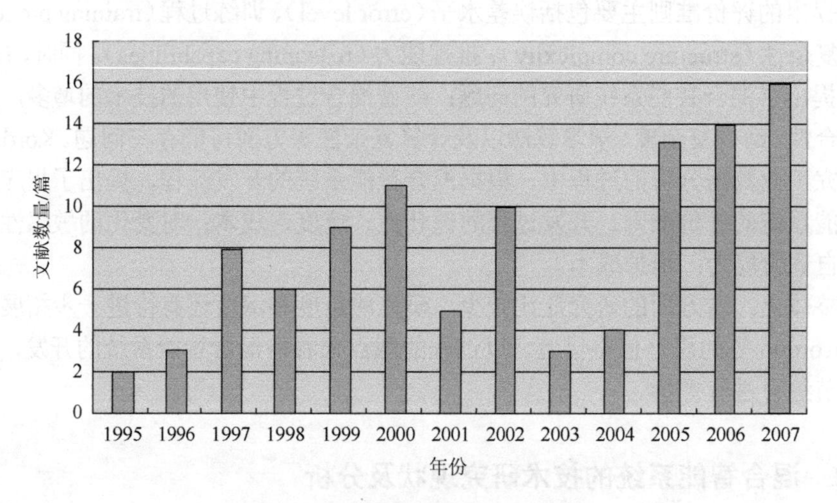

图 2-7　混合智能系统技术研究概况

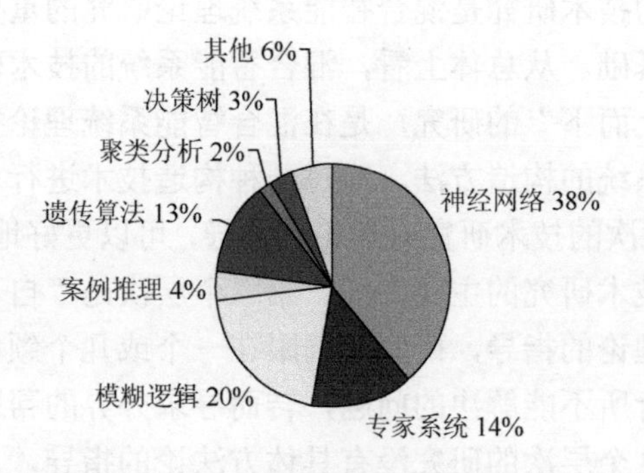

图 2-8　混合智能系统使用的技术分析

由图 2-7 可以看出，混合智能系统对技术研究历来比较重视，经过 2003～2004 年的低谷期后，迎来新一轮的高潮。从图 2-8 不难看出，混合智能系统主要使用的技术有神经网络、模糊逻辑、专家系统、遗传算法。但近些年来，随着一些新方法的引入，混合智能系统的技术研究范围不断扩展，并且进入了新的阶段[29]。

混合智能系统所使用技术的个数如图 2-9 所示。关于混合智能系统的类别，本书采用 3.2.2 节混合智能系统的联接方式，结果如图 2-10 所示。

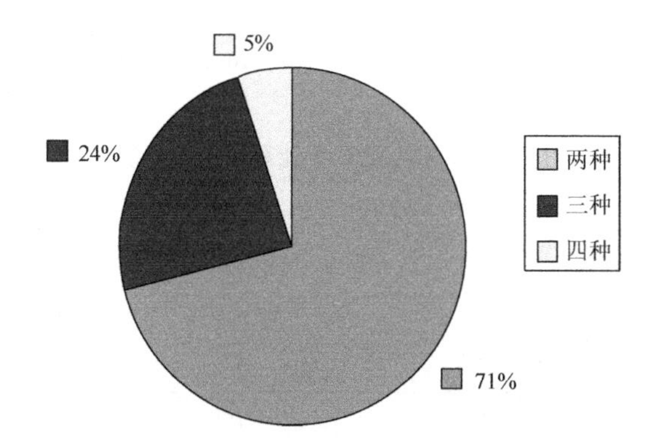

图 2-9　混合智能系统混合技术种类概况

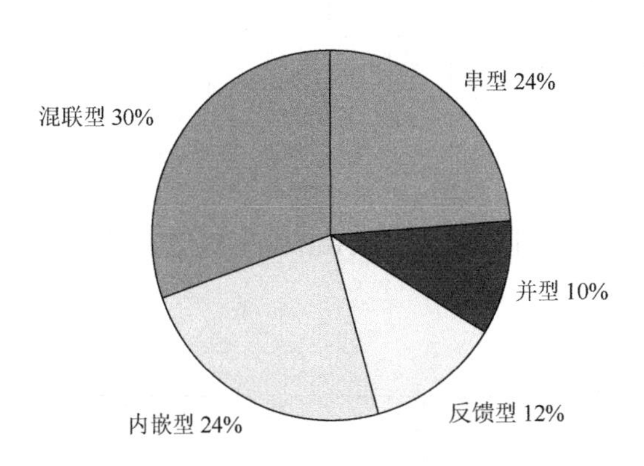

图 2-10　混合智能系统不同类别研究概况

从图 2-9 不难看出，混合智能系统所涉及的技术种类以两种为主，三种和四种技术的混合在耦合性以及结构复杂度等方面存在问题。由图 2-10 可以看出，在混合智能系统的组成上，对于并型、反馈型这两种模式研究得比较少，而其他三种模式研究得比较多，主要原因在于并型和反馈型对于原有技术的改进比较小，其主要起到辅助作用。下面结合时间维度，对这两个方面进行分析，结果如图 2-11～图 2-17 所示。

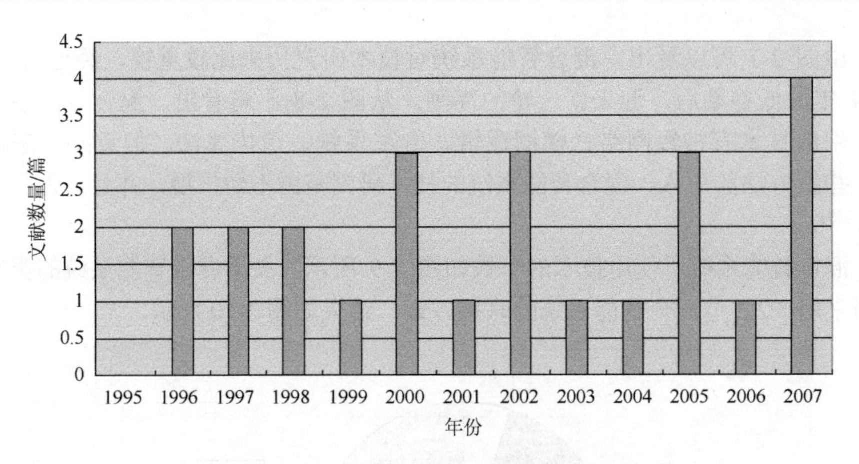

图 2-11　串型混合智能系统研究概况

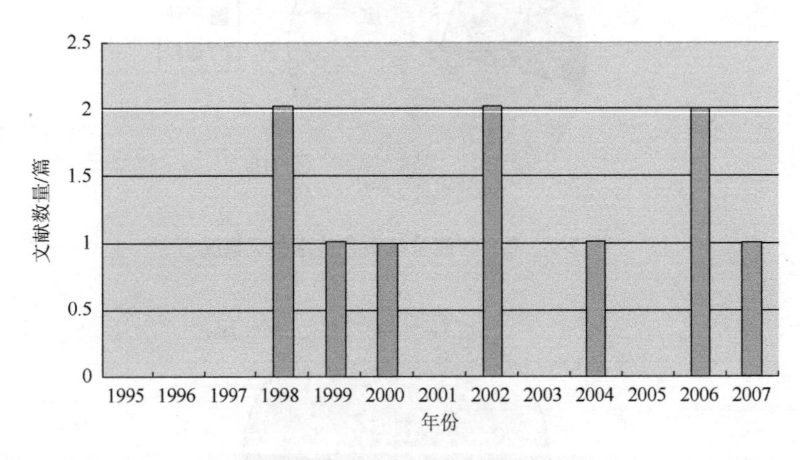

图 2-12　并型混合智能系统研究概况

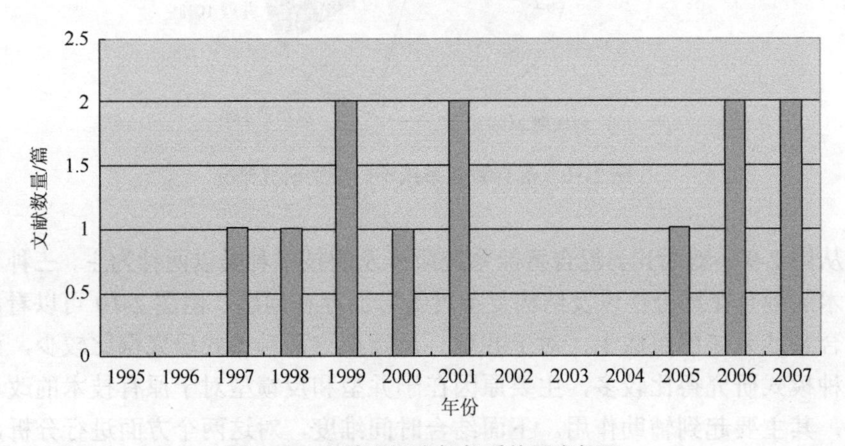

图 2-13　反馈型混合智能系统研究概况

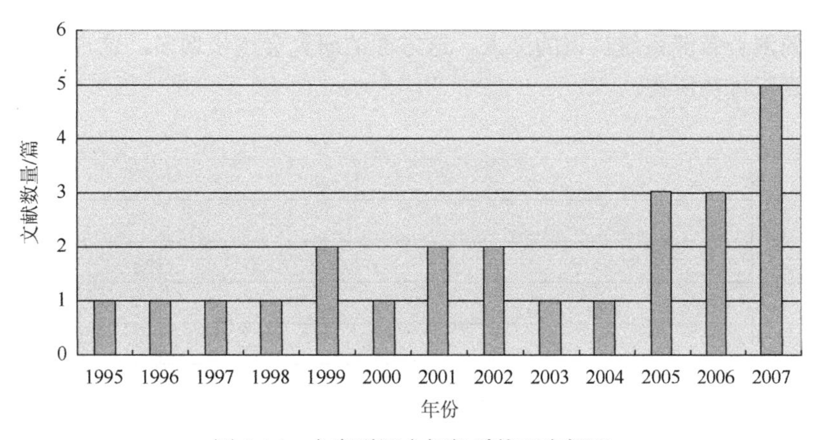

图 2-14 内嵌型混合智能系统研究概况

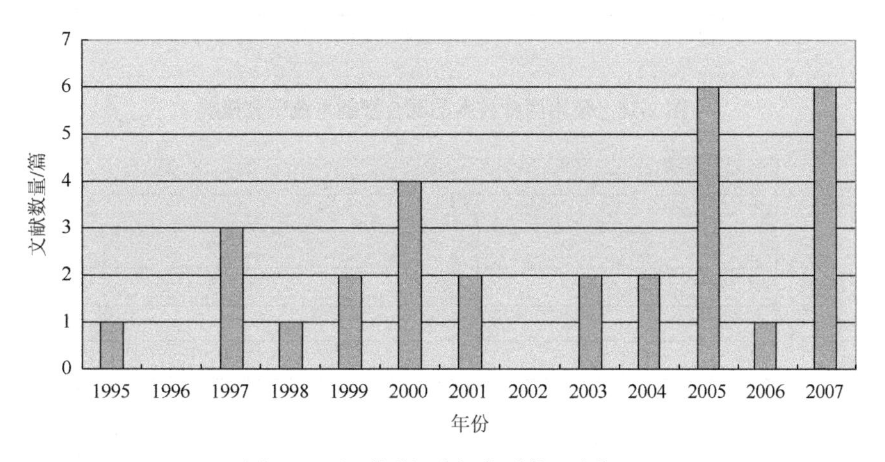

图 2-15 混联型混合智能系统研究概况

由图 2-11～图 2-15 可以看出，对于串型混合智能系统和内嵌型混合智能系统的研究有比较强的连续性，而对于并型混合智能系统、反馈型混合智能系统和混联型混合智能系统的研究则有间断，并且相比较而言，并型混合智能系统研究的投入更少。对于占五种混合智能系统研究 30%的混联型混合智能系统，其构造方法最复杂，之所以会造成研究时断时续，是因为研究方法的缺乏，这也是混合智能系统进一步发展亟待解决的问题。

由图 2-16 和图 2-17 可以看出，2001～2004 年，对于两种技术组成的混合智能系统研究得比较少，之后研究增多；2001～2007 年，对于三种和三种以上技术组成的混合智能系统的研究增多。随着对两种技术组成的混合智能系统研究的重新增多，三种和三种以上技术组成的混合智能系统的研究逐步减少。这主要在于三种和三种以上技术组成的混合智能系统在耦合性以及结构复杂度上都存在问题。相信随着对混合智能系统理论研究的进一步加强，以及对三种和三种以上技术组成的混合智能系统认识的深入，这方面的研究会逐步增多，这也是混合智能系统的真正优势所在。

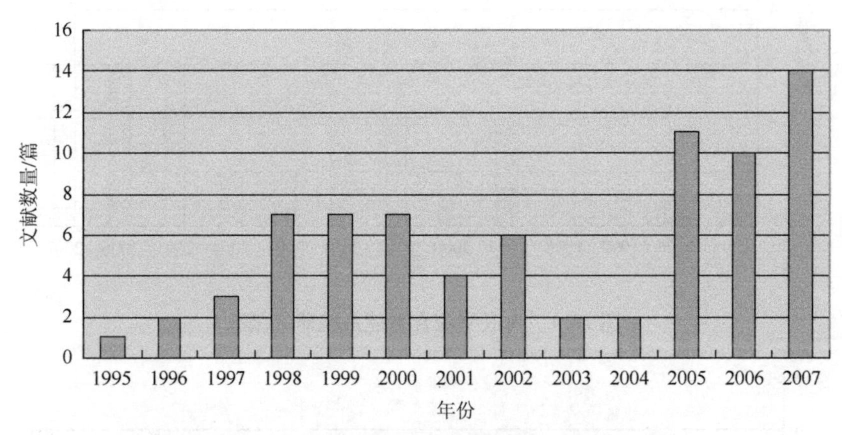

图 2-16　使用两种技术的混合智能系统研究概况

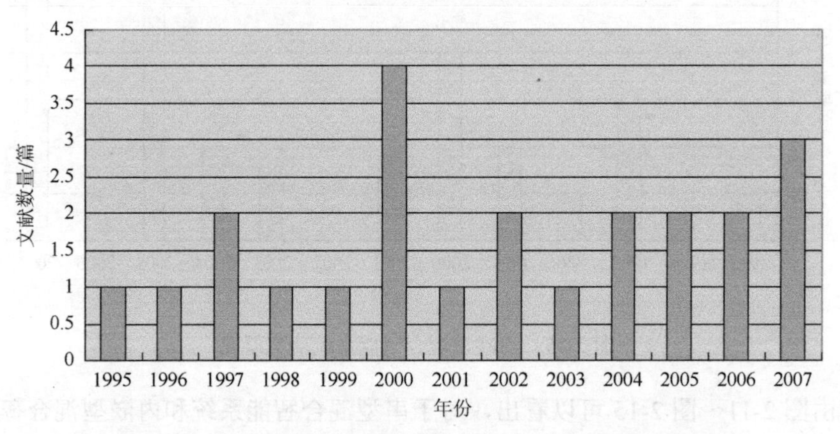

图 2-17　使用三种和三种以上技术的混合智能系统研究概况

“自下而上”的混合智能系统技术研究由于类别众多，不可能一一列举，并且很多技术研究随着混合智能系统的出现又经过了“自上而下”的研究过程。Tsakonas 和 Dounias 于 2002 年对混合智能系统领域的主要技术作了综述，其中分析了主要的混合智能系统技术研究的文献数量[30]，如表 2-2 所示。

表 2-2　主要的混合智能系统技术研究列表

主要技术	1991 年之前	1992～1993 年	1994～1995 年	1996～1997 年	1998～1999 年	2000～2001 年	总计
neural networks and fuzzy logic	5	6	3	7	—	10	31
fuzzy logic and evolutionary algorithms	5	7	9	19	1	4	45

续表

主要技术	1991年之前	1992～1993年	1994～1995年	1996～1997年	1998～1999年	2000～2001年	总计
neural networks and evolutionary algorithm	2	3	2	1	2	2	12
machine learning and evolutionary algorithm	1	1	—	—	2	4	8
other hybrid schemes	1	—	1	3	1	6	12
总计	14	17	15	10	6	26	—

从表 2-2 不难看出，关于各种混合技术的研究比较热门，学者均对其进行了相关研究。下面就对常见的混合智能系统的技术进行分析。

1. 神经网络与专家系统

神经网络与专家系统主要有三种混合方式。

（1）基于神经网络的专家系统。这类系统又称联接专家系统，其全部或部分功能由神经网络实现，实现方式主要有两种。

一是从神经网络中抽取规则构造专家系统。这种方式欲将神经网络的隐式“黑箱”知识表示为显式规则形式，并用于推理或解释神经网络的行为。在训练前不需要了解领域知识的结构，也不需要将领域知识的结构强加于神经网络，关键是通过神经网络的自组织、自学习来获得易于人类认识和理解的领域知识。

二是规则知识编码于神经网络系统。这种方式比较简单，实质是利用神经网络将已有的领域知识进行优化求精，所训练的神经网络在形式上直接对应专家系统的推理网络，可以直接用于推理和解释神经网络的结论和行为。

上述两种方法的区别在于：前者在对神经网络进行训练之前，无须将领域知识的结构强加于神经网络，所学得的神经网络难以进行自我解释，神经网络中的知识只有抽取出来并表示为规则知识后，才成为易于理解的显式知识；后者在对神经网络进行训练之前，需要将领域知识的结构编码于神经网络中，所学得的神经网络将知识进行了显式表示，因而具有自我解释能力。

很多学者进行了这方面的研究和开发工作。Gallant[31]首次提出并建立了联接专家系统；Caudill[32]提出并建立了额外的小型规则系统，用于解释神经网络行为的方法等。

这类混合系统的优点在于具有自学习和自适应能力，可以有效克服专家系统在知识获取方面所遇到的困难，开发时间较短；缺点在于对神经网络拓扑结构、非线性活动函数及各种参数的选择缺乏系统的指导原则，应用领域较窄，其解释能力也有待进一步研究。

（2）基于知识的神经网络系统。这类系统也称为专家网络，是由专家系统作为神经模块构成的事件驱动网络。在该系统中，神经元包括“与”“或”“非”等逻辑神经元和前提、结论神经元。它们之间的联接权重代表专家系统中的确定性因子，故可将专家系统规则集表达为专家网络。

这方面的研究成果主要有 Kuncicky 等[33]提出的专家网络、Towell 等[34]提出的基于知识的人工神经网络。专家网络的缺点是，学习时只改变权值，而不能改变网络的拓扑结构，因而不能向不完全的初始规则集增加新的符号规则。为了使专家网络具备学习能力，以期从根本上解决知识获取的瓶颈问题，对专家网络进行合理描述且开发有效的学习算法将是十分重要的研究方向。

（3）基于神经网络与专家系统的混合系统。这类系统的基本出发点是将复杂系统分解为各种功能子系统，分别由神经网络或专家系统实现。研究的主要问题包括混合系统的结构框架及选择实现功能子系统方式的准则。这两个问题的研究相辅相成，不可分割。混合方式主要有两种：一是从应用的角度出发，对易于获取其产生式规则的子系统使用专家系统技术，其余的功能由神经网络来实现，此时系统的结构由实际问题决定；二是从功能的角度出发，采用神经网络实现专家系统的规则推理、知识获取等功能，专家系统则负责知识的显式表示和神经网络结论的验证和解释工作。

基于此，Suddarth 和 Holden[35]提出将复杂系统分解为功能子系统的混合系统结构；Tirri[36]则另辟蹊径，通过神经网络实现专家系统规则集前提条件。

虽然神经网络与专家系统结合兼有两者之长，但也带来了单一技术不曾遇到的问题：一是神经网络与专家系统的信息交互问题；二是学习过程所引发的系统可信度问题。前者的解决依赖于神经网络与专家系统知识表示的转换机制或同时适合两者的公共知识表示体系；后者的解决依赖于不同体制下知识的公共表示和统一的参数学习机制。显然，解决上述两个问题已成为实现神经网络与专家系统相结合的当务之急。

2. 模糊神经网络

模糊系统与神经网络从不同角度研究人的认知问题。模糊系统从宏观出发，研究认知中的模糊性问题；神经网络从微观出发，模拟人脑神经细胞的结构和功能。模糊系统和神经网络的比较如表 2-3 所示。

表 2-3　模糊系统与神经网络的比较

区别项	模糊系统	神经网络
基本组成	模糊系统	神经元
知识获取	专家知识、逻辑推理	样本、算法实例

续表

区别项	模糊系统	神经网络
知识表示	隶属函数	分布式表示
推理机制	模糊规则的组合、启发式搜索、速度慢	学习函数的自控制、并行计算、速度快
推理操作	隶属函数的最大-最小	神经元的叠加
自然语言	实现明确、灵活性好	实现不明确、灵活性差
自适应性	归纳学习、容错性低	通过调整权值学习、容错性高
优点	可利用专家的经验	自学习、自组织能力，容错、泛化能力
缺点	难以学习、推理过程模糊性增加	黑箱模型、难以表达知识

由表 2-3 可见，模糊系统与神经网络有本质上的不同，但是由于模糊系统和神经网络都用于处理不确定性、不精确性问题，两者又有着天然的联系。Honik 等[37]证明了神经网络的映射能力，Kosko[38]证明了可加性模糊系统的模糊逼近定理（fuzzy approximation theory，FAT），Wang 和 Mendel[39]证明了各种可加性和非可加性模糊系统的模糊逼近定理。这说明模糊系统和神经网络有着密切关系，正是这些理论上的共性才使模糊系统和神经网络的结合成为可能。

通常所说的模糊神经网络，既指将模糊化概念和模糊推理引入神经元的模糊神经网络，又指基于神经网络的模糊系统。前者将模糊成分引入神经网络，提高了原有网络的可解释性和灵活性，它有两种形式：引入模糊运算的神经网络和用模糊系统推理增强网络功能的神经网络。后者用神经网络结构来实现模糊系统，并利用神经网络学习算法对模糊系统的参数进行调整。

3. 模糊神经网络专家系统

基于专家系统和神经网络以及专家系统和模糊系统的混合智能系统，一些学者提出了模糊神经网络专家系统[40]。模糊神经网络专家系统的优势如下。

（1）知识表示问题。在实际问题中含有大量的模糊知识，仅用传统的知识表示方法是不够的。因此，模糊规则和隶属函数的引入成为必然。

（2）信度传播问题。推理期间可能有多条相同结论的规则同时满足条件，传统的专家系统总是采用最大优先级规则，误差较大。为了解决这个问题，采用神经网络进行推理，结论的可信度是各条规则结论可信度的组合，权系数是通过训练网络得到的。

（3）更有效地推理。推理是通过神经网络实现的，减少了规则匹配过程，从而加快了推理速度。

（4）学习问题。利用神经网络的学习能力可容易地求精模糊规则，从而提高系统的适应能力。

4. 遗传算法与神经网络

遗传算法是一种启发式随机搜索算法，自从提出以来，一直是优化领域的研究重点，并且已广泛应用于各个领域[41]。遗传算法和人工神经网络都是将生物学原理应用于科学研究的仿生学理论成果，由于它们有极强的解决问题的能力，近年来引起了众多科研人员和工程人员的兴趣，目前已成为学术界跨学科的热门专题之一。

尽管遗传算法和人工神经网络的产生都受到了自然界中信息处理方法的启发，但两者的来源并不相同。遗传算法是从自然界生物进化机制获得启示的，人工神经网络则是人脑或动物神经网络若干基本特性的抽象和模拟。因此，它们在信息处理时间上存在较大差异。通常，神经系统的变化只需极其短暂的时间，生物的进化却需以世代的尺度来衡量。近年来，越来越多的研究人员尝试进行遗传算法与人工神经网络相结合的研究，希望通过结合充分利用两者的长处，找到一种有效的解决问题的方法。同时，借助这种结合，使人们更好地理解学习与进化的相互作用关系，相关内容已成为人工生命领域十分活跃的课题。

描述人工神经网络结构的主要参数有网络层数、每层单元数、单元间的互连方式等。设计人工神经网络的结构，实际上就是根据某个性能评价准则确定适合解决某个问题或某类问题的参数的组合。当待解决的问题比较复杂时，用人工的方法设计人工神经网络是比较困难的。小的网络的行为难以理解，大规模、多层、非线性网络的行为更是十分神秘，几乎没有严格的设计规则。在有合理的结构和恰当的权值的条件下，三层前馈网络可以逼近任意的连续函数，但确定该合理结构的方法未知，学者只能凭以前的设计经验或遵循“问题越困难，你就需要越多的隐单元”这一原则来设计人工神经网络的结构。标准工程设计方法对人工神经网络的设计也无能为力。网络处理单元间复杂的分布交互作用使模块化设计中的分解处理技术变得不可行，也没有直接的分析设计技术能处理这种复杂性问题。更困难的是，即使发现了一种足以完成某一特定任务的网络，也无法确定是否错失了一个性能更好的网络。

目前人们花费了大量的时间和精力来解决这一难题，人工神经网络的应用也正向大规模、复杂的方向发展，人工神经网络需要高效的、自动的设计方法，遗传算法则为其提供了一条很好的途径[42]。

此外，也可以用遗传算法学习神经网络的权值，也就是用遗传算法来取代一些传统的学习算法[43]。评价学习算法的标准是简单性、可塑性和有效性。一般地，简单的算法并不有效；可塑的算法又不简单；有效的算法则要求算法的专一性、完美性，从而与算法的可塑性、简单性冲突。目前，广泛研究的前馈网络中采用的是 Rumelhart 等推广的 BP 算法。BP 算法具有简单和可塑的优点，但是 BP 算法是基于梯度的方法，这种方法的收敛速度慢，且常受局部极小点的困扰，采用遗传算法则可摆脱这种困境。当然，采用遗传算法可以将神经网络的结构优化和权值学习合并起来一起求解，但这对计算机的处理能力要求很高。

5. 粗糙集与神经网络

粗糙集（rough set，RS）理论的出发点是可分辨性（discernibility），以及由此定义的上、下近似概念[44]。它处理的对象用属性描述，这些属性可以是符号型属性（nominal attributes），也可以是连续型属性（numerical attributes）。由于RS不能直接处理连续型属性，连续型属性需要离散化，离散化后取值仍是符号型属性，因此，RS可视为一种符号型知识的挖掘工具。作为人类抽象思维的模拟，RS理论通过对数据集的约简，浓缩蕴含在其中的逻辑规则，用于推理或预测。RS的知识获取过程实质上是基于实例的归纳推理，导出的决策规则是决策表部分数据之间的依赖关系。数据集的不完全性和噪声使RS知识获取呈现非单调性。知识的验证和精化使基于RS的决策规则难以脱离演绎推理和常识推理。归纳推理、演绎推理和常识推理是人类逻辑思维的三种形式，从这个意义上讲，RS对决策表的建模覆盖了逻辑推理的大部分内容。

神经网络是由若干简单神经元按某种方式构成的集团系统利用非线性映射定理，通过学习，用权值表示样本中输入和输出数据的蕴含关系。尽管神经网络能学习样本中的领域知识，但它缺乏语义，适合处理量化信息——定性属性需要通过模糊化等手段转化为量值。神经网络的并行处理方法使其能够快速联想到学习样本中的相似情况，从而做出快速的决策，但其过程缺乏透明性。这非常类似人类的形象思维。

人类的常规思维是形象思维和逻辑思维的有机结合，因此，RS和神经网络的集成并不是偶然的，而是反映了人类智能定性和定量、清晰和隐含、串行和并行交叉混合的常规思维推理。

RS与神经网络的主要区别如表2-4所示。从表2-4中可见，RS和神经网络作为数据挖掘的两种方法，有许多互补之处，这是RS与神经网络集成的基础。

表2-4　RS与神经网络的主要区别

区别项	RS	神经网络
处理数据集	定性、定量或混合信息	主要是定量信息，缺乏语义
可解释性	透明	知识获取过程和推理过程有黑箱性
先验知识	不需要决策表外的任何先验知识	网络结构设计需要经验和试探
冗余处理	可确定决策表属性或属性值的相对重要性	对输入数据冗余一般难以约简

续表

区别项	RS	神经网络
获取知识表示	易理解的规则	隐含在权值等分布参数中
噪声	大多约简算法对噪声敏感	良好的抗噪性
推理方式	基本计算可用于并行算法，但推理认识串行	并行，但需要专用硬件支持
自学习	递增性 RS 分析方法少见	很强的自学习能力
硬件支持	粗计算机（在研）	并行计算机（已有雏形）
规律发现	通过约简发现数据间的确定和不确定关系	非线性映射
知识维护	维护困难	自适应能力强，但训练时间长
推广性	相对较弱	较强的泛化能力
集成性	几乎可以和所有“软计算”方法紧密集成	与模糊集、RS、遗传算法有较强的结合能力

RS 与神经网络的结合有多种方式，较常见的一种是 RS 作为神经网络的前端（front-end）处理器[45]。这不仅可以减少网络学习所需的数据量，浓缩数据蕴含的规律，改善网络因数据量大带来的效率低的问题，而且可以使网络有较好的泛化能力和预测精度。近年来，仿照模糊神经元的思路，有学者提出了粗糙神经元，并进行了研究，也得到了不错的结果[46]。

6. 带有案例推理的混合系统

将案例推理技术与其他智能技术集成的研究处于起步阶段。最初，学者将案例推理与专家系统组合[47, 48]，实际上，同一应用问题具有很多相似之处，可以相互代替。因此，凡是能与专家系统进行集成的技术，同样能与案例推理技术进行集成，形成具有案例推理的混合系统[49, 50]。

以上是本书对混合智能系统技术研究的综述。从前面的分析可以看出，对于“自下而上”的技术研究确实是混合智能系统技术研究的基础，这些专门技术领域的研究为混合智能系统应用研究选择具体技术提供了重要依据。同时，这类研究是以原先各自技术的方法论为指导的，因此必然会存在一定缺陷。在未来的混合智能系统技术研究中，还是应该以“自上而下”的技术研究为主，通过“自下而上”技术研究打下的基础，更好地支持混合智能系统的应用研究和理论研究。

2.2.4 混合智能系统的应用研究现状及分析

混合智能系统是为了解决实践中的复杂问题而提出的，并且经过实践的检验，对解决现实中的不确定、模糊、高维度的问题较传统方法更有效，现已在许多实际问题中得到应用。

同样，本书对2.2.1节中搜寻的文献进行了分析，把每一篇文献按照各自的研究领域进行分类，结果如图2-18所示。在此基础上，本书又对混合智能系统在管理领域的应用从实践角度进行分析，结果如图2-19所示。

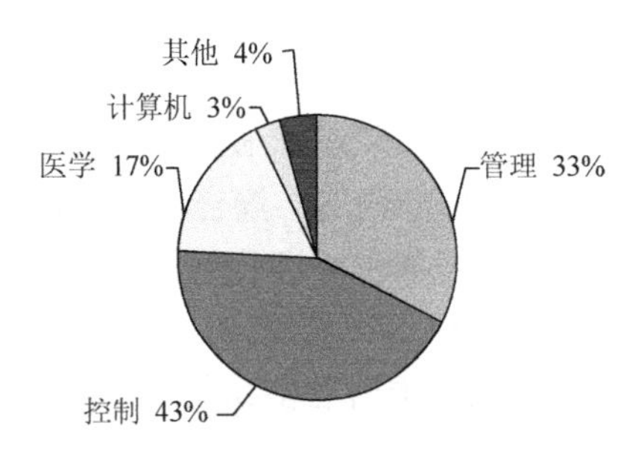

图2-18　混合智能系统应用研究概况

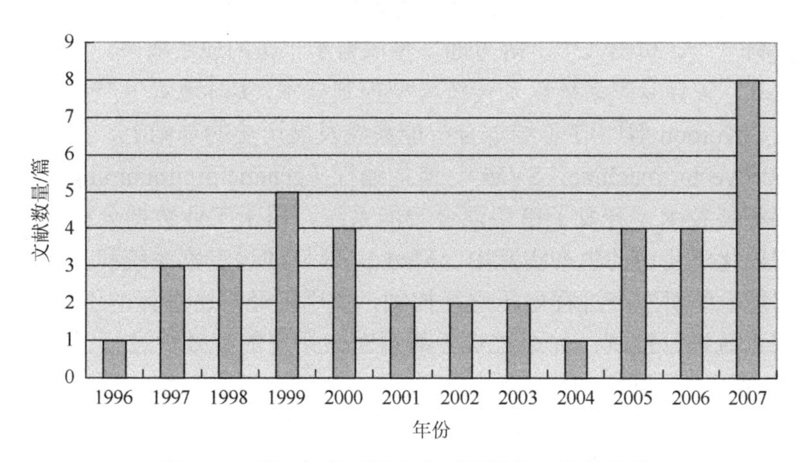

图2-19　混合智能系统在管理领域发表文献数量

由图2-18和图2-19可以看出，混合智能系统的研究目前主要集中在控制、管理、医学领域，计算机和其他领域也有少量研究。其中，管理领域的研究主要集中在评价和决策方面，对于商务智能这个管理和计算机交叉领域，基本上还没有进行研究；从研究发表文献数量的趋势看，随着混合智能系统理论研究的不断深入，这方面的研究会进一步增多。下面分别对混合智能系统的主要应用领域，以及商务智能领域的研究作进一步分析。

1. 混合智能系统的主要应用领域

在管理领域，混合智能系统已经应用到市场战略制定[51, 52]，供应链需求、财务、股票等的预测[53-55]，评价[56]，项目管理[57]，投资分析[58]，金融决策[59, 60]等方面，并取得了比较好的效果。

Li 等[51, 52]以专家系统和模糊系统为基础，构造了一个支持企业市场战略制定的混合智能系统 MarStra，并对英国 5 家公司的实际数据进行了研究。结果显示，MarStra 可以为这些公司提供战略分析的框架，帮助其制定战略，对现实中的模糊问题有很好的适应性。Abraham 等[55]基于神经网络和模糊系统开发了一个混合智能系统，用于股票市场的分析和预测，并以纳斯达克 100 指数为实际样本进行检验，得到了满意的结果。Feng 和 Xu[56]基于 KBS、神经网络和模糊系统开发了混合智能系统，通过 75 个主要指标的构造，混合使用 KBS、神经网络、模糊系统这三个技术，成功地解决了城市发展水平评价问题。Nemati 等[57]采用混合智能系统对信息技术的项目管理问题进行了研究。Tan 等[58]采用混合智能系统对投资分析进行了研究。Hashemi 等[60]采用混合智能系统对金融决策问题进行了研究，取得了比较好的效果。

在控制领域，混合智能系统已经应用到故障诊断[61, 62]、工业数据分析[63]、电力系统控制[64, 65]、机器人[66-68]等方面，也取得了不错的应用效果。

Angeli[61]融合专家系统以及传统模型控制技术，实时地对生产过程中的故障进行诊断。Kordon 等[63]在总结混合智能系统发展历史的基础上，结合支持向量机（support vector machine，SVM）、遗传编程（genetic programming，GP）和神经网络等智能技术，开发了串型混合智能系统，用于工业数据分析，并已运用到美国陶氏化学公司的生产实际中。Madan 等[64]通过专家系统和神经网络组成的混合智能系统对生产过程电压进行控制，使用神经网络进行电压变化的预测，使用专家系统进行控制，并通过实际数据对该系统的有效性进行了检验。Zhou 等[66]综合使用神经网络和模糊系统开发了一个混合智能系统，用于双足机器人行走的控制。

在医学领域，混合智能系统已应用到医学诊断[69-71]、脱氧核糖核酸（deoxyribonucleic acid，DNA）分析[72, 73]、药品设计与生产[74, 75]等方面，并且取得了不错的效果。

Meesad 和 Yen[69]构造了基于增量学习模糊神经网络（incremental learning fuzzy neural network，ILFN）和遗传算法的混合智能系统，并通过 Wisconsin 的经典数据库对该系统在医学诊断上的应用进行了检验。Tsakonas 等[73]为了解决 DNA 序列的分类问题，构造了以进化算法和神经网络为基础的混合智能系统，使得分类的准确性明显提高。Kalra 等[74]针对药品的设计，开发了基于专家系统和神经网络的混合智能系统。该系统通过专家系统完成药品的设计，通过神经网络进行药品质量的预测，从而完成整个药品的开发工作，并通过样品的测试对该系统进行了检验。

除此之外，混合智能系统还应用到气象预测[76, 77]、分子结构分析[78]、计算机辅助设计[79, 80]、入侵检测系统[81, 82]等领域，都取得了很好的效果。

2. 混合智能系统在商务智能领域的应用

1989年，高德纳咨询（Gartner Group）公司的分析师Howard Dresner首次提出了“商务智能”这一概念，他把使用终端查询和报表（end-user query and reporting，EUQR）、决策支持系统（decision support system，DSS）、OLAP等工具使企业获得优势的过程称为商务智能[83]。后来，出现了数据仓库、数据集市技术，以及与之相关的数据抽取/转换/加载（extraction，transition，loading，ETL）、数据清洗、数据挖掘、商业建模等，人们也将这些技术统归为商务智能。目前，存在将商务智能与数据仓库和基于数据仓库的分析方法等同起来的认识趋势。

时至今日，商务智能仍没有一个学术界公认的定义。不少文献对商务智能的定义作了如下的表述[84-86]：商务智能是帮助企业提高决策能力和运营能力的概念、方法、过程以及软件的集合，它运用数据仓库、OLAP和数据挖掘等技术来处理和分析商业数据，并提供针对不同行业特点或特定应用领域的解决方案来辅助用户解决商务活动中遇到的不确定性问题，从而帮助和改善管理决策，以提高企业的生存能力。

商务智能为更好地制定战略和决策提供良好的环境，为特定的应用系统，如客户关系管理（customer relationship management，CRM）、供应链管理（supply chain management，SCM）、ERP，提供数据环境和决策分析支持。当面向特定应用的特定战略和决策问题时，商务智能从数据准备做起，建立或虚拟一个集成的数据环境。在集成的数据环境之上，利用科学的决策分析工具，通过数据分析、知识发现等过程，为战略制定和决策提供支持。与传统的决策支持系统、执行信息系统（executive information system，EIS）相比，商务智能作为一种新兴的决策支持体系在以下方面存在明确的优势：①使用对象范围。不像传统的决策支持系统、执行信息系统仅局限于企业的领导与决策、分析人员，商务智能的使用对象扩展到企业组织内外的各类人员，为他们提供决策支持服务，既有企业经理一类的企业领导和高层决策者，又有企业内部各部门的职能人员，还包括客户、供应商、合作伙伴等企业外部用户。②具有的功能。商务智能具有传统的决策支持系统、执行信息系统所不具有的强大的数据管理、数据分析与知识发现能力。③知识库状态。传统的决策支持系统、执行信息系统中的知识库是在建立的系统中设置好的，知识库中的知识很少发生变化。即使发生变化，采用定期人为更新的方法修改。商务智能是一个闭合循环的动态系统。数据部分来自各应用系统的反馈，并且数据挖掘可以从现有的数据仓库或数据集市中发现新知识，随时对知识库中的内容进行自动修正，因此，商务智能中的知识库是一种动态结构。

但商务智能也存在不足。与决策支持系统一样，商务智能的目标是提高企业决策的效率和准确性。但商务智能是通过数据分析、知识发现工具提供有价值的、辅助决策的信息和知识，用户必须根据这些信息和知识，运用现有的企业知识和经验进行判断，作出决定，极少数具备智能决策的能力。专门的决策支持系统具有方案生成、方案协调、方案评估等功能；商务智能则没有这些功能，更不具备群体决策的能力。

商务智能是利用当今计算机前沿技术作支撑、运用现代管理技术进行指导的应用系统，它的研究热点集中在三个方面：支撑技术的研究、体系结构的研究及应用系统的研究。混合智能系统作为商务智能重要的支撑技术，还没有引入其中进行研究。相信混合智能系统将改变商务智能的体系结构，从而更好地满足实际应用的需要。

2.3 本章小结

本章主要讨论了混合智能系统的研究范围、研究层次和基本概念，以及国内外研究现状和分析。

首先，对混合智能系统的研究范围、研究层次，以及混合智能系统的概念进行了界定；然后，对混合智能系统研究的发展历史进行了回顾，分析了混合智能系统研究的文献情况；最后，对混合智能系统国内外的研究现状进行了分析，分别从混合智能系统的理论研究、混合智能系统的技术研究以及混合智能系统的应用研究三个方面对混合智能系统的研究现状进行了分析，找出了其中的薄弱环节，为进一步的研究指明了方向。

第3章　混合智能系统的构造原理

从混合智能系统概念正式提出至今，已有20多年，混合智能系统取得了长足的发展。从最开始研究专家系统和神经网络的混合，到如今免疫算法、粒子群算法等“软计算”的加入，混合智能系统的构造越来越复杂，迫切需要理论的指导。混合智能系统的构造不是简单地将各种智能算法和非智能算法进行相加，仅发生“物理变化”，而是要根据问题的特点，以及各种算法自身的特点，进行深入的研究，发生“化学变化”。

在对混合智能系统文献综述的基础上，本章详细讨论混合智能系统的构造原理，解决上述混合智能系统构造问题。首先，本章讨论混合智能系统构造的理论基础，并以此提出混合智能系统构造的设计流程；其次，为了方便后面讨论混合智能系统的构造，本章对混合智能系统进行形式化描述；再次，对混合智能系统构造的重要环节——混合智能系统的技术选择问题进行讨论，分析已有智能技术应用的特点，并提出基于案例推理的混合智能系统技术选择模型；最后，在以上讨论的基础上，详细论述混合智能系统的构造算法及其评价。

3.1　混合智能系统构造的理论基础

通过文献综述发现，目前还没有成熟的关于混合智能系统的构造方法，为此，在提出混合智能系统的构造原理前，要明确混合智能系统构造所需要遵循的理论基础，根据理论的指导来构造混合智能系统。因此，本节概述设计科学的基本理论，并据此提出混合智能系统的构造流程。

3.1.1　设计科学概述及研究基本框架

1. 设计科学概述

目前较普遍的学科分类方式是把所有学科分为自然科学、社会科学与人文学科三大类。自然科学与社会科学是按研究对象分的；社会科学与人文学科又主要是按学科中量化研究手段的应用程度和学科规范程度分的。这种分法不太能令人满意，van Aken将科学分为三种类型：①形式科学（formal sciences），如哲学和数学；②解释科学（explanatory sciences），如物理学、生物学、经济学、社会科学；③设计科学（design sciences），如工程科学、医药科学和现代心理科学[87]。形式科学几乎不依赖于经验，其使命是建立命题系统，对该命题的验证主要是其内在的逻辑一致性。解释科学的使命是拓展知识，以加深对自然与社会的了解，具体地说，就是描述、解释和尽可能地预知该领域可观察到的现象。设计科学的使命是为设计和实现产品而开发出相应的知识，主要解决结构性问题或者改善性问题。例如，建筑师和土木工程师主要处理结构性问题，医生主要处理改善性问题。设计科学以拓展知识、应用知识为目标，最终目的是解决问题。

设计科学又称为设计方法论或设计哲学，中文“设计”一词原意是设下计谋，现已转意为根据一定的要求对某项工作预先制订方案和图样。在英文中，一种说法认为，与设计对应的 design 出自拉丁文 designare，意为“制造出”；另一种说法认为，design 出自十五六世纪的法语中的两个词，即 dessein（意为“合目的性的计划”）和 dessin（意为“艺术中的设计”）[87]。词源分析表明，设计体现了艺术性和功能性的统一。在实践中，以大工业的发展为界，18 世纪之前的设计活动属于艺术设计，偏重艺术表现；19 世纪后的设计活动属于工程设计，偏重技术构造；现代设计则是艺术与技术的结合，在明确的意向目标或功能定位的前提下，用艺术、技术和工程等手段组织各种资源来筹划，以期实现意向目标或功能定位。设计的含义很广，包括改造或者创造、发明新事物的思维、拟订或改造计划、安排活动等内容，工序设计、产品设计、环境设计和课程设计等都属于设计。诺贝尔经济学奖得主西蒙指出，凡是以将现存情形改变成向往情形为目标而构想行动方案的人都在搞设计；生产物质性人工物的智力活动与为患者开药方、为公司制订新销售计划、为国家制定社会福利政策等这些智力活动并无根本不同[88]。

2. 设计科学研究的基本框架

美国著名科学哲学家托马斯·库恩于 1962 年在 *The Structure of Scientific Revolution* 一书中首次提出了“研究范式”（paradigm）的概念，引起了科学界的震动。1969 年，他又重新进行了诠释[89]：范式一方面代表着一个特定共同体的成员所共有的信念、价值、技术等构成的整体；另一方面指整体的一个元素，即具体性的谜题解答。把它们当作模型和范例，可以取代明确的规则作为科学中其他谜题解答的基础。库恩的范式概念有多种内涵，本书采用其社会学层面的含义，将范式界定为“一群科学家在解决科学问题时所使用的‘科学习惯’系统”。更具体地说，研究范式意指所要研究的问题、方法的综合，以更好地回答这些问题和探寻研究内容的本质。

设计科学有着自己的研究框架，目前被广泛接受的设计科学研究框架主要分为五个部分[90]。

（1）发现问题。设计科学研究框架的第一步是发现问题。发现一个有兴趣的问题可以通过多种渠道：通过产业里的新开发方法，或者通过阅读相关学科的研究，把另一个学科的研究引入自己的研究领域等。这个阶段的研究成果是提出研究计划。

（2）建议。这个阶段主要是在发现问题的基础上，根据目前所掌握的资料，进行初步设计。这个阶段的研究成果主要是形成初步的设计方案。

（3）设计开发。这个阶段主要是在建议的基础上，寻找切实可行的设计方案，并进行实际的设计工作和实验，提出一套较为成熟的设计方案。

（4）评价。在设计开发的基础上，对设计进行评价。设计的有用性、质量和效果要通过评价来决定，评价可以通过对设计采用观察、分析、实验、测试等手段进行。

（5）结论。得出一个合理的结论是设计科学研究框架的最后阶段。一般来说，在前面研究设计的基础上可以得到一个满意的结论。同时对设计过程发现的问题（特别是目前还没有解决的问题）进行总结，这就给进一步的研究指明了道路。

3.1.2　基于设计科学的混合智能系统构造流程

设计科学的研究框架为设计科学提供了一个总体思路，本书在研究混合智能系统时也应该遵循这样的思路。下面给出本书进行混合智能系统设计的总体思路，如图 3-1 所示。

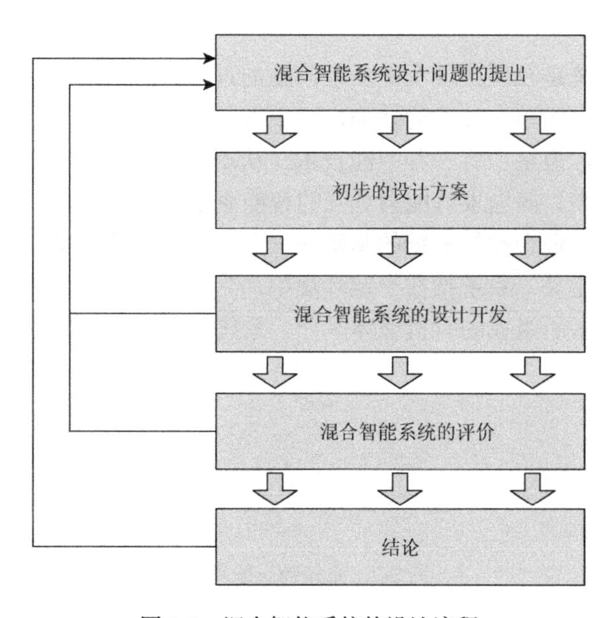

图 3-1　混合智能系统的设计流程

混合智能系统是一个新兴的研究领域，目前已吸引了世界上众多的学者投入这个领域。但是目前关于混合智能系统的设计方法研究还处于起步阶段，还没有较完善的方法论来指导混合智能系统的设计。为此，根据混合智能系统研究这样一个课题及相关文献综述，本书提出了初步的设计方案。

在混合智能系统设计问题的提出和初步的设计方案的基础上，混合智能系统的研究设计还有三个关键环节：混合智能系统的设计开发、混合智能系统的评价和结论。首先，在初步的设计方案的基础上，给出混合智能系统详细的设计开发方案，对混合智能系统开发的具体步骤作出说明；然后，对设计的混合智能系统进行评价，构造具体的评价指标；最后，给出结论。

下面给出混合智能系统的设计方案以及具体评价方法，并在第 8 章混合智能系统研究新进展中一并给出结论。

3.2　混合智能系统的形式化描述

3.1.2 节以设计科学的基本理论为基础给出了混合智能系统的构造流程，在具体介绍混合智能系统的构造原理前，本节首先对混合智能系统进行形式化描述，方便后面对混合智能系统的技术选择及构造算法进行描述。

3.2.1　混合智能系统的形式化定义

混合智能系统是在解决现实中复杂问题的过程中，从基础理论、支撑技术和应用视角，为了克服单个技术的缺陷，而采用不同的混合方式，使用各种智能技术和非智能技术，但至少有一种智能技术，从而获得知识表达能力和推理能力更强、运行效率更高、问题求解能力更强的智能系统。

本书首先给出混合智能系统的基础——系统的形式化定义，然后给出混合智能系统的形式化定义。系统指在一定环境中，为了达到某个目的而相互关系、相互作用的若干要素所组成的有机整体[91-98]。系统的一般模型如图 3-2 所示。

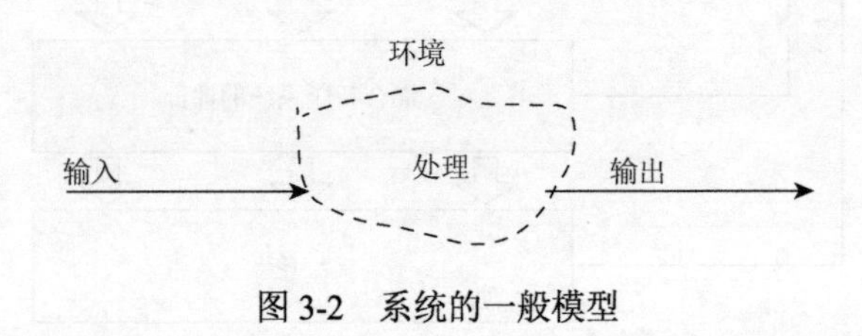

图 3-2　系统的一般模型

由图 3-2 可知，系统的构成要素如下：①环境（environment），环境和系统互有一定影响；②输入/输出（input/output），通过输入/输出，系统与环境发生联系；③处理（process），对输入进行处理，并得到输出。因此，系统可形式化地表示为

$$S=\{E,(I,O),P\} \tag{3-1}$$

混合智能系统也是系统的一种，但具有自身的特殊性。根据前面对一般系统的描述，下面给出混合智能系统的形式化定义。

定义 3-1　混合智能系统可用一个六元组来表示：

$$\text{HIS}=\{Q,T_i,(I,P,O),S\mid i=1,2,\cdots,n\} \tag{3-2}$$

其中，Q、T_i、(I,P,O)、S 构成混合智能系统的六个要素，其含义如下。Q 为混合智能系统解决的问题。T_i 为构成混合智能系统的技术集，包括智能技术 Int_T 和非智能技术 Non_T 两大类，但至少有一种智能技术。(I,P,O) 为混合智能系统的输入集合 $I=[I_1,I_2,\cdots,I_m]^{\text{T}}$、系统处理参数集合 $P=[P_1,P_2,\cdots,P_l]^{\text{T}}$、输出集合 $O=[O_1,O_2,\cdots,O_n]^{\text{T}}$。$S$ 为混合智能系统，如串型混合智能系统、并型混合智能系统、反馈型混合智能系统等。

性质 3-1　对于 $\forall\text{HIS}$，一定 $\exists T_i\in\text{Int}\_T$。

由混合智能系统的定义不难得出，在混合智能系统的构成技术中，智能技术占有非常重要的地位。

定义 3-2　混合智能系统的度 $\Gamma(\text{HIS})$ 表示构成混合智能系统主要技术的数量，反映了混合智能系统的复杂程度。

性质 3-2　$\Gamma(\text{HIS})=i_{\text{HIS}}$。

定义 3-3　混合智能系统对问题 Q 解决的有效程度 $U(Q,\text{HIS})\in[0,1]$。$U(Q,\text{HIS})=1$ 表示混合智能系统能够完全解决问题 Q；$U(Q,\text{HIS})=0$ 表示混合智能系统完全不能解决问题 Q；$0<U(Q,\text{HIS})<1$ 表示混合智能系统能够部分解决问题 Q。

性质 3-3　对于问题 Q，若混合智能系统能够完全解决，则有 $U(Q,\text{HIS})>U(Q,T_i)$，其中，$T_i\propto\text{HIS}$，$i=1,2,\cdots,n$。

根据混合智能系统的定义，混合智能系统的提出是因为单个技术不能解决问题 Q，因而有 $U(Q,T_i)<1$。同时，若混合智能系统 HIS 能够完全解决问题 Q，则 $U(Q,\text{HIS})=1$。综上，$U(Q,\text{HIS})>U(Q,T_i)$。

性质 3-3 也说明了混合智能系统研究的根本动因：克服单个技术不能解决问题 Q 或者效率不高的问题。

定义 3-4　对于 $\forall\text{HIS}$，若其构成的 $\forall T_i$ 对于问题 Q 都是收敛的，并且 $U(Q,\text{HIS})=1$，则称混合智能系统收敛。

定义 3-4 给出了混合智能系统算法收敛的评定标准。收敛性问题是算法研究

的一个重要方面，对于人工智能技术，算法的收敛性研究更重要，也更困难。目前，关于遗传算法、神经网络等智能算法的收敛性判定问题还没有彻底解决，这也给混合智能系统的收敛性研究带来很大的困难。

定义 3-5 根据系统的时间特性，混合智能系统分为离线（Off-line）型、实时（On-line）型、混合（Both）型三种方式。

本书给出了混合智能系统的定义以及相关性质。在一般系统讨论时，还会涉及系统的结构特性，本书也给出混合智能系统的主要结构特性的定义。

定义 3-6 混合智能系统的外部稳定性。若对任意一个有界输入 $I(t)$，满足条件

$$\|I(t)\| \leqslant \beta_1 < \infty,\ \forall t \in [t_0,\infty) \tag{3-3}$$

的任意输入，对应的输出 $O(t)$ 均为有界，即有

$$\|O(t)\| \leqslant \beta_2 < \infty,\ \forall t \in [t_0,\infty) \tag{3-4}$$

则称混合智能系统外部稳定。

定义 3-7 混合智能系统的内部稳定性。若对于时刻 t_0，任意非零初始状态 $P(t_0)=P_0$ 引起的状态零输入响应 $P_{0I}(t)$ 对所有 $t \in [t_0,\infty)$ 为有界，并满足渐近属性，即

$$\lim_{t\to\infty} P_{oI}(t) = 0 \tag{3-5}$$

则称混合智能系统内部稳定。

定义 3-8 混合智能系统的鲁棒性。混合智能系统的鲁棒性是指混合智能系统受到某种形式的扰动 D，若混合智能系统的某种性质 C 在混合智能系统受到扰动 D 后，仍然完全保持，或者在一定程度或范围内继续保持，则称混合智能系统的性质 C 对于扰动 D 具有鲁棒性。

定义 3-9 混合智能系统的可靠性。混合智能系统的可靠性是指混合智能系统在规定条件下、规定的时间内，完成预期功能的能力。混合智能系统按照时间特性可以分为离线型、实时型、混合型三类，实时型混合智能系统和混合型混合智能系统的可靠性更重要。

定义 3-10 混合智能系统的能控性。如果在时刻 t_0 对任意给定的初始状态 $P(t_0)=P_0$，总能找到某个有限时刻 $t_1 > t_0$ 和定义在时间间隔 $[t_0,t_1]$ 上的容许控制 $I(\bullet)$，使得系统从 P_0 出发的运动轨线在这个控制作用下，在时刻 t_1 达到零状态，即 $P(t_1)=0$，那么称混合智能系统在时刻 t_0 是完全能控的。

定义 3-11 混合智能系统的能观性。如果存在某个有限时刻 $t_1 > t_0$，使得通过观测在时间间隔 $[t_0,t_1]$ 上系统输出 $O(\bullet)$ 和一致的控制输入 $I(\bullet)$，能够唯一地决定在初始时刻 t_0 的初始状态 $P(t_0)=P_0$，那么就称混合智能系统在时刻 t_0 是完全能观测的。

以上给出了混合智能系统的主要结构特性：外部稳定性、内部稳定性、鲁棒性、可靠性、能控性、能观性等，这些结构特性是认识和分析混合智能系统的重要方面，也是进行混合智能系统评价时应该考虑的因素。关于这个问题，3.5 节混合智能系统的评价中会进一步讨论。

前面给出了混合智能系统的形式化定义，以及混合智能系统相关性质及其定义，对于这些问题，第 4 章、第 5 章将结合不同类型的混合智能系统作进一步的阐述和分析。下面讨论混合智能系统的联接方式，为本章混合智能系统的构造原理，以及第 4 章、第 5 章讨论不同类型的混合智能系统的特性奠定基础。

3.2.2 混合智能系统的联接方式

混合智能系统是由各种智能技术和非智能技术组成的混合体，各种技术是如何联接在一起的对于混合智能系统的构造来说至关重要。下面借用系统科学中关于系统联接方式的理论，对混合智能系统的联接方式进行讨论。

在系统科学中对系统的联接方式进行了详细定义。系统互联是指若干较简单的系统通过一定的方式互相联接起来而构成一个复杂系统[92-94]。联接方式在系统分析和综合中是一个很重要的概念，通过互联可以使基本单元构造一个系统，或从较简单的系统构造新的更复杂的系统。系统科学中给出了三种基本联接方式：串联联接、并联联接、反馈联接[92-94]。将这三种基本联接方式相互组合，可以得到更复杂的联接方式。一般系统和混合智能系统的联接方式如图 3-3 所示。

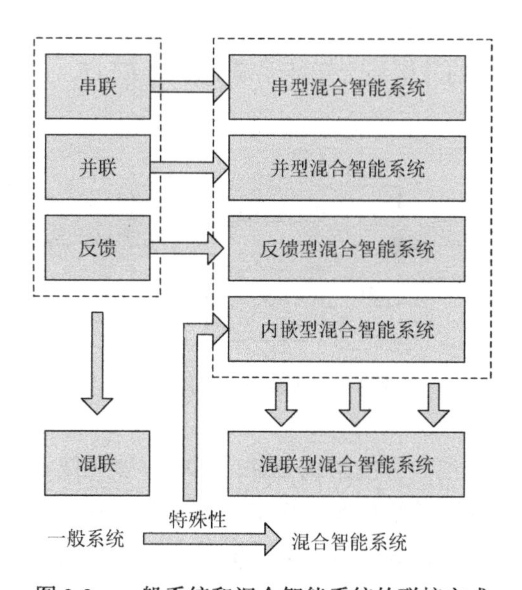

图 3-3　一般系统和混合智能系统的联接方式

由图 3-3 可知，混合智能系统是系统的一种，因此，在联接方式上必然存在上述三种基本形式的混合智能系统：串型混合智能系统、并型混合智能系统和反馈型混合智能系统。同时，混合智能系统是一种特殊的系统。一般系统理论中，将系统的处理过程 P 看作一个整体，但组成混合智能系统的各种智能技术和非智能技术具有自身的复杂性，应该将各个技术进一步分解开来。当某一个技术的某一个步骤需要另外的智能技术或非智能技术来协助解决时，就产生了另外一种联接方式的混合智能系统：内嵌型混合智能系统。例如，采用遗传算法协助人工神经网络来确定权值或结构。同样，由串型混合智能系统、并型混合智能系统、反馈型混合智能系统和内嵌型混合智能系统可以组成更复杂的混联型混合智能系统。

下面给出这五种基本的混合智能系统联接方式的形式化定义。

定义 3-12　串型混合智能系统HIS。由 n 个独立技术 T_i 依次“首尾相连”构成的混合智能系统称为串型混合智能系统，用符号“$\cap$”表示。

例如，图 3-4 所示的串型混合智能系统表示为 $T_1 \cap T_2$。

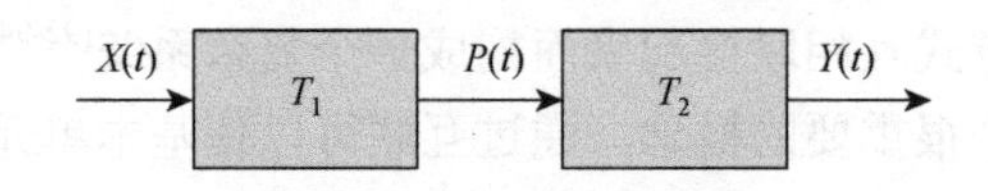

图 3-4　串型混合智能系统

定义 3-13　并型混合智能系统HIS。由 n 个独立技术 T_i 依次“首首相连”“尾尾相连”构成的混合智能系统称为并型混合智能系统，用符号“$\cup$”表示。

例如，图 3-5 所示的并型混合智能系统表示为 $T_1 \cup T_2$。

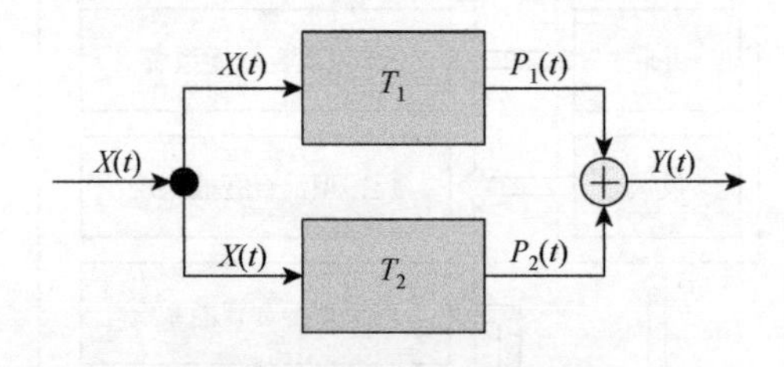

图 3-5　并型混合智能系统

定义 3-14　反馈型混合智能系统HIS。其中，独立技术 T_1 的输出作为独立技术 T_2 的输入，独立技术 T_2 的输出和原始输入信号共同作为独立技术 T_1 的输入，采用这种形式构成的混合智能系统称为反馈型混合智能系统，用符号“∞”表示。

例如，图 3-6 所示的反馈型混合智能系统表示为 $T_1 \infty T_2$。

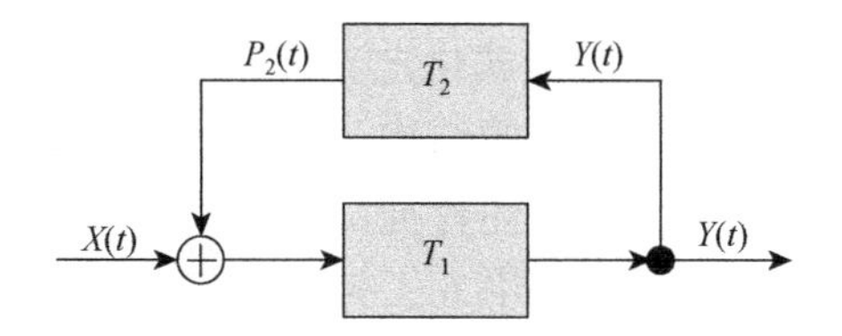

图3-6　反馈型混合智能系统

定义 3-15　内嵌型混合智能系统HIS。其中，独立技术T_1的某一步的输出作为独立技术T_2的输入，独立技术T_2的输出又作为独立技术T_1的某一步的输入，采用这种形式构成的混合智能系统称为内嵌型混合智能系统，用符号“$\oplus$”表示。

例如，图3-7所示的内嵌型混合智能系统表示为$T_1 \oplus T_2$。

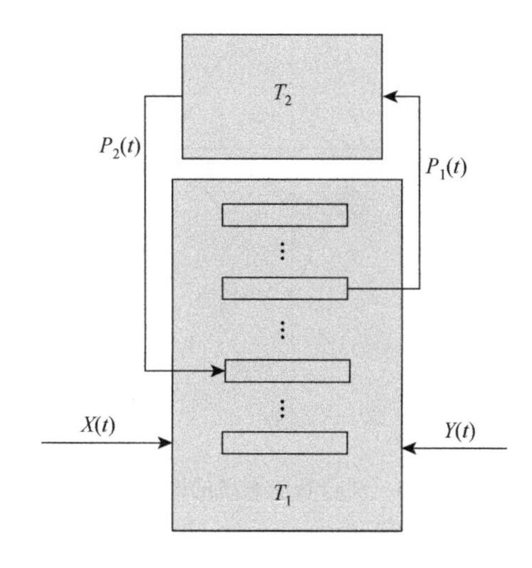

图3-7　内嵌型混合智能系统

定义 3-16　混联型混合智能系统HIS是指串型混合智能系统、并型混合智能系统、反馈型混合智能系统以及内嵌型混合智能系统中的两种或两种以上混合而成的混合智能系统，用符号“$\otimes$”表示。混联型混合智能系统可以通过系统分解的方法分解为上述四种基本类型。

定义 3-17　混合智能系统的级Ω表示混合智能系统联接的复杂程度。根据对已有混合智能系统的分析，本书将混合智能系统的级分为三类：$\Omega(\text{HIS}) = \{\text{Low}, \text{Moderate}, \text{High}\}$，其中，串型混合智能系统、并型混合智能系统、反馈型混合智能系统的级为Low；内嵌型混合智能系统以及仅由串型混合智能系统、并型混合智能系统、反馈型混合智能系统构成的混联型混合智能系统的级为Moderate；由内嵌型混合智能系统构成的混联型混合智能系统的级为High。

根据上述对混合智能系统的形式化定义，对混合智能系统的描述可主要从混合智能系统的度、混合智能系统的结构、混合智能系统的时间特性以及混合智能系统的级等角度进行。综合上述特征，本书采用四维坐标空间来形象描述一个混合智能系统。例如，一个采用人工神经网络、模糊系统和遗传算法三种技术，使用内嵌联接方式，混联而成的离线型混合智能系统，可用图 3-8 表示。通过混合智能系统的四维表示图，可以大致了解一个混合智能系统的内部构成情况。

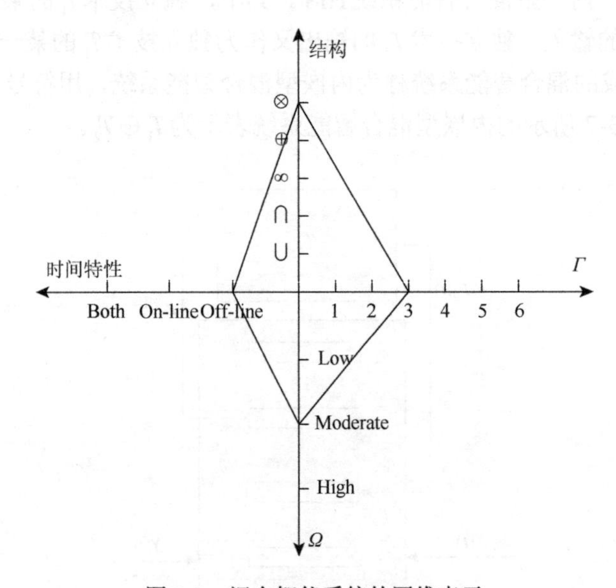

图 3-8　混合智能系统的四维表示

3.3　混合智能系统的技术选择

混合智能系统构造的一个重要环节是选择构成混合智能系统所需的技术，否则，混合智能系统的构造就成了“无源之水”。为此，在提出混合智能系统的构造算法之前，先对混合智能系统的技术选择问题进行分析。

混合智能系统的技术选择主要涉及两方面问题：第一，现有技术应用特点的分析，特别是智能技术特点的分析。通过对技术应用特点的分析，为选择技术奠定基础。第二，如何从众多的智能技术和非智能技术中选取合适的技术，并以此为基础构造混合智能系统。由于非智能技术涉及面较广，且已有专门领域进行研究，发展较为成熟，限于篇幅，本书就不再讨论。下面分别讨论混合智能系统构成的主要智能技术分析，以及基于案例推理的混合智能系统技术选择问题。

3.3.1　混合智能系统构成的主要智能技术分析

混合智能系统使用的技术既包括智能技术，也包括非智能技术。由于非智能技术已有大量的研究，不再详细讨论，下面对混合智能系统构成的主要智能技术及其对构造混合智能系统的作用进行分析[99-102]。

1. 专家系统及其对混合智能系统的作用

专家系统产生于20世纪60年代中期，是目前人工智能中最活跃、最有成效的研究领域。自从费根•鲍姆等研制出第一个专家系统DENDRL以来，专家系统获得了快速发展，并广泛地应用于数学、物理、化学、农业、教育、军事、医疗诊断、地质勘探、石油化工及交通运输等国民经济的重要领域，产生了巨大的社会效益和经济效益。

专家系统要做到完全实用化，还存在许多尚待研究和解决的技术难题，如知识获取问题、知识的深层次化问题、不确定性推理问题、系统的优化和发展问题等。针对这些问题，关于专家系统的研究已转到开发新一代专家系统上来。未来，专家系统的研究方向如下：①并行分布处理（parallel distributed processing，PDP）。新一代专家系统能在多处理器环境中，基于各种并行算法，实现各种并行推理与计算技术。②协同工作。协同专家系统是指为拓展专家系统的求解领域，让多个子专家系统协同合作求解问题。③具有学习功能。新一代专家系统应具有更高效的知识获取工具与学习能力，从而对知识获取这个瓶颈问题有所突破。

专家系统是以专家知识为基础，模仿人类专家推理过程的逻辑推理系统，其优点如下：①可以用清晰可读的类自然语言方式表达无法用数学模型表达的专家知识，便于理解及知识库维护，能在特定领域模仿专家工作，处理非常复杂的情况，包括异常情况；②在已知其基本规则的情况下，无须输入大量细节数据即可运行；③能对系统的结论作出解释。其不足之处如下：①知识获取费时费力，成为瓶颈问题。规则提取、知识库建立需要领域专家与知识工程师的密切合作，但有时很难找到合适的能够清楚表达领域知识的专家。②推理不能适应变化的环境。③由于产生式的串行结构随着知识库规模的扩大而复杂化，推理效率可能急剧下降，在单机上很难提高运行速度。当规则很大时，进行并行处理也很困难，开发周期长，一般需要8～12个月。

通过以上对专家系统特点的分析可以看出，专家系统较适合处理规则无法用数学模型准确表达的问题。在构造混合智能系统的过程中，如果问题较新，且没有成熟的方法解决，可以考虑采用专家系统来解决。同时，考虑专家系统的缺陷，可以使用人工神经网络、模糊系统等技术对其进行改进，增强专家系统解决问题的能力。

2. 人工神经网络及其对混合智能系统的作用

人工神经网络研究至今已有 70 多年的历史。1943 年，心理学家 McCulloch 和数学家 Pitts 合作提出了形式神经元的数学模型，即 MP 模型，他们利用逻辑的数学工具研究客观世界的事件在形式神经网络中的表达；1949 年，心理学家 Hebb 提出了改变神经元连接强度的 Hebb 规则；20 世纪 50 年代末，Rosenblatt 设计发展了 MP 模型，提出了多层感知机 Perceptron；20 世纪 60 年代初，Widrow 提出了自适应线性单元模型 Adaline，以及一种有效的网络学习方法——Widrow-Hebb 规则。鉴于上述研究，神经网络引起了许多科学家的兴趣。但是，随着人们对以感知机为代表的神经网络的功能和局限性的深入分析等，神经网络的研究陷入低潮。不过，仍有些学者坚持研究并形成了一些成果：Grossberg 的自适应共振理论（adaptive resonance theory，ART）模型；Kohonen 的自组织映射（self organising map，SOM）模型；Amari 致力于神经网络数学理论的研究；1982 年，Hopfied 通过引入能量函数的概念，研究网络的动力学性质，并用电子线路设计出相应的网络，进而掀起了神经网络新的研究高潮；1986 年，Rmelhart 和 MaClelland 提出了 PDP 理论，尤其是发展了多层前向网络的 BP 算法，成为迄今普遍应用的学习算法。

人工神经网络是模拟人脑组织结构和人类认知过程的信息处理系统，主要优点如下：①信息以分布方式存储于整个网络中，即使网络局部受损，也不会对整个网络造成很大影响，还可根据不完整或模糊的信息联想出完整的信息，导出正确的输出；②具有自适应、自组织、自学习能力；③可通过训练样本、根据周围环境来不断改变自己的网络，并根据变化的信息，调整自身的结构；④具有并行处理特征，在完成训练样本后，运行速度很快；⑤能从训练样本中自动获取知识。人工神经网络的主要局限如下：①难以表达结构化知识；②需要大量实例进行训练，且训练时间可能很长，可能陷入局部最小；③难以处理事先未经训练的异常情况；④系统以黑箱方式运行，解释系统的结论比较困难。

通过以上对人工神经网络特点的分析可以看出，人工神经网络较适合处理非线性的、有训练样本的问题。通过对样本的训练学习，找到输入之间的内在联系，并通过网络结构和权值将知识存储起来。在构造混合智能系统的过程中，如果求解问题需要自学习能力，并且存在非线性关系，那么可以考虑采用人工神经网络来解决。同时，考虑人工神经网络的缺陷，难以将存储在网络中的知识显性地表示出来，并且在训练学习过程中容易陷入局部最小的问题，可以使用遗传算法、模糊系统等技术对其进行改进，增强人工神经网络解决问题的能力，以及结论的可理解性。

3. 模糊系统及其对混合智能系统的作用

模糊集的概念是由美国控制论专家 Zadeh 于 1965 年提出的。模糊集着眼于现实世界的不精确和不完整的信息传感，以隶属度作为建立基石，通过定义的隶属度特征函数表达模糊性，利用模糊推理规则，从数据中挖掘知识表达的逻辑关系。它能实现信息的并行处理，从输入信息中找到一种非线性映射的数学关系。

模糊系统是以模糊的人类语言变量为基础，模仿人类的模糊思维方式和认知过程进行推理的近似推理系统，已广泛应用于各种智能系统特别是智能控制系统中。模糊系统的基本特点如下：能以包含模糊性的人类自然语言或数学表达式表达知识，易于知识获取、表达、理解和维护；系统设计以获取的专家模糊知识为基础，无须知道系统的数学模型，系统建造容易、成本低，在实时性要求不高的情况下，可在微机环境通过模糊控制软件实现。模糊系统的主要不足如下：目前还没有系统化的方法能确定隶属度函数及规则库，系统参数的确定往往要通过手工或试凑的方法进行，这就给大型复杂系统的设计带来很大困难；通常的模糊推理在隶属度函数固定的情况下进行，很难适应时刻变化着的推理环境。

通过以上对模糊系统特点的分析可以看出，模糊系统较适合处理包含模糊性知识的问题，可以将传统技术模糊化。在构造混合智能系统的过程中，当问题不能精确地描述，并且需要进行推理时，可以考虑采用模糊系统来解决。同时，考虑模糊系统的缺陷，对于隶属度函数和规则库还没有确定的方法，可以使用专家系统、人工神经网络等技术对其进行改进，以增强模糊系统解决问题的能力。

4. 遗传算法及其对混合智能系统的作用

遗传算法由美国 Holland 于 1975 年提出，是人工智能的重要分支，是基于达尔文进化论，在计算机上模拟生物进化机制而发展起来的一门学科。它根据适者生存、优胜劣汰等自然进化规则来进行搜索计算和问题求解。对于许多通过传统数学难以解决或传统数学明显失效的复杂问题，特别是优化问题，遗传算法提供了一种行之有效的新途径，也为人工智能的研究带来了新的生机。

遗传算法是基于自然选择和遗传机制，在计算机上模拟生物进化机制的寻优搜索算法。它能在复杂而庞大的搜索空间中自适应地搜索，寻找最优或准最优解，且算法简单、适用性和鲁棒性强，适于并行处理，已广泛用于组合优化问题求解、自适应控制、自动程序生成、机器学习、人工生命等领域。遗传算法目前的主要局限在于其理论尚不成熟，需进一步研究探索，计算量大，对大规模复杂工程问题的求解还有一定困难。

通过以上对遗传算法特点的分析可以看出，遗传算法较适合处理存在局部最小的寻优问题，为其他技术提供寻优算法。在构造混合智能系统的过程中，当需要对问题进行优化求解，并且没有成熟的方法来解决时，可以考虑用遗传算法来解决。同时，考虑遗传算法的缺陷，对于收敛性等问题还需进一步研究，可以采用模糊系统、传统寻优技术等对其进行改进，以增强遗传算法解决问题的能力。

5. 其他智能技术及其对混合智能系统的作用

前面简要介绍了专家系统、人工神经网络、模糊系统、遗传算法等四种常用的智能技术。除此之外，在人工智能领域还有大量的智能技术，如机器学习技术、案例推理、Agent、RS、证据推理、支持向量机、混沌优化算法、免疫算法、蚁群算法、粒子群算法、人工生命、灰色理论、集对分析等。限于篇幅，本书不再一一论述这些技术的基本概念和原理，后面的章节中提到相关技术时，会结合具体应用背景介绍这些智能技术。

1997 年，斯坦福大学的 Wolpert 和 MacReady 提出了对于优化领域意义极为深远的没有免费的午餐（no free lunch，NFL）定理[103]。该定理的主要思想是：假定有 A、B 两种任意优化算法，对于所有的问题集，它们的平均性能是相同的(性能可采用多种方法度量，如最优解、收敛速率等)。根据 NFL 定理，不同的技术都有其不同的应用优势与不足，技术之间存在互补性，不存在占有绝对优势的技术。从解决实际问题的角度出发，融合不同类型机制的技术、充分发挥各自的优势是解决问题的必然发展趋势。

根据 NFL 定理，上述讨论的专家系统、人工神经网络、模糊系统、遗传算法等智能技术同样存在各自的优势和不足，在构造混合智能系统的过程中，应该根据求解问题的需要把系统分为若干模块，每个模块分别选用专家系统、人工神经网络、模糊系统、遗传算法或者其他智能技术和非智能技术，再以某种联接方式构成混合智能系统，各种技术之间取长补短，构造功能更完善的应用系统。

3.3.2 基于案例推理的混合智能系统技术选择

混合智能系统能够克服单个技术的不足，利用一种技术的优势来弥补另一种技术的劣势，从而更好地解决问题。目前，混合智能系统已广泛应用于管理、控制、计算机、医学等领域，受到越来越多的学者和实际工作者的关注。但同时，它带来了一个问题：如何根据不同的问题，构造相适应的混合智能系统。对于这个问题，目前还没有很好的解决办法，关键就是混合智能系统的技术选择。下面讨论其他相关领域关于这个问题的输入研究，以此为基础，提出基于案例推理的混合智能系统技术选择。

1. 混合智能系统技术选择的理论基础

首先从众多已有的智能技术中挑选出适合求解问题的智能技术，然后通过所挑选的智能技术构造混合智能系统。为此，首先对混合智能系统的技术选择问题进行研究。目前，统计学和决策支持系统领域对模型选择问题进行了研究，这是混合智能系统技术选择研究的重要理论基础。

1）统计学中的模型选择

统计学中关于模型选择主要分为绝对选择和相对选择两大类[104]。绝对选择利用理论方法较为完善的假设检验作为工具，在统计学文献中，从渐近性、检验方法和模拟分析等方面得到了广泛的研究。一般遵循以下原则：首先，根据实际情况及数据特征决定模型和未知参数的个数；然后，根据模型和参数个数选定一族分布族（称为可行分布族）；最后，在这些可行分布族中选取满意的分布族和最优分布函数。

通常采用以下两种方法选取可行分布族和最优分布函数。

一是基于零假设检验的分布族。首先，确定数据的一般明显特征，选取所有满足这些特征且包含上述未知参数的分布族为可行分布族。然后，在这些分布族中进行检验，看其是否和数据的其他特殊特征一致。此时可以确定一个检验指标，如果不满足检验指标，则舍去此分布族，检验下一族分布族，直至找到满意的分布族和最优分布函数。如果最后仍没有满意的分布族，可进一步观察数据，减少一般特征的个数（可把减下来的一般特征看作特殊特征），重新确定可行分布族，进行检验。如此反复，直到满意为止。

二是基于矛盾的分布族。首先，选出分布族，该分布族和实际背景假设、样本大小、问题的具体要求等情况相符。然后，检验这些分布族与实际情况的差距，选出差距最小的分布族作为最终的分布族。该方法具有很大的灵活性，操作者可根据实际要求或自己的直观感觉，将模型的特征排序，选出某一特征作为最重要的判断指标，在此条件下选择分布函数。但它的一个重要缺陷在于：真实模型必须包含在建模者已设定的各种可能的模型结构之中，由此在处理多个分离的模型时会遇到极大的障碍。

鉴于此，不需要事先知道真实模型的相对选择在实践中是否得到更多应用[104]。它一般通过比较某个准则在不同模型下的值来选择模型。不过，与理论相当成熟的假设检验相比，这些准则多是启发式的，并常常源于完全不同的原理概念，推导上缺乏统一的模式。同时，这些准则均是统计量，在实际使用中，只考虑其数值固然有简单实用之处，但缺乏对其概率背景的了解往往可能使建模者建模过程较为盲目。

通过以上对统计学领域模型选择的分析可以看出，统计学领域的模型选择要么根据已经确定的模型，要么依据某个准则，根据对数据的拟合情况进行选择，这与模型选择的初衷相悖。要从不确定的环境中选出模型，并且可能对数据情况不了解，统计学的模型选择不能作为混合智能系统技术选择的依据，但其选择过程中定义的准则可以作为混合智能系统构造完毕后进行评价的依据。

2）决策支持系统研究中的模型选择

决策支持系统是以信息技术为手段，应用决策科学及有关学科的理论和方法，针对某一类型的半结构化和非结构化的决策问题，通过提供背景材料、协助明确问题、修改完善模型、列举可能方案、进行分析比较等方式，为管理者做出正确决策提供帮助的人机交互式信息系统[105]。Eom 将决策支持系统的主要研究领域划分为六个方面：决策支持系统的理论基础、决策支持系统的模型管理、人机界面、多标准决策支持系统、决策支持系统的实现，以及群决策支持系统（group decision support system，GDSS）[106]。

决策支持系统模型管理研究的主要内容包括模型的表示和模型操作方法，其中，模型选择是模型操作的基础，在模型管理中起着重要作用。决策支持系统模型选择的方法主要分为两大类：解析法与人工智能法。其中，解析法最早由 Klein 等提出，用来选择单一模型和组合模型。这种基于目标线性规划的方法依靠模型使用的历史信息来选择模型。模型选择的过程如下：①对于某个特定的问题，排除不可能用到的模型；②对于剩余的模型，根据用户提出的问题特征定出线性规划表达式；③对于每个模型进行线性目标规划，以求出该模型与问题特征之间的距离；④选择具有最短距离的模型。

人工智能法是指依据一定的模型选择策略（启发式算法、专家规则）自动地从模型库中选择合适的模型。模型选择的人工智能法目前是研究的热点，国内外许多研究人员提出了各自的模型选择方法。例如，Oded 等利用竞争策略方法选择模型，Arinze 采用规则推导方法选择模型。人工智能法在模型选择问题研究中的应用极大地推动了模型管理的研究工作，从以往的研究来看，这是一条解决模型管理问题的极好途径[107]。

综合上述统计学研究和决策支持系统领域对模型选择问题的分析不难看出，统计学中的相对模型选择可以作为混合智能系统评价的依据，而要直接作为混合智能系统技术选择的手段是行不通的。决策支持系统领域的模型选择理论为混合智能系统技术选择提供了很好的思路，但是存在以下问题：①缺乏学习的能力。学习能力是指系统对于新的情况、新的案例的决策不适应时，能够自动地进行再学习、精练现有方法的能力。②缺乏适应性。适应性是指任何系统在一个易变的、不确定的环境下维持下去的最重要的能力之一，适应性使一个系统对内部或外部引起的需求变化作出反应，处理不确定的问题。③缺乏对经验的积累。对于单一的决策者，决策环境相对稳定，面对的决策问题具有很大的相似性。通常，传统的模型选择方法相互独立地确定相似问题的求解过程，模型的利用率较低，造成了系统时间和空间的浪费。

针对决策支持系统领域模型选择理论的不足，本书在进行混合智能系统的技术选择时，借用钱学森教授提出的“从定性到定量综合集成的研讨厅体系”的基本思想[3]，以案例推理技术为基础，构造基于案例推理的混合智能系统技术选择架构，借助案例推理的学习和推理能力解决以上问题，从而为混合智能系统的构造奠定坚实的基础。

2. 基于案例推理的混合智能系统技术选择架构

案例推理是一种类比推理方法，提供了一种近似人类思维模型的建造专家系统的新方法论，这与人对自然问题的求解相一致。案例库和推理机是案例推理系统的两个重要组成部分：案例——记忆细胞；推理机——思维模型。案例推理系统以案例作为案例推理中知识表达的基本单元，并构造案例推理中的知识库——案例库。推理机实现基于案例库存储的案例检索，即从案例库中找出与当前情况类似的过往案例，利用过往案例或经验进行推理来求解新问题[108]。

通过对案例推理的分析可以看出，案例推理系统运用人类常常回忆过去积累下来的类似情况的处理，通过对其适当修改来解决新问题的基本思想，利用历史经验和前人智慧来进行推理判断，从而解决难以形成规则形式定理，而易形成案例形式并已积累丰富案例的领域的问题。

混合智能系统的技术选择问题的现状如下：①针对不同领域的问题，目前已经有大量的采用智能技术和非智能技术单独进行解决的案例，但是都存在一定的遗留问题或没有成功解决这些问题；②针对不同领域的问题，如何从大量的智能技术和非智能技术中选取一种或几种技术，目前没有可以依据的理论，只能借助一些原则和依靠专家的经验来进行技术的选择。针对这个问题，混合智能系统技术选择的问题与案例推理能够解决的问题不谋而合。为此，本书提出基于案例推理的混合智能系统技术选择架构。

基于案例推理的混合智能系统技术选择架构如图 3-9 所示，主要由问题描述、混合智能系统的案例检索、适配修正、存储混合智能系统案例、混合智能系统技术选择结果等模块组成。

由图 3-9 可知，针对一个实际问题进行混合智能系统技术选择，首先由专家对问题进行描述，然后根据混合智能系统案例检索算法到混合智能系统案例库中检索相关案例，交由专家根据经验进行适配修正，剔除不符合的案例，此时，若不能得到需要的案例，则需返回对问题描述进行修正，直至得到满意的案例，并将得到的案例结果存储于混合智能系统案例库中。通过前面的分析可知，基于案例推理的混合智能系统技术选择架构是构造在案例推理系统之上的，其中的关键技术主要有混合智能系统的案例表示、混合智能系统的案例检索及混合智能系统的案例学习。下面对这三个关键技术的实现进行论述。

1）混合智能系统的案例表示

混合智能系统的案例表示是基于案例推理的混合智能系统技术选择架构碰到

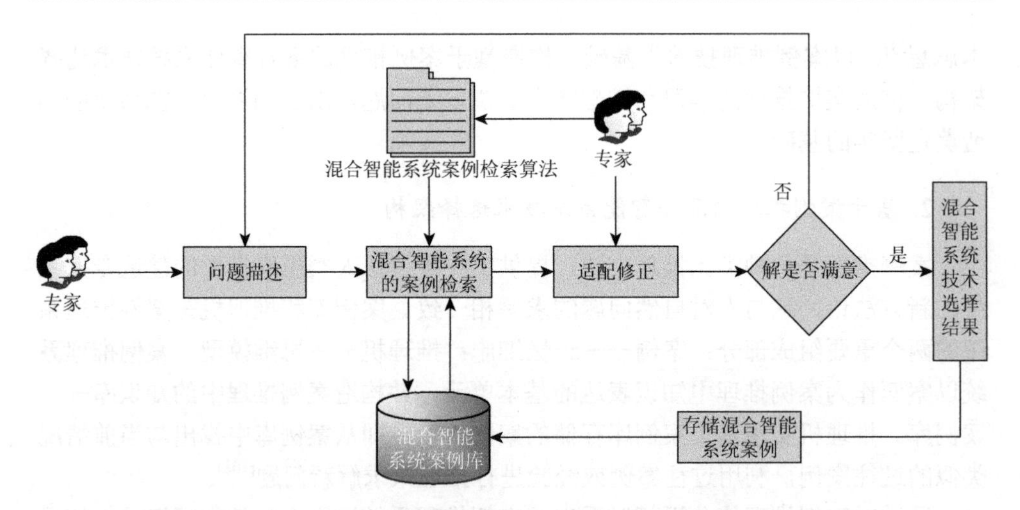

图 3-9　基于案例推理的混合智能系统技术选择架构

的第一个关键技术，其合理与否直接影响混合智能系统的案例检索、混合智能系统的案例修正、混合智能系统案例库维护的难易程度[108]。案例表示就是对过去已经解决的问题及其解决方案的描述，通常一个案例由三部分组成：①问题的描述，指案例发生时周围的环境状态和问题的具体内容；②解的描述，指问题求解过程或求解方法；③结果的描述，指问题目标或结论信息。

目前，案例表示借鉴人工智能领域各种知识的表示方法，如多元组、框架、对象、谓词、语义网、规则等[109]。考虑基于案例推理的混合智能系统技术选择架构的特点，本书选用多元组的方式来对基于案例推理的混合智能系统技术选择架构中的案例进行表示。具体来说，对基于案例推理的混合智能系统技术选择架构选用四元组的方法来描述：

$$\text{Case} = \{\text{Problem}, \text{Context}, \text{Method}, \text{Evaluation}\}$$

其中，Problem 为问题域，用来描述问题的特征信息，把问题域根据待解决问题所述领域分解为多个属性来描述，可形式化地表示为

$$\text{Problem\_field} = \{\text{Pfield}_1, \text{Pfield}_2, \cdots, \text{Pfield}_n\}$$

Context 为环境域，用来描述混合智能系统案例应用的情景特征，把环境域根据待解决问题所述领域分解为多个属性来描述，可形式化地表示为

$$\text{Context\_field} = \{\text{Cfield}_1, \text{Cfield}_2, \cdots, \text{Cfield}_n\}$$

Method 为方法域，用来描述混合智能系统案例应用的主要技术方法。当使用多种

技术时，以某个技术作为主技术域，其余技术为辅助技术域。为此，方法域可形式化地表示为

$$\text{Method\_field} = \{(\text{Mfield}_1, \text{Mattribute}_1), (\text{Mfield}_2, \text{Mattribute}_2), \cdots, (\text{Mfield}_n, \text{Mattribute}_n)\}$$

Evaluation 为评价域，用来描述混合智能系统案例应用的使用效果。

基于上述对混合智能系统的案例表示，本书建立混合智能系统案例库，案例库中案例主要根据目前已有研究整理而得，主要来自期刊网站的案例、专家提供的案例以及相关问题人提供的案例等。

2）混合智能系统的案例检索

混合智能系统案例库由领域专家以前解决过的一些问题组成，案例库中每一个问题的状态描述、使用的主要技术以及求解策略用一个案例表示，每一个案例包括以前问题的一般描述，即情景，使用的主要技术，以及求解策略。当一个新问题出现时，系统根据检索规则，从案例库中检索出案例或案例集[110]。

检索所得到的案例的质量和数量直接影响基于案例推理的混合智能系统技术选择架构解决问题的效果，因此，此项工作是实现基于案例推理的混合智能系统技术选择的关键环节。其主要目的是根据对新问题的定义和描述，从混合智能系统案例库中检索出最佳案例作为新问题的求解依据。基于案例推理的混合智能系统技术检索要达到以下两个目标：检索出来的混合智能系统案例应尽可能少；检索出来的混合智能系统案例应尽可能与当前案例相关或相似。因此，在案例推理中高速、有效地完成案例检索是十分重要的。

目前，案例推理系统的案例检索方法主要有最近邻法、归纳法、知识引导法等，其中，最近邻法因概念清晰、计算简便而在案例推理系统中普遍采用[108-110]。基于案例推理的混合智能系统技术选择架构也选择最近邻法作为检索方法。

基于案例推理的混合智能系统技术选择架构的案例检索方法——最近邻法是目前应用广泛的检索算法，检索空间为整个混合智能系统案例库。其计算过程如下：计算混合智能系统案例与问题案例单个特征属性的相似度，将单个特征属性的相似度进行加权计算，获得混合智能系统案例与问题案例的综合相似度。综合相似度作为衡量问题案例与源案例相似程度的依据。

假设 U 为基于案例推理的混合智能系统技术选择子系统中源案例的集合，X 为已经存储在基于案例推理的混合智能系统案例库中的某个案例，称为源案例，$X \in U$，$U = (X_1, X_2, \cdots, X_n)$，$n$ 为混合智能系统案例库中案例的个数，Y 为待求解的案例，称为目标案例。源案例 X 的问题域属性表示为 $X = (x_1, x_2, \cdots, x_n)$，同理，目标案例 Y 的问题域属性表示为 $Y = (y_1, y_2, \cdots, y_n)$，$x_i$、$y_i$ 为属性离散化后的取值，则案例间的相似度计算公式如下：

$$\mathrm{SIM}(X,Y)=\sum_{i=1}^{n}\left[1-\mathrm{sim}(x_i,y_i)\right]w_i \tag{3-6}$$

其中，$w_i \in [0,1]$ 为第 i 个属性的权值，由专家给出，且 $\sum_{i=1}^{n} w_i = 1$；$\mathrm{sim}(x_i,y_i)$ 为源案例的第 i 个属性与目标案例的第 i 个属性的相似度。使用欧几里得距离计算 $\mathrm{sim}(x_i,y_i)$，其计算公式如下：

$$\mathrm{sim}(x_i,y_i)=\sqrt{(x_i-y_i)^2} \tag{3-7}$$

按照式（3-6）计算案例间的相似度，并将相似度与事先确定好的阈值相比较，将相似度大于阈值的混合智能系统案例返回给用户，作为满足要求的检索案例。

通过案例检索得到的混合智能系统案例就是基于案例推理的混合智能系统技术选择架构所需得到的结果。根据这些已有的成功案例以及混合智能系统设计流程，就可以进行混合智能系统的设计。

3）混合智能系统的案例学习

基于案例推理的混合智能系统技术选择子系统是一个自学习系统，将在问题求解过程中获得的知识以新案例的形式加入混合智能系统案例库中，完成自学习功能。新输入的问题通过基于案例推理的混合智能系统技术选择架构的推理系统解决后，则形成了一个完整的新案例。由于它可能用于解决将来情形与之相似的问题，有必要将其加入混合智能系统案例库中。

当然，并不是每个案例都有保存的价值，是否加入混合智能系统案例库中主要考虑以下两种情况：若混合智能系统案例库中没有该案例，则将该案例添加到混合智能系统案例库中；若该案例与混合智能系统案例库中所有案例的相似度均小于某个给定的阈值，则加入该案例，否则不保留该案例，以保证案例库中案例的相似度按段分布，从而避免混合智能系统案例库的无限膨胀。

3.4 混合智能系统的构造算法

3.3 节基于案例推理的混合智能系统技术架构，针对某个问题得到了其使用的主要智能技术和非智能技术的案例集，这也为构造混合智能系统奠定了坚实的基础。本节根据混合智能系统构造算法进行混合智能系统构造。

3.4.1 混合智能系统的构造流程

混合智能系统的构造主要就是根据基于案例推理的混合智能系统技术选择架

构选出的潜在技术集以及混合智能系统的构造知识，进行如下决策：①是否使用混合智能系统；②如果使用混合智能系统，是使用目前已有的混合智能系统，还是自行开发新的混合智能系统；③如果使用目前已有的混合智能系统，如何根据已有案例构造所需的混合智能系统；④如果需要构造新的混合智能系统，如何以已有案例为基础，构造新的混合智能系统。

要解决以上所有问题，必须将领域专家的知识和混合智能系统构造的知识综合起来，借助信息技术的手段从大量已有知识库中进行推理决策。这与钱学森教授所倡导综合集成的思路不谋而合。

1992年初，钱学森教授在从定性到定量的综合集成方法论的基础上，将国内外科技发展的成功经验加以总结，进一步把从定性到定量的综合集成法加以拓广，提出了“从定性到定量综合集成研讨厅”（hall for workshop of metasynthetic engineering，HWME）。从定性到定量综合集成研讨厅体系是专家与计算机和信息资料情报系统一起工作的“厅”，包括专家体系、机器体系和知识体系，三者构成人机结合、以人为主的智能系统。这个方法的成功应用就在于发挥系统的综合优势和整体优势。

下面根据钱学森教授提出的“从定性到定量综合集成研讨厅”的基本思想，提出混合智能系统的构造流程，如图3-10所示，对其主要过程的分析如图3-11所示。

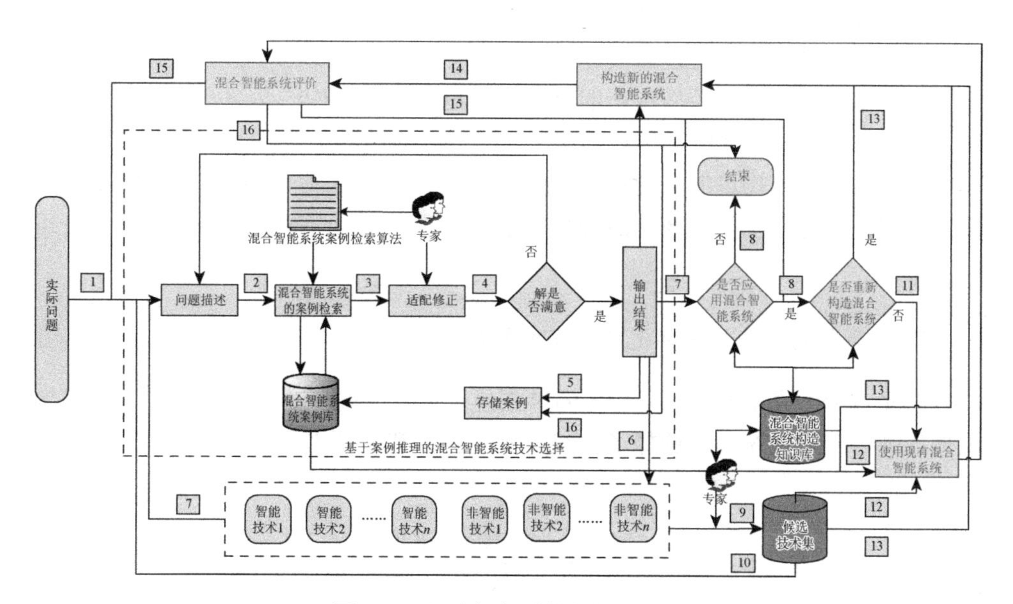

图3-10　混合智能系统的构造流程

第 1 步：了解实际问题的背景，明确求解目标。 第 2 步：根据对实际情况的了解和求解目标，以及基于案例推理的混合智能系统技术选择的要求，对求解问题进行描述。 第 3 步：根据案例检索算法，对案例库进行检索，找到与实际问题相匹配的案例或案例集。 第 4 步：首先，由专家根据用户需求以及自身经验对第 3 步得到的案例或案例集进行适配修正；然后，判断得到的案例或案例集是否满意，若不满意，则对问题重新进行描述。 第 5 步：将得到的满意案例或案例集根据案例学习算法存放到案例库中。 第 6 步：对得到的案例或案例集进行分析，分别按照智能技术和非智能技术统计使用频率。 第 7 步：根据混合智能系统的构造知识库，由专家判断是否需要应用混合智能系统。 第 8 步：若不需要，则结束混合智能系统的构造过程；若需要，则进行混合智能系统的构造。	第 9 步：由专家根据混合智能系统构造知识库，对第 6 步得到的智能技术和非智能技术进行选择，得到候选技术集。 第 10 步：通过基于案例推理的混合智能系统技术选择架构，得到由这些智能技术和非智能技术构成的混合智能系统的信息。 第 11 步：由专家根据混合智能系统构造知识库，综合决策是否需要构造新的混合智能系统。 第 12 步：若不需要重新构造混合智能系统，则根据候选技术集，以及重新检索的案例集，构造混合智能系统。 第 13 步：若需要重新构造混合智能系统，则根据候选技术集、重新检索的案例集以及混合智能系统构造知识库，构造新的混合智能系统。 第 14 步：进行混合智能系统的评价。 第 15 步：若构造的混合智能系统没有通过评价，则重新构造混合智能系统。 第 16 步：若构造的混合智能系统通过评价，则根据案例学习算法将新的案例存放到案例库中，从而结束整个混合智能系统的构造。

图 3-11　混合智能系统构造流程的分步解释

3.4.2　混合智能系统构造的关键技术

从混合智能系统构造的整体流程不难看出，混合智能系统的构造不仅需要领域专家的知识，也需要计算机对已有案例检索的配合。

混合智能系统构造过程的关键技术主要有是否应用混合智能系统的判定、候选技术集生成算法、是否构造新混合智能系统的判定、构造新混合智能系统的启发式算法、混合智能系统评价。其中，混合智能系统的评价在 3.5 节单独论述，其他混合智能系统构造的关键技术根据串型混合智能系统、并型混合智能系统、反馈型混合智能系统、内嵌型混合智能系统及混联型混合智能系统的特征，论述如下。

1. 混合智能系统应用判定的启发式算法

定义 3-18　将备选第 i 个技术的潜在使用价值 $\mathrm{Value}(T_i)$ 定义为其在基于案例推理的混合智能系统技术选择子系统得到的各种智能技术或非智能技术总和中的比例，即

$$\mathrm{Value}(T_i)=\frac{\mathrm{Num}_{\mathrm{case}}(T_i)}{\sum_{i=1}^{n}\mathrm{Num}_{\mathrm{case}}(T_i)} \tag{3-8}$$

其中，n 为案例总数。根据技术的潜在使用价值的定义，可以得到每个技术的

潜在使用价值，并将其降序排列，得到潜在使用价值序列 $L_{value}=\{X_1,X_2,\cdots,X_n\}$，其中，$X_1+X_2+\cdots+X_n=1$。设定混合智能系统判定阈值 $\xi(0<\xi<1)$ 和投票阈值 $\tau(0<\tau<1)$。根据以上定义，提出混合智能系统应用判定的启发式算法，如图 3-12 所示。

算法名称： 混合智能系统应用判定的启发式算法。
输入： 待解决问题 Q；案例集 $\{\text{Case}_1,\text{Case}_2,\cdots,\text{Case}_n\}$；混合智能系统判定阈值 ξ。
输出： 是否构造混合智能系统。
方法：
（1）根据基于案例推理的混合智能系统技术选择子系统得到 $\{\text{Case}_1,\text{Case}_2,\cdots,\text{Case}_n\}$，统计得到 $L_{value}=\{X_1,X_2,\cdots,X_n\}$。
（2）若 $X_1<\xi$，则需构造混合智能系统；否则，继续执行步骤（3）。
（3）针对技术 T_1，重新在基于案例推理的混合智能系统技术选择子系统中检索由 T_1 构成混合智能系统的案例集：$\{\text{Case}_1,\text{Case}_2,\cdots,\text{Case}_m\}$。
（4）针对待解决问题 Q 及案例集 $\{\text{Case}_1,\text{Case}_2,\cdots,\text{Case}_m\}$，$k$ 个专家进行投票 $T=\{T_y,T_n\}$，其中，$T_y=1$ 表示构造混合智能系统，$T_n=0$ 表示不构造混合智能系统。
（5）若 $\sum_{i=1}^{k}T_{yi}/k>\tau$，则需构造混合智能系统，并在案例集 $\{\text{Case}_1,\text{Case}_2,\cdots,\text{Case}_m\}$ 中根据 $\text{sim}(x_i,y_i)$ 选取具有最大相似度的混合智能系统 HIS；否则，不需构造混合智能系统。

图 3-12　混合智能系统应用判定的启发式算法

2. 候选技术集生成算法

在根据混合智能系统应用判定的启发式算法得到要构造的混合智能系统后，接下来根据案例集中的智能技术和非智能技术，构造候选技术集。

首先，给定技术选择阈值 $\theta(0<\theta<1)$，用来筛选候选技术。候选技术生成算法如图 3-13 所示。

算法名称： 候选技术集生成算法。
输入： 案例集 $\{\text{Case}_1,\text{Case}_2,\cdots,\text{Case}_n\}$；技术选择阈值 θ。
输出： 候选技术集 $\{T_1,T_2,\cdots,T_i\}$。
方法：
（1）由专家给定技术选择阈值 θ。
（2）根据基于案例推理的混合智能系统技术选择子系统得到 $\{\text{Case}_1,\text{Case}_2,\cdots,\text{Case}_n\}$，统计得到 $L_{value}=\{X_1,X_2,\cdots,X_n\}$。
（3）For $i=2$ to n。
（4）$X=X_1+X_i$。
（5）把 T_i 加入候选技术集。
（6）若 $X\geqslant\theta$，则候选技术集为 $\{T_1,T_2,\cdots,T_i\}$；否则，跳转至步骤（3）。

图 3-13　候选技术集生成算法

3. 新混合智能系统构造判定的启发式算法

根据混合智能系统应用判定的启发式算法以及候选技术集生成算法，得到了候选技术集$\{T_1,T_2,\cdots,T_i\}$，接下来讨论是构造新的混合智能系统，还是使用已有的混合智能系统。

定义 3-19 候选技术集$\{T_1,T_2,\cdots,T_i\}$的差异指数μ表征候选技术集中各候选技术潜在使用价值的差异：

$$\mu = \mathrm{Max}\left[\left|\mathrm{Value}(T_i) - \mathrm{Value}(T_j)\right|\right] \tag{3-9}$$

给定差异指数μ的阈值ψ（$0<\psi<1$）和投票阈值τ（$0<\tau<1$）。新混合智能系统构造判定的启发式算法如图 3-14 所示。

算法名称：新混合智能系统构造判定的启发式算法。

输入：待解决问题 Q；候选技术集$\{T_1,T_2,\cdots,T_i\}$；阈值ψ。

输出：是否构造新混合智能系统；并型混合智能系统 HIS∩；已有的混合智能系统 HIS。

方法：

（1）计算候选技术集$\{T_1,T_2,\cdots,T_i\}$的差异指数μ。

（2）若$\mu\leqslant\psi$，表示候选技术集$\{T_1,T_2,\cdots,T_i\}$各技术间的差异比较小，此时，需要针对待解决问题 Q，及候选技术集$\{T_1,T_2,\cdots,T_i\}$，k 个专家进行投票$T=\{T_y,T_n\}$，其中，$T_y=1$表示以候选技术集$\{T_1,T_2,\cdots,T_i\}$为基础构造并型混合智能系统，$T_n=0$表示不构造并型混合智能系统；否则，跳转至步骤（4）。

（3）若$\sum_{i=1}^{k} T_{yi}/k>\tau$，则需要构造新的并型混合智能系统 HIS∩，算法结束；否则，不需构造新的并型混合智能系统，继续执行步骤（4）。

（4）针对候选技术集$\{T_1,T_2,\cdots,T_i\}$，重新在基于案例推理的混合智能系统技术选择子系统中检索由候选技术集$\{T_1,T_2,\cdots,T_i\}$构成混合智能系统的案例集$\{\mathrm{Case}_1,\mathrm{Case}_2,\cdots,\mathrm{Case}_m\}$。

（5）待解决问题 Q，候选技术集$\{T_1,T_2,\cdots,T_i\}$，案例集$\{\mathrm{Case}_1,\mathrm{Case}_2,\cdots,\mathrm{Case}_m\}$，$k$ 个专家进行投票$T=\{T_y,T_n\}$，其中，$T_y=1$表示已构造新的混合智能系统，$T_n=0$表示不构造新的混合智能系统。

（6）若$\sum_{i=1}^{k} T_{yi}/k\geqslant\tau$，则需要构造新的混合智能系统；否则，不需构造新的混合智能系统。

（7）若$\sum_{i=1}^{k} T_{yi}/k<\tau$，则不需要构造新的混合智能系统，在案例集$\{\mathrm{Case}_1,\mathrm{Case}_2,\cdots,\mathrm{Case}_m\}$中根据$\mathrm{sim}(x_i,y_i)$选取具有最大相似度的混合智能系统 HIS。

图 3-14 新混合智能系统构造判定的启发式算法

4. 构造新混合智能系统的启发式算法

在完成是否应用混合智能系统的判定、候选技术集生成、是否构造新混合智能系统的判定后，接下来构造新的混合智能系统，这是整个混合智能系统构造算法中的核心部分。下面根据串型混合智能系统、并型混合智能系统、反馈型混合智能系统、内嵌型混合智能系统及混联型混合智能系统的特点，提出构造新混合智能系统的启发式算法，如图 3-15 所示。

算法名称： 构造新混合智能系统的启发式算法。
输入： 待解决问题 Q；案例选择相似度阈值 η。
输出： 新的混合智能系统 HIS_N。
方法：
（1）根据待解决问题 Q，重新在基于案例推理的混合智能系统技术选择子系统中检索使用混合智能系统的案例集 $\{\text{Case}_1,\text{Case}_2,\cdots,\text{Case}_m\}$，其使用的混合智能系统集合定义为 $\{\text{HIS}_1,\text{HIS}_2,\cdots,\text{HIS}_m\}$。
（2）当 $m\neq 0$ 时：
（3）For $i=1$ to m
（4）判断混合智能系统的类型。
（5）若 $\text{Type}(\text{HIS}_i)=\cap$，将 HIS_i 的技术分解为预处理技术 T_Y 和主体技术 T_M，然后分别对这两部分技术，跳转至步骤（9）。
（6）若 $\text{Type}(\text{HIS}_i)=\cup$，将并型混合智能系统 HIS_i 的技术集和新混合智能系统构造判定启发式算法的技术集合并，以新组成的技术集构造并型混合智能系统 HIS_i'，并跳转至步骤（10）。
（7）若 $\text{Type}(\text{HIS}_i)=\infty$，将 HIS_i 的技术分解为反馈技术 T_F 和主体技术 T_M，然后分别对这两部分技术，跳转至步骤（9）。
（8）若 $\text{Type}(\text{HIS}_i)=\oplus$，将 HIS_i 的技术分解为内嵌技术 T_N 和主体技术 T_M，然后对内嵌技术 T_N，继续执行步骤（9）。
（9）根据输入的技术集，重新在基于案例推理的混合智能系统技术选择子系统中检索可能的替代技术和已有的嵌入型改进技术，并根据 $\text{sim}(x_i,y_i)$ 选取出具有最大相似度的技术作为替代技术，从而构造新的混合智能系统 HIS_i'，并跳转至步骤（10）。
（10）若 $\text{HIS}_i=\otimes$，将 HIS_i 分解为基本形式，对这些基本形式分别按照串型混合智能系统、并型混合智能系统、反馈型混合智能系统、内嵌型混合智能系统的处理方式执行。
（11）令 $i=i+1$，若 $i\leqslant m$，则跳转至步骤（3）；否则，得到新的混合智能系统集合 $\{\text{HIS}_1',\text{HIS}_2',\cdots,\text{HIS}_m'\}$，并跳转至步骤（15）。
（12）当 $m=0$ 时：
（13）对待解决问题 Q 按顺序分解为子问题 $Q_1,Q_2,\cdots,Q_n$，在基于案例推理的混合智能系统技术选择子系统中检索，根据 $\text{sim}(x_i,y_i)\geqslant\eta$，选取待解决问题 Q_i 的技术 T_i。
（14）根据 $\{T_1,T_2,\cdots,T_n\}$，分别在基于案例推理的混合智能系统技术选择子系统中检索可能的嵌入型改进技术，并根据 $\text{sim}(x_i,y_i)$ 选取具有最大相似度的技术作为技术 T_i 的嵌入技术，从而得到新的 $\{T_1',T_2',\cdots,T_n'\}$。
（15）根据子问题 $Q_1,Q_2,\cdots,Q_n$ 的内在结构，以 $\{T_1',T_2',\cdots,T_n'\}$ 为基础，构造新的混合智能系统 $\{\text{HIS}_{\text{N}1},\text{HIS}_{\text{N}2},\cdots,\text{HIS}_{\text{N}m}\}$。
（16）对新构造的混合智能系统进行模糊综合评价。
（17）若没有通过评价，则跳转至步骤（1）；否则，输出新的混合智能系统 HIS_N。

图 3-15 构造新混合智能系统的启发式算法

3.5 混合智能系统的评价

混合智能系统构造好后，其性能和效益是否达到要求，需要通过对其进行评价才能得出结论。其实，对混合智能系统的评价是一项贯穿整个开发过程的工作，只不过最开始进行的评价可以是非正式的。

混合智能系统的构造一般采用渐增式方法，很少有一次建成系统的情况。在构造过程的每一个阶段，用户、领域专家、知识工程师和编程人员都会对混合智能系统进行一些评价，这种评价也是非正式的。随着混合智能系统开发的深入，其评价工作越来越正式。一般来说，当完成系统原型的建造后，必须展开评价工作，然后利用评价所得到结果去改进混合智能系统。

对混合智能系统的评价并不是一件容易的事情，目前尚无统一的标准，但整体上主要包括评价内容和评价方法两部分。

1. 评价内容

混合智能系统的评价内容主要是研究在评价混合智能系统时应该评价的具体方面。目前，学者还没有系统研究过混合智能系统的评价内容，大多数学者从混合智能系统能否实现开发目标的角度提出一些评价混合智能系统有效性的准则。但这样的评价是不全面的。混合智能系统的评价应该是一个“全过程”的评价，即对混合智能系统开发全过程的效率和效果进行评价。下面将混合智能系统的评价分为两个阶段：混合智能系统的设计开发阶段和混合智能系统的使用阶段，分别探讨混合智能系统评价应该包含的内容。

（1）混合智能系统的设计开发阶段。混合智能系统的设计开发阶段指从提出构造混合智能系统的需求起，到设计出实现目标的混合智能系统为止的阶段。在这个阶段中，对混合智能系统的评价主要考虑开发混合智能系统的速度和成本，以及设计开发的混合智能系统的各项性能指标，如混合智能系统的知识存储能力、混合智能系统的误差水平、混合智能系统训练过程的时间问题、混合智能系统的结构复杂性、混合智能系统的推理能力、混合智能系统对环境的敏感性等。

（2）混合智能系统的使用阶段。混合智能系统的使用阶段主要指在混合智能系统设计开发完成后用户使用的阶段。这个阶段评价混合智能系统主要考虑：混合智能系统对问题的解答质量，解答是否正确，能否一次性解决问题；解答问题所需要的平均时间；用户满意程度，主要包括对系统的有用性、感知能力、界面的友好性等的评价；维护成本等。

总之，混合智能系统的评价不能仅看到混合智能系统本身，更应看到混合智能系统开发的全过程，特别是混合智能系统的使用阶段，能否满足用户的需求，以及操作的便捷性等方面的问题。

2. 评价方法

混合智能系统的评价目的是将专家的意见综合起来，并且考虑混合智能系统自身的特点，本书在评价方法上采用模糊综合评价方法。下面对混合智能系统的模糊综合评价方法进行论述。

混合智能系统的模糊综合评价模型主要由因素集、评语集、权重集和模糊关系运算等构成。具体构成及其运算如下。

（1）因素集是一个由混合智能系统评价指标组成的指标集合，用 $U=(U_1,U_2,\cdots,U_n)$ 表示。其中，具体指标的选取主要依据混合智能系统的评价内容。本书选取的指标请详见第 4 章、第 5 章、第 7 章中对构造的混合智能系统的评价。

（2）评语集是一个表示评价目标优劣程度的集合，用 $V=(V_1,V_2,\cdots,V_k)$ 表示。其中，具体的值采用一般较流行的等级法，共分为 7 级，分别是最好、很好、好、较好、中、较差、最差。

（3）权重集是一个表示各个指标在指标体系中重要程度的集合，用 $\Omega=(\omega_1,\omega_2,\cdots,\omega_n)$ 表示，其中，$0<\omega_i<1$，$\sum_{i=1}^{n}\omega_i=1$。

权重确定的方法如下：针对不同的评价问题，在综合分析结合经验的基础上，利用 AHP 法，通过两两成对的重要性比较建立判断矩阵，然后用解矩阵特征值的方法得出权重，具体过程详见参考文献[111]。

（4）从 U 到 V 的模糊关系，用模糊评价矩阵 R 来描述：

$$R=\begin{bmatrix} R_{11} & R_{12} & \cdots & R_{1n} \\ R_{21} & R_{22} & \cdots & R_{2n} \\ \vdots & \vdots & & \vdots \\ R_{m1} & R_{m2} & \cdots & R_{mn} \end{bmatrix} \tag{3-10}$$

其中，R_{ij}（$i=1,2,\cdots,m;j=1,2,\cdots,n$）为对第 i 个混合智能系统在第 j 个评价指标作出的评语的隶属度。隶属度的具体求法如下：根据模型初始化的情况，将专家打分的数据整理后，得到第 i 个评价指标有 W_{i1} 个 W_1 级评语，W_{i2} 个 W_2 级评语，…，W_{ik} 个 W_k 级评语，有

$$R_{ij}=W_{i1}/\sum W_{ij}\ ,\ j=1,2,\cdots,k \tag{3-11}$$

（5）利用模糊矩阵的合成运算，得综合评价 B 为

$$B=\Omega * R=(B_1,B_2,\cdots,B_m) \tag{3-12}$$

其中，$B_i=\vee(\omega_i\wedge R_{ij})$。“$\wedge$”表示 ω_i 与 R_{ij} 比较取最小值，“$\vee$”表示在 $(\omega_i\wedge R_{ij})$ 的最小值中取最大值。

（6）在 B 中选取最大的分量，即对混合智能系统的最终评价结果。

通过混合智能系统的模糊综合评价，完成对新构造的混合智能系统的评价，从而将专家的隐性知识通过专家对混合智能系统的评价体现出来。关于以上算法的具体应用，请详见本书中串型混合智能系统、并型混合智能系统、反馈型混合智能系统、内嵌型混合智能系统和混联型混合智能系统的实证分析，以及混合智能系统在商务智能应用中的案例分析部分。

3.6 本章小结

本章主要讨论了混合智能系统构造的理论基础、混合智能系统的形式化描述、混合智能系统的技术选择、混合智能系统的构造算法以及混合智能系统的评价。

第一，对混合智能系统构造的理论基础进行讨论，根据设计科学的基本思想，提出了基于设计科学的混合智能系统构造流程；第二，为了更好地进行混合智能系统的构造，给出了混合智能系统的形式化描述，并给出了五类基本的混合智能系统联接方式；第三，对混合智能系统构造的核心环节——混合智能系统的技术选择问题进行讨论，通过对混合智能系统构造的主要智能技术的分析，提出了基于案例推理的混合智能系统技术选择模型；第四，对混合智能系统的构造流程以及混合智能系统的构造关键技术进行了详细讨论；第五，对混合智能系统的评价问题进行了讨论。

第4章　串型混合智能系统、并型混合智能系统及反馈型混合智能系统的实证研究

混合智能系统通过混合使用多种智能技术或非智能技术，但至少一种是智能技术，从而克服单个技术的弱点，取得“1 + 1＞2”的功效。第3章已对混合智能系统的基本原理以及构造技术作了详细讨论，把这个方法应用到管理、计算机以及生物医学领域，取得了不错的效果。

下面从已经应用的实际问题中选出典型的代表，按照混合智能系统联接的复杂程度，分两章以实证的方式分别讨论，验证本书提出的混合智能系统构造方法的有效性。其中，第4章主要讨论串型混合智能系统、并型混合智能系统以及反馈型混合智能系统，第5章主要讨论内嵌型混合智能系统和混联型混合智能系统。

4.1　串型混合智能系统、并型混合智能系统及反馈型混合智能系统的应用分析

为了能够更好地构造混合智能系统，以及在实践中应用混合智能系统技术，一方面，需要对已有的智能技术和非智能技术进行全面的分析，了解每种技术的优势和劣势；另一方面，需要对各种智能技术和非智能技术可能的构造形式进行分析，了解每种联接形式的特点，这样在构造混合智能系统时才能有的放矢。关于第一个问题，第3章已对常用的智能技术进行了分析；下面对第二个问题，结合串型混合智能系统、并型混合智能系统以及反馈型混合智能系统进行分析。

相对于内嵌型混合智能系统和混联型混合智能系统，串型混合智能系统、并型混合智能系统和反馈型混合智能系统在联接复杂度上要低些，并且在应用上和实际问题的结构相一致，因此，串型混合智能系统、并型混合智能系统、反馈型混合智能系统比较适合对实际问题进行“还原”，按照实际问题的需要进行组合。下面分别讨论串型混合智能系统、并型混合智能系统及反馈型混合智能系统的适用问题特性、结构特性，以及开发过程中应注意的问题。

1. 串型混合智能系统应用分析

1）适用问题特性分析

串型混合智能系统在结构上表现为“级联”的形式，一个接着一个，首尾相

连。从信号传递的角度看，信号在串型混合智能系统的各个子系统中依次进行传递。基于这个结构特点，串型混合智能系统非常适用于解决可分为若干步骤的问题，并且这些步骤是一个连着一个。对于每一个步骤，可以考虑采用最合适的智能技术或非智能技术来解决，当每一个步骤找到最合适的解决方案后，将这些技术组合起来，就构成了串型混合智能系统。

很多现实问题可以归结到串型混合智能系统解决的范围内，典型的例子就是控制系统。由于控制系统具有复杂性，一个控制系统很可能分为几个串型的子系统，这时就需要针对不同的子系统选择不同的智能技术或非智能技术来解决问题。例如，由神经网络和 PID 控制组成的串型、离线型控制系统可用图 4-1 所示的四维图表示。

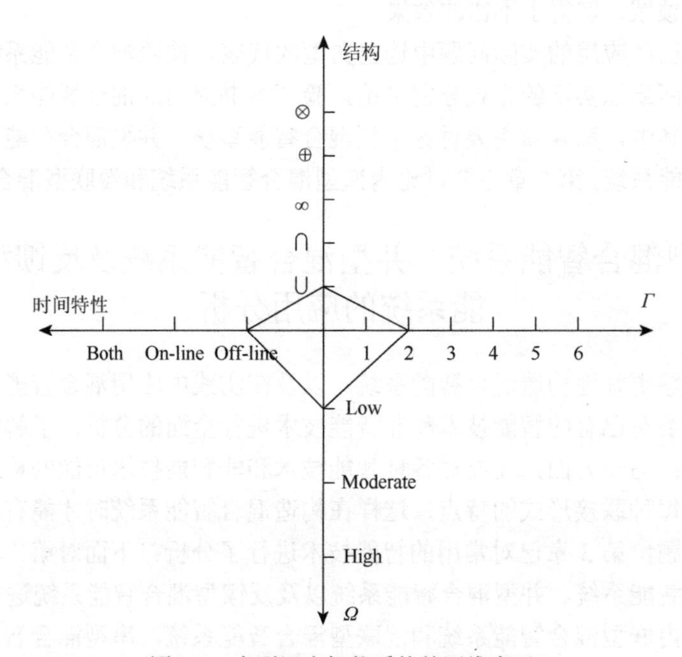

图 4-1　串型混合智能系统的四维表示

2）结构特性分析

3.2 节给出了混合智能系统的外部稳定性、内部稳定性、鲁棒性、可靠性、能控性、能观性等结构特性，这些结构特性是在构造具体混合智能系统过程中需要注意的。不同类型的混合智能系统所需考虑的侧重点有所不同，下面结合串型混合智能系统分别讨论这些结构特性。

串型混合智能系统的稳定性分为外部稳定性和内部稳定性。其中，外部稳定性主要讨论输入$\|I(t)\| \leqslant \beta_1 < \infty$，以及对应输出$\|O(t)\| \leqslant \beta_2 < \infty$的有界性；内部

稳定性主要讨论混合智能系统内部的渐近性$\lim_{t\to\infty}P_{oI}(t)=0$。串型混合智能系统内部串联多个子系统，因此，在构造混合智能系统的实践中，要更多地关注多个子系统的引入对混合智能系统整体的内部稳定性的影响。

对于串型混合智能系统的鲁棒性和可靠性，由于串型混合智能系统由子系统串联而成，单个子系统的鲁棒性和可靠性降低会直接影响串型混合智能系统整体的鲁棒性和可靠性。

对于串型混合智能系统的能控性和能观性，在时刻t_0，对任意给定的初始状态$P(t_0)=P_0$，需要对多个串型子系统依次进行控制。相反，对于有限时刻$t_1>t_0$，需要对多个子系统进行观测，看其能否达到初始时刻t_0的初始状态$P(t_0)=P_0$。相对于反馈型混合智能系统、内嵌型混合智能系统及混联型混合智能系统，较容易对串型混合智能系统进行控制和观察。

3）开发过程应注意的问题

在混合智能系统设计完毕后，要对设计好的混合智能系统进行实际开发。在实际开发过程中，要关注混合智能系统的主要技术实现以及接口问题。

由于串型混合智能系统由单个子系统串联而成，在技术实现上难度不大，在保证单个系统实现的基础上，主要考虑接口问题。目前，混合智能系统的接口开发主要有松耦合模式、紧耦合模式和完全集成模式三种：松耦合模式主要通过共享外部文件来实现；紧耦合模式主要通过内部共享数据来实现；完全集成模式以一种统一的形式将各组成部分融合起来[9]。三种模式的难度依次递增。在串型混合智能系统的开发过程中，由于串联的各子系统间的耦合性不是很高，一般采用松耦合模式或紧耦合模式。

2. 并型混合智能系统应用分析

1）适用问题特性分析

并型混合智能系统在结构上表现为“并联”的形式，首首相连，尾尾相连。从信号传递的角度看，信号在并型混合智能系统的各个子系统中同时传递。基于这个结构特点，并型混合智能系统非常适合并行处理的问题，并且这些并行处理的问题需要在最后进行结果上的“汇总”。关于并行处理的原因，可能是对于同一个问题，不同的解决方案有着不同的结果，需要对结果进行“汇总”；也可能是问题复杂，需要分解为并行处理的子问题，分别为子问题寻找最优的解决方案，同时需要对这些方案的结果进行“汇总”。

现实中的很多问题也可归结到并型混合智能系统解决的范围内，如管理中的评价问题。由于管理中的评价问题具有复杂性，不同的方法得到不同的结果，虽然可以从原理上对不同方法的结果进行分析，但是不能根本解决此问题，可以考虑构造并型混合智能系统来解决。例如，由神经网络、遗传算法、模糊系统、RS组成的并型、实时型混合智能系统，可用图 4-2 所示的四维图表示。

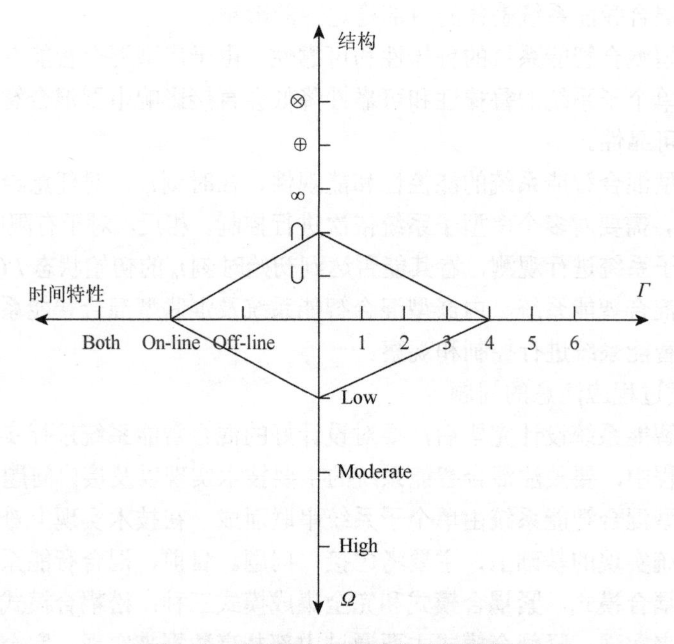

图 4-2 并型混合智能系统的四维表示

2）结构特性分析

以上主要讨论了并型混合智能系统适用问题的特性，下面讨论并型混合智能系统的结构特性：外部稳定性和内部稳定性、鲁棒性和可靠性、能控性和能观性。这些特性也是在具体构造混合智能系统时应该考虑的。

并型混合智能系统的稳定性分为外部稳定性和内部稳定性。其中，外部稳定性主要讨论输入$\|I(t)\| \leqslant \beta_1 < \infty$，以及对应输出$\|O(t)\| \leqslant \beta_2 < \infty$的有界性；内部稳定性主要讨论混合智能系统内部的渐近性$\lim\limits_{t\to\infty} P_{oI}(t) = 0$。对于并型混合智能系统，外部稳定性较内部稳定性更重要。这是因为并型混合智能系统由子系统并联而成，各子系统间是相互依存的，内部稳定性较易达到，但外部稳定性较难达到。

对于并型混合智能系统的鲁棒性和可靠性，由于并型混合智能系统由单个子系统并联而成，单个子系统的鲁棒性和可靠性存在问题，可由其他相关子系统来弥补，相对于其他类型的混合智能系统，并型混合智能系统的鲁棒性和可靠性较高。

对于并型混合智能系统的能控性和能观性，在时刻t_0，对任意给定的初始状态$P(t_0) = P_0$，需要对多个并联子系统并型进行控制。相反，对于有限时刻$t_1 > t_0$，需要对多个子系统进行观测，看其能否达到初始时刻t_0的初始状态$P(t_0) = P_0$。相对于其他类型的混合智能系统，由于存在并联结构，并型混合智能系统的能控性和能观性较难达到。在实际系统设计时，并型混合智能系统（特别是并型、实时型混合智能系统）对能控性和能观性要求更高。

3）开发过程应注意的问题

在并型混合智能系统设计完毕后，要对设计好的并型混合智能系统进行实际开发工作。在实际开发过程中，同样要关注并型混合智能系统主要技术的实现以及接口问题。

并型混合智能系统由单个子系统并联而成，在技术实现上相互之间的依赖比较小，因此根据实际情况分别进行实现即可。与串型混合智能系统一样，并型混合智能系统主要考虑的也是接口问题。如果系统的实时性要求不强，考虑完全集成模式的技术难度以及成本因素，较适合选择松耦合模式或紧耦合模式来实现并型混合智能系统。

3. 反馈型混合智能系统应用分析

1）适用问题特性分析

反馈型混合智能系统在结构上表现为带有“反馈”的形式，从信号传递的角度看，信号经过第一个子系统传递后，再将输出信号输入另一个子系统，另一个子系统的输出信号又作为输入信号反馈到第一个子系统的输入部分。基于这个结构特点，反馈型混合智能系统非常适合解决带有反馈处理的问题，通过反馈对原有子系统进行修正。

现实中的很多问题也可以归结到反馈型混合智能系统解决的范围内，典型的例子是自动控制系统。在自动控制系统中，需要对输出进行修正，当问题复杂时，修正的信号的处理需要一个单独的子系统，这时就需要反馈型混合智能系统来解决。例如，一个由神经网络和PID控制组成的反馈型、离线型自动控制系统可用如图4-3所示的四维图表示。

2）结构特性分析

以上主要讨论了反馈型混合智能系统的适用问题特性，下面讨论反馈型混合智能系统的结构特性：外部稳定性和内部稳定性、鲁棒性和可靠性、能控性和能观性。这些特性也是在具体构造反馈型混合智能系统时应该考虑的。

反馈型混合智能系统的稳定性也分为外部稳定性和内部稳定性。其中，外部稳定性主要讨论输入$\|I(t)\| \leqslant \beta_1 < \infty$，以及对应输出$\|O(t)\| \leqslant \beta_2 < \infty$的有界性；内部稳定性主要讨论混合智能系统内部的渐近性$\lim\limits_{t \to \infty} P_{oI}(t) = 0$。对于反馈型混合智能系统，由于内部存在反馈结构，内部稳定性较外部稳定性更重要，并且反馈结构的设计对反馈型混合智能系统的成功至关重要。

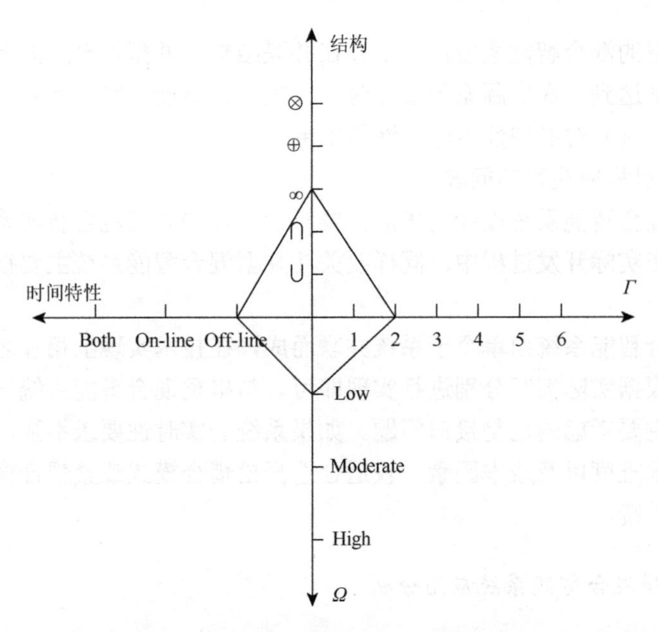

图 4-3 反馈型混合智能系统的四维表示

对于反馈型混合智能系统的鲁棒性和可靠性，为增强系统的适应性而增加的反馈结构给反馈型混合智能系统的鲁棒性和可靠性带来了影响。与串型混合智能系统类似，反馈型混合智能系统的鲁棒性和可靠性也较并型混合智能系统、混联型混合智能系统更重要。

对于反馈型混合智能系统的能控性和能观性，在时刻 t_0，对任意给定的初始状态 $P(t_0)=P_0$，需要对多个子系统依次进行控制。相反，对于有限时刻 $t_1 > t_0$，需要对多个子系统进行观测，看其能否达到初始时刻 t_0 的初始状态 $P(t_0)=P_0$。相对于其他类型的混合智能系统，为了对输出进行反馈控制，必须详细掌握系统的输出控制，因此，反馈型混合智能系统的能控性和能观性较易达到。

3）开发过程应注意的问题

在反馈型混合智能系统设计完毕后，要对设计好的反馈型混合智能系统进行实际开发工作。在实际开发过程中，要关注反馈型混合智能系统的主要技术实现以及接口问题。

反馈型混合智能系统由于存在反馈结构，在技术实现上相互之间的依赖比较大，实际开发时应该多考虑非反馈部分的技术特性。与串型混合智能系统一样，反馈型混合智能系统主要考虑的也是接口问题。由于对系统的集成度要求比较高，较适合选取紧耦合模式或完全集成模式来实现反馈型混合智能系统。

以上对串型混合智能系统、并型混合智能系统、反馈型混合智能系统的应用进行了分析，涉及适用问题特性分析、结构特性分析、开发过程应注意的问题。

在实践中如何选取串型混合智能系统、并型混合智能系统和反馈型混合智能系统，还要依据实际问题的结构。根据设计科学的思想，解决问题的第一步就是要充分认识要解决的问题。对于混合智能系统的构造，首先分析清楚实际问题的结构，根据不同的结构，选取不同的混合智能系统。下面分别选取商业银行全面质量管理、农业产业化评价以及多目标优化三个案例，讨论上述三种类型的混合智能系统在实践中的具体应用。

4.2 串型混合智能系统AHP-PCA-ANN及其在商业银行全面质量管理中的应用

4.2.1 应用背景

商业银行所经营的各种业务实际上都是向客户提供服务，通过向客户提供各种形式的服务项目取得经济效益。商业银行向客户提供的服务，就像工业企业向客户提供的产品一样，只有满足客户的需要，产品性能好、质量佳，才能使客户满意，从而提高竞争能力，赢得更多客户，提高市场占有率，取得更好的经济效益[111]。

商业银行全面质量管理就是把整个商业银行看作一个系统，用系统的观点研究商业银行服务的形成过程，从而找到影响服务质量的关键因素，使银行全体职工及有关处室部门同心协力，综合运用管理技术、专业技术和科学方法，研究开发经济的、令客户满意的服务项目，使商业银行获得好的经济效益。

在商业银行全面质量管理过程中，要对管理的力度和效度作出合理的评价，就应对主观指标进行评价，将这些定性的问题用定量的方法来描述[112-119]。为此，就要建立一套能从总体上反映商业银行内部业务本质特征的评价体系。

4.2.2 串型混合智能系统AHP-PCA-ANN的总体设计

1. 串型混合智能系统AHP-PCA-ANN的构造

根据第3章混合智能系统的构造原理，下面进行商业银行全面质量管理所需的混合智能系统的构造。在具体构造过程中，本书使用的系统是第7章开发的原型系统，详细情况请参看第7章。

由专家设定案例相似度阈值为0.5，案例库进入判定阈值为0.6，混合智能系统判定阈值$\xi=0.1$，投票阈值$\tau=0.7$，技术选择阈值$\theta=0.5$，候选技术集的差异

指数 μ 的阈值 $\psi=0.05$，案例选择相似度阈值 $\eta=0.5$，参数的设置界面如图 4-4 所示。

混合智能系统构造的参数设置

参数设置

案例相似度阈值： 0.5

案例库进入判定阈值： 0.6

混合智能系统判定阈值： 0.1

投票阈值： 0.7

技术选择阈值： 0.5

候选技术集的差异指数的阈值： 0.05

案例选择相似度阈值： 0.5

确 定 取 消

图 4-4 混合智能系统构造的参数设置

根据这些参数的设定，混合智能系统的构造过程如下。

（1）案例的初步选取。根据构造商业银行全面质量管理的混合智能系统这一目标，选用关键词“商业银行”“全面质量管理”“评价”对案例库进行检索，并经过专家筛选，共得到相关案例 362 个，如图 4-5 所示。

（2）是否应用混合智能系统的判定。对得到的案例集进行分析，分别按照智能技术和非智能技术统计使用频率，得到潜在使用价值序列 $L_{\text{value}}=\{X_1,X_2,\cdots,X_n\}$，根据混合智能系统应用判定算法得到结果：应用混合智能系统，如图 4-5 所示。

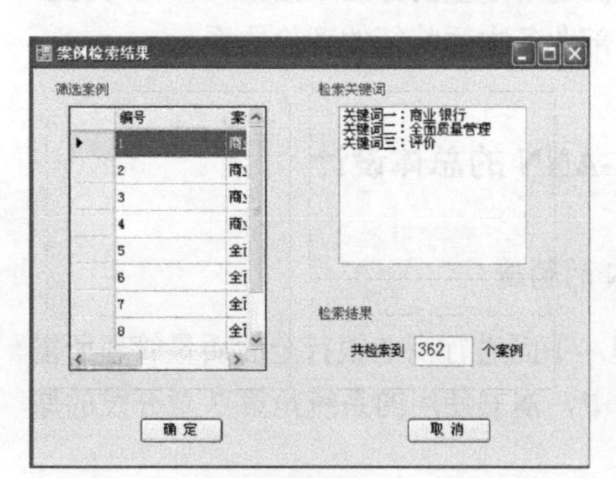

(a) 案例选取结果

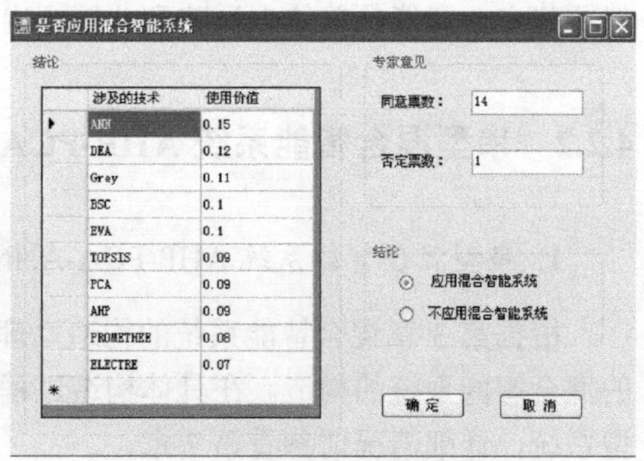

(b) 是否应用混合智能系统的判定结果

图 4-5 案例选取结果和是否应用混合智能系统的判定结果（一）

（3）是否构建新混合智能系统的判定。首先，经过候选技术集生成算法得到候选技术集$\{T_1,T_2,\cdots,T_i\}$；然后，针对候选技术集$\{T_1,T_2,\cdots,T_i\}$，重新在基于案例推理的混合智能系统技术选择子系统中检索由候选技术集$\{T_1,T_2,\cdots,T_i\}$构成的混合智能系统的案例集$\{\mathrm{Case}_1,\mathrm{Case}_2,\cdots,\mathrm{Case}_m\}$；最后，经专家集体商议，需要构造新的混合智能系统，如图 4-6 所示。

（4）新混合智能系统的构建。根据商业银行全面质量管理的特点，重新在基于案例推理的混合智能系统技术选择子系统中检索使用混合智能系统的案例集$\{\mathrm{Case}_1,\mathrm{Case}_2,\cdots,\mathrm{Case}_p\}$，其使用的混合智能系统集合定义为$\{\mathrm{HIS}_1,\mathrm{HIS}_2,\cdots,\mathrm{HIS}_q\}$。根据混合智能系统的构造算法得到新构造的混合智能系统为 AHP-PCA-ANN，如图 4-6 所示。

经过上述四步，得到了新构造的混合智能系统 AHP-PCA-ANN。接下来要进行混合智能系统的评价工作，这一步将结合具体的应用背景给出，详见 4.2.3 节串型混合智能系统 AHP-PCA-ANN 在商业银行全面质量管理中的应用。

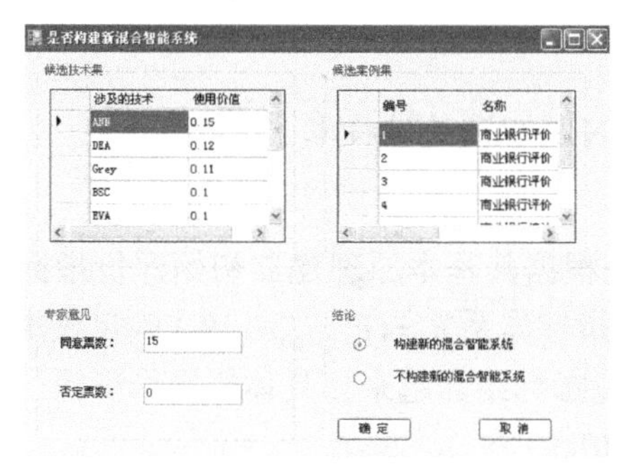

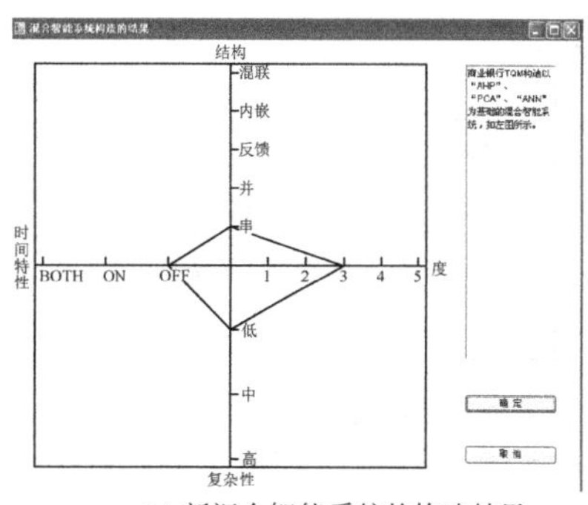

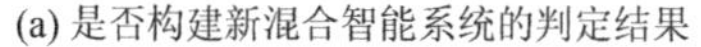

(a) 是否构建新混合智能系统的判定结果　　(b) 新混合智能系统的构建结果

图 4-6　是否构建新混合智能系统的判定结果和新混合智能系统的构建结果（一）

2. 串型混合智能系统 AHP-PCA-ANN 的基本结构及其原理

根据以上分析，综合专家和案例库的知识，提出以 AHP、PCA、ANN 为基础的串型混合智能系统，其总体架构如图 4-7 所示。

其中，AHP 是把定性与定量相结合，通过层次化、系统化的分析，将一个多目标的综合评价问题表示为有序的递阶层次结构，以获得评价方案的优劣排序；PCA 是多元统计分析法的一种，是简化数据结构的常用方法，可将原有的众多变量转化为相互独立的几个综合变量，即主成分，最终获得评价方案的评价结果；ANN 是模拟人类神经的工作原理，由大量的平行、交叉的神经元构成网络，通过样本的学习实现对指定问题的评价。AHP、PCA、ANN 可以从不同的角度对多目

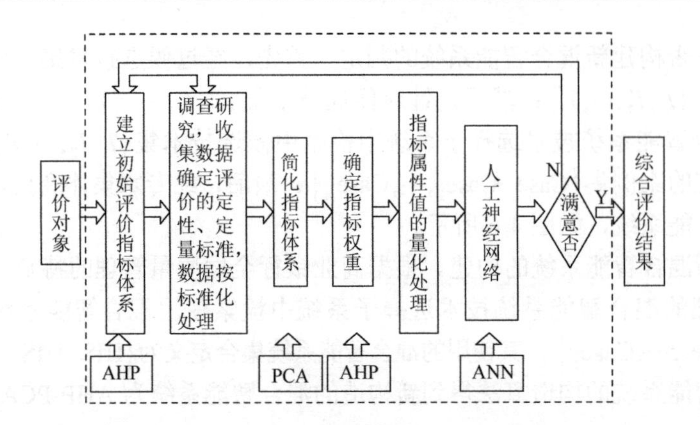

图 4-7　串型混合智能系统 AHP-PCA-ANN 的总体架构

标评价问题进行求解，但存在一定的局限性。面对现实中的一些问题，采用单一的方法难以获得较为满意的结果。通过对比、分析发现，现有评价方法的优缺点有互补性，将各种方法有机地结合起来，扬长避短，以达到各种模型整合的效果。

3. 串型混合智能系统 AHP-PCA-ANN 实现的关键技术

1）AHP 子模型和 PCA 子模型

在本模型中，AHP 子模型的作用是根据其基本原理建立初始评价指标体系 $X=(X_1,X_2,\cdots,X_n)$，并为简化后的评价指标体系 $R=(R_1,R_2,\cdots,R_n)$ 确定权重，从而将定性指标定量化，将定性指标与定量指标结合起来。具体的操作步骤已有大量文献详述，具体见参考文献[113]、[120]。

PCA 子模型的作用是简化初始评价指标体系 $X=(X_1,X_2,\cdots,X_n)$。首先，根据 PCA 子模型和样本数据，分别计算累计方差贡献率。根据参考文献[120]，不同研究对象的累计方差贡献率一般不同：对于科技问题，累计方差贡献率取 95%；对于经济管理问题，累计方差贡献率取 85%；对于社会问题，累计方差贡献率取 65%。然后，通过计算主成分分载荷和公因子方差进行指标的筛选。最后，形成简化后的评价指标体系 $R=(R_1,R_2,\cdots,R_n)$，具体的步骤见参考文献[115]、[120]。

2）指标属性值的量化处理

经过 AHP 子模型和 PCA 子模型处理后的指标一般可归结为四种：正向指标（越大越好）、反向指标（越小越好）、区间指标（指标值在某数附近）、等级指标。为了将它们转化为[0, 1]上的无量纲属性值，首先要在各自的论域上确定它们的最大值 $R_{\max}$ 和最小值 $R_{\min}$，设对应的指标集分别为 R_1、R_2、R_3、R_4，下面给出四种指标的无量纲属性值。

（1）正向指标无量纲属性值。

$$\text{对于任意的} R_i \in R_1, \quad R_i = \frac{R_i - R_{\min}}{R_{\max} - R_{\min}} \tag{4-1}$$

（2）反向指标无量纲属性值。

$$\text{对于任意的} R_i \in R_2, \quad R_i = \frac{R_{\max} - R_i}{R_{\max} - R_{\min}} \tag{4-2}$$

（3）区间指标无量纲属性值。

$$\text{对于任意的} R_i \in R_3, \quad R_i = \begin{cases} \dfrac{R_i}{\bar{R} - R_{\min}} - \dfrac{R_{\min}}{\bar{R} - R_{\min}}, R \in [R_{\min}, \bar{R}] \\ \dfrac{R_i}{\bar{R} - R_{\max}} - \dfrac{R_{\max}}{\bar{R} - R_{\max}}, R \in (\bar{R}, R_{\max}] \\ 0, \quad \text{其他} \end{cases} \tag{4-3}$$

其中，$\bar{R} = \dfrac{R_{\max} + R_{\min}}{2}$。

（4）等级指标无量纲属性值。

等级指标量化基于以下事实：对一组对象按照多个特征指标排序往往是困难的，但对一组对象按照某个指标排序是容易的。设 $R = \{x, y, \cdots\}$，按照特性 A 对 R 的元素排序。若将特性 A 看作一个模糊子集，只要能求出 R 中各元素对 A 的隶属度，即可将等级指标量化，具体步骤如下。

①建立 R 中任意两元素关于 A 的相对比较数对 $f_y(x), f_x(y)$，满足 $0 \leqslant f_y(x), f_x(y) \leqslant 1$，$f_y(x)$ 表示相对 y 而言，x 有某种特性 A 的强度；$f_x(y)$ 表示相对 x 而言，y 具有某种特性 A 的强度。

②建立以 $c_{xy} = \dfrac{f_y(x)}{\max\left[f_y(x), f_x(y)\right]}$ 为元素的矩阵 $C = (c_{ij})$，显然，$c_{xx} = c_{yy} = c_{zz} = \cdots = 1$。

③取矩阵 $C = (c_{ij})$ 中各行的最小值作为各行对应元素的隶属度，从而建立有限论域 R 上的模糊子集 A 的隶属度。

3）ANN 子模型

本书采用的神经网络为应用较为广泛的 BP 神经网络，它是由 Werbos 在 1974 年提出来的[121]。Rumelhart 等于 1985 年发展了 BP 算法，实现了 Minsky 的多层网络的设想[122]。三层 BP 神经网络结构如图 4-8 所示，其中，$W_{ij} (i = 1, 2, \cdots, m; j = 1, 2, \cdots, n)$ 为输入层第 i 单元到隐含层第 j 单元的连接权系数，$W_j (j = 1, 2, \cdots, n)$ 为隐含层第 j 单元到输出层的权重，O 为多目标综合评价结果。

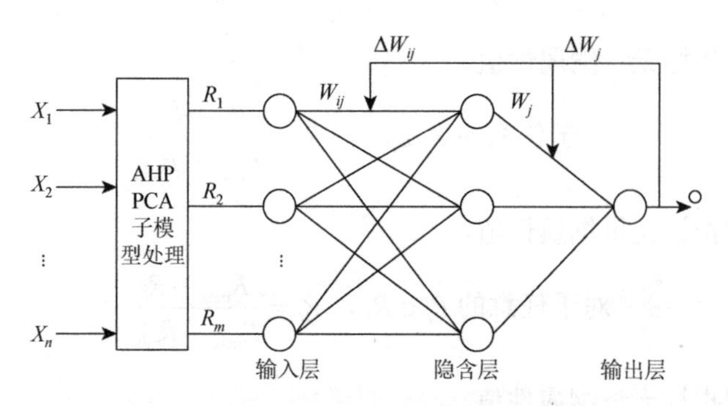

图 4-8　三层 BP 神经网络结构

（1）隐含层的确定。

隐含层数及隐含层节点数的确定相当敏感。当各节点均采用 Sigmoid 型函数时，一个隐含层就足以解决任意判决分类问题，两个隐含层就足以表示输入图形的任意输出函数[123]，因此，本模型采用一个隐含层。

关于隐含层的节点数，Fahlman 和 Lebiere 提出了集连相关式结构[123]，将隐含层的节点逐次引进，但这样将耗费大量的时间。本书在上述基本思路的基础上提出隐含层节点分批引进的方法：在训练过程中，网络的层次保持不变，节点数从一个或几个开始，在训练好相应的权重以后，引进一个或几个新的节点，只训练新引进的权重，直至结果不能改进。具体的过程将在本书的应用实例中验证。

（2）学习算法。

BP 算法[124]虽然直观、简单，但需要上千次或者更多次迭代，并且容易陷入局部最小，影响网络的收敛速度。为此，本模型采用动态调整学习率η和惯性因子α，其基本思路如下[125]：首先，依据第t次迭代后δ个样本总的误差$E(t)$与第$t-1$次迭代后δ个样本总的误差$E(t-1)$的改变量$\Delta E(t)$的符号，判定第t次迭代的性质，即判定第t次迭代是有效迭代还是无效迭代；然后，采用不同的规则动态地调整η和α，进而调整各神经元的连接权值和阈值。在学习过程中消除了无效迭代，从而加快了网络的学习速度。具体步骤如下。

①令$E(0)=0$。

②若$\Delta E(t)=E(t)-E(t-1)<0$，则第$t$次迭代是有效迭代，此时，对$\eta$和$\alpha$作如下调整：

$$\eta(t+1)=\eta(t)+\lambda\eta(t),\ \lambda\in(0,1) \tag{4-4}$$

$$\alpha(t+1)=\alpha(t)+\lambda\alpha(t),\ \lambda\in(0,1) \tag{4-5}$$

同时，对连接权值作如下调整：

$$W_{ij}(t+1)=W_{ij}(t)+\eta(t+1)\delta_{pj}O_{pj}+\alpha(t+1)[W_{ij}(t)-W_{ij}(t-1)] \tag{4-6}$$

③若$\Delta E(t)=E(t)-E(t-1)\geqslant 0$，则第$t$次迭代是无效迭代，此时，对$\eta$和$\alpha$作如下调整：

$$\eta(t+1)=\eta(t)-\lambda\eta(t),\ \lambda\in(0,1) \tag{4-7}$$

$$\alpha(t+1)=\alpha(t)-\lambda\alpha(t),\ \lambda\in(0,1) \tag{4-8}$$

同时，对连接权值作如下调整：

$$W_{ij}(t+1)=W_{ij}(t-1)+\eta(t+1)\delta_{pj}O_{pj}+\alpha(t+1)[W_{ij}(t-1)W_{ij}(t-2)] \tag{4-9}$$

式（4-9）中δ_{pj}与式（4-6）中δ_{pj}的不同，前者取$t-1$次迭代的结果，后者取第t次迭代的结果。

4.2.3　串型混合智能系统 AHP-PCA-ANN 在商业银行全面质量管理中的应用

1. *应用过程*

现将串型混合智能系统AHP-PCA-ANN应用于中国建设银行湖南省分行下属支行全面质量管理的综合评价中，步骤如下。

（1）根据AHP的层次结构要求初步建立评价指标体系。在构建评价指标体系过程中，还要与商业银行的实际需求结合起来，遵循服务性、成长性、安全性三个准则。下面根据对中国建设银行湖南省分行下属支行的实际考察，并结合中国人民银行印发的《加强金融机构内部控制的指导原则》，建立如图4-9所示的综合评价指标体系。

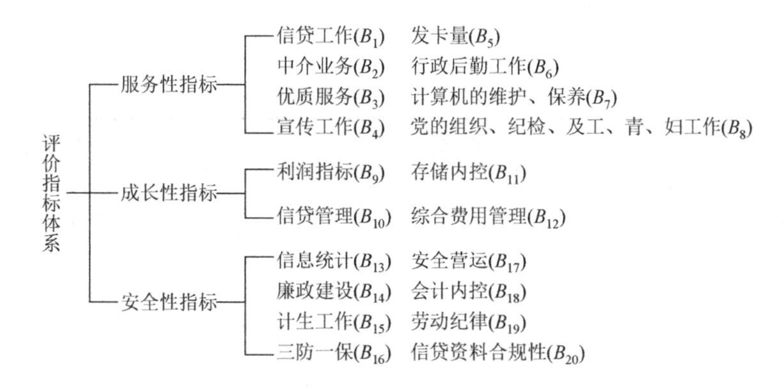

图4-9　初步建立的综合评价指标体系

（2）按照PCA的一般步骤[120]，以中国建设银行湖南省分行的15个支行为背景样本，对 20 个原始指标进行全面质量管理综合评价的 PCA。根据参考文献[120]，累计方差贡献率取 85%作为选取标准，由此选入前三个主成分，它们的累计方差已代表全部信息的 92.71%。前三个主成分分载荷及公因子方差如表 4-1 所示。

表 4-1 前三个主成分分载荷和公因子方差

原始指标	B_1	B_2	B_3	B_4	B_5	B_6	B_7	B_8	B_9	B_{10}
第一主成分分载荷 L_{1i}	0.9749	0.9864	0.9796	0.7352	0.8762	0.7923	0.7569	0.6842	0.1058	0.0096
第二主成分分载荷 L_{2i}	0.1004	0.0797	0.0587	0.2053	0.3256	0.1665	−0.1354	0.2456	0.9732	0.9698
第三主成分分载荷 L_{3i}	0.0153	0.0549	0.0928	0.0305	0.2659	0.1058	0.0089	0.1572	0.1023	0.1048
公因子方差 $H_i=L_{1i}^2+L_{2i}^2+L_{3i}^2$	0.9607	0.9823	0.9717	0.5836	0.9444	0.6667	0.5913	0.5517	0.9687	0.9515
原始指标	B_{11}	B_{12}	B_{13}	B_{14}	B_{15}	B_{16}	B_{17}	B_{18}	B_{19}	B_{20}
第一主成分分载荷 L_{1i}	−0.0792	−0.0152	0.1568	0.1326	0.4862	0.0057	0.0031	0.0058	−0.0178	0.2473
第二主成分分载荷 L_{2i}	0.7989	0.8045	0.2317	0.1587	−0.0250	0.0036	0.1259	0.1046	−0.0023	0.1544
第三主成分分载荷 L_{3i}	0.2564	0.3019	0.8549	0.5673	0.3567	0.9126	0.9750	0.9699	0.6526	0.8634
公因子方差 $H_i=L_{1i}^2+L_{2i}^2+L_{3i}^2$	0.7103	0.7386	0.8119	0.3646	0.3643	0.8329	0.9665	0.9517	0.4262	0.8305

主成分分载荷 L_{ki} 是指各特征值的方程根与其对应的特征向量的乘积，反映了所取主成分与各原始指标间的相关关系。公因子方差 H_i 反映了各原始指标对选出的三个主成分所起的作用，即反映了各原始指标的重要程度。由此对初步建立的指标体系进行简化，结果如表 4-2 所示。

表 4-2 简化后的评价指标

类型	服务性指标（47%）				成长性指标（27%）				安全性指标（26%）				
评价指标	信贷工作 C_1	优质服务 C_2	中介业务 C_3	发卡量 C_4	利润指标 C_5	信贷管理 C_6	存储内控 C_7	综合费用管理 C_8	安全营运 C_9	会计内控 C_{10}	三防一保 C_{11}	信息统计 C_{12}	信贷资料合规性 C_{13}
类型	R_1	R_4	R_3	R_1	R_1	R_4	R_2	R_2	R_3	R_2	R_4	R_4	R_4
权重	17%	15%	10%	5%	15%	8%	2%	2%	9%	7%	5%	3%	2%

（3）指标属性值的量化。将 C_1～C_{13} 指标属性的样本值按照式（4-1）～式（4-3）进行量化处理，结果如表 4-3 所示。

表 4-3　指标属性值量化值表

考核指标	C_1	C_2	C_3	C_4	C_5	C_6	C_7	C_8	C_9	C_{10}	C_{11}	C_{12}	C_{13}
支行 1	0.7353	0.9133	0.9100	0.8600	0.6130	0.9630	0.5000	0.4500	0.2220	1.0000	0.2400	0.3667	0.4500
支行 2	0.7882	0.7400	0.4900	0.800	0.7067	0.7625	0.6500	0.9000	0.9889	0.9000	0.3400	0.5000	0.3500
支行 3	0.5059	0.6533	0.6300	0.6600	0.9267	0.7375	0.7500	0.3500	1.0000	0.9857	0.4000	1.0000	0.5000
支行 4	0.6882	0.7333	0.6600	0.5200	0.9533	0.4125	0.9000	0.4500	0.8111	0.7286	0.4600	0.9333	0.5500
支行 5	0.9882	0.9400	0.7800	0.900	0.6667	0.6375	0.4000	0.5000	0.7222	0.7714	0.5000	0.7000	0.8500
支行 6	0.7588	0.4667	0.3700	0.7000	0.6000	0.5500	0.6000	0.5500	0.5667	0.54286	1.0000	0.8000	0.9000
支行 7	0.3353	0.8800	0.4000	0.5200	0.5800	0.3750	0.2500	1.0000	0.4444	0.3286	0.7200	0.6667	0.3000
支行 8	0.3706	0.7000	0.8800	0.2600	0.4467	0.3375	0.5500	0.2500	0.4778	0.4143	0.7600	0.2333	0.4000
支行 9	0.7882	0.6000	0.9500	0.4600	0.8267	0.9875	0.2500	0.7000	0.3778	0.8143	0.5600	0.4333	0.4500
支行 10	0.7471	0.5667	0.5800	0.2200	0.5133	0.8750	0.7000	0.9500	0.3222	0.6286	0.6000	0.4667	0.5000
支行 11	0.8235	0.8667	0.3000	0.2000	0.7400	0.4375	0.9500	0.7000	0.5222	0.4286	0.8600	0.5667	1.0000
支行 12	0.5882	0.7867	0.5500	0.5600	0.8800	0.9500	0.5500	0.1500	0.6111	0.5286	0.6800	0.6333	0.5500
支行 13	0.7059	0.8000	0.7600	0.7400	0.8067	0.8000	0.4000	0.8500	0.7556	0.6857	0.5000	0.2667	0.7500
支行 14	0.5765	0.5000	0.8000	0.6000	0.5533	0.4625	0.3000	0.6500	0.3556	0.3143	0.5800	0.5000	0.9500
支行 15	0.4118	0.6667	0.4600	0.9800	0.5000	0.5000	0.4500	0.4000	0.3222	0.5000	0.6000	0.3333	0.2500

（4）选定模式对网络训练。根据 4.2.2 节中所述的确定网络隐含层节点数的方法，实验结果如表 4-4 所示。采用的网络结构为 13-10-1。根据确定好的网络结构，对支行 1～支行 10 进行训练。这里指定学习次数为 1000，要求系统误差达到 0.0001。网络经过 341 次训练后，自动收敛，实际误差达到 0.0001。

表 4-4　确定隐含层节点数的测试

隐含层节点数	2	4	6	8	9	10	11	12	13	14	15
训练误差	10^{-3}	10^{-3}	10^{-3}	10^{-3}	10^{-4}	10^{-4}	10^{-4}	10^{-5}	10^{-5}	10^{-5}	10^{-5}
训练次数	946	711	569	469	440	222	378	635	571	563	733

（5）网络性能测试。由于改进 BP 算法本质上是一个非线性优化问题，不可避免地存在局部极小的弊端。为了避免局部极小产生的“麻痹”现象，往往需要多次调整网络初始权值进行训练，再比较网络输出和误差曲线。即便如此，在网络训练完成后，还需进行检验，得到的测试结果如表 4-5 所示，表明网络对已训练的样本有很好的识别能力。

表 4-5 AHP-PCA-ANN 模型学习结果

结果项	支行 1	支行 2	支行 3	支行 4	支行 5	支行 6	支行 7	支行 8	支行 9	支行 10
期望值	0.8520	0.7800	0.8120	0.7960	0.8600	0.6980	0.6520	0.6440	0.7140	0.6780
AHP-PCA-ANN	0.8519	0.7802	0.8120	0.7958	0.8600	0.6980	0.6521	0.6440	0.7143	0.6779
误差	−0.0001	0.0002	0	−0.0002	0	0	0.0001	0	0.0003	−0.0001

（6）网络的泛化。利用网络对支行 11～支行 15 进行评价，并和单独使用 AHP、PCA、ANN 方法进行评价的模型（分别简称 AHP 模型、PCA 模型和 ANN 模型）作比较。其中，AHP 模型和 PCA 模型采用的评价指标体系为未简化的评价指标体系，ANN 模型采用与 AHP-PCA-ANN 模型相同的评价指标体系，学习算法采用经典的 BP 算法[122]，*R* 为各模型输出与期望输出的相关系数，评价结果如表 4-6 所示。

表 4-6 AHP-PCA-ANN 模型与其他模型结果的比较

结果项	支行 11	支行 12	支行 13	支行 14	支行 15	*R*
期望值	0.7580	0.7480	0.8400	0.6220	0.6320	—
AHP-PCA-ANN	0.7569	0.7496	0.8346	0.6278	0.6399	0.9988
AHP	0.7946	0.7160	0.9073	0.5746	0.7348	0.8469
PCA	0.7347	0.7780	0.9152	0.7009	0.7144	0.7474
ANN	0.7776	0.7698	0.8010	0.6742	0.6943	0.9776

2. 结果分析

为了说明网络的泛化能力以及 AHP-PCA-ANN 模型较单一模型的优势，下面对表 4-6 中的期望输出、AHP-PCA-ANN 模型输出以及各单一模型输出进行回归分析，结果如图 4-10 所示。相关系数 *R* 衡量模型输出中的变化被期望输出的解释程度。*R* 为 1，说明模型输出与期望输出的拟合达到最理想状态。由表 4-6 可知，AHP-PCA-ANN 模型的相关系数在所有模型中是最大的，与 1 非常接近。这也说明了 AHP-PCA-ANN 模型较各单一模型的优势。

在以上结果分析的基础上，进一步组织专家对混合智能系统 AHP-PCA-ANN 应用于商业银行全面质量管理进行评价，分别从混合智能系统的知识存储能力、误差水平、训练过程的时间、结构复杂性、推理能力、对环境的敏感性、对问题的解答、用户满意程度、维护成本等角度，采用 3.5 节提到的模糊综合评价方法对其进行评价。其中，指标权重采用 AHP 法确定，分别为{0.1；0.1；0.1；0.1；0.1；0.1；0.2；0.1；0.1}，最终评价得分为 91.6，表示专家认同混合智能系统 AHP-PCA-ANN 在商业银行全面质量管理中的应用，主要结果如图 4-11 所示。

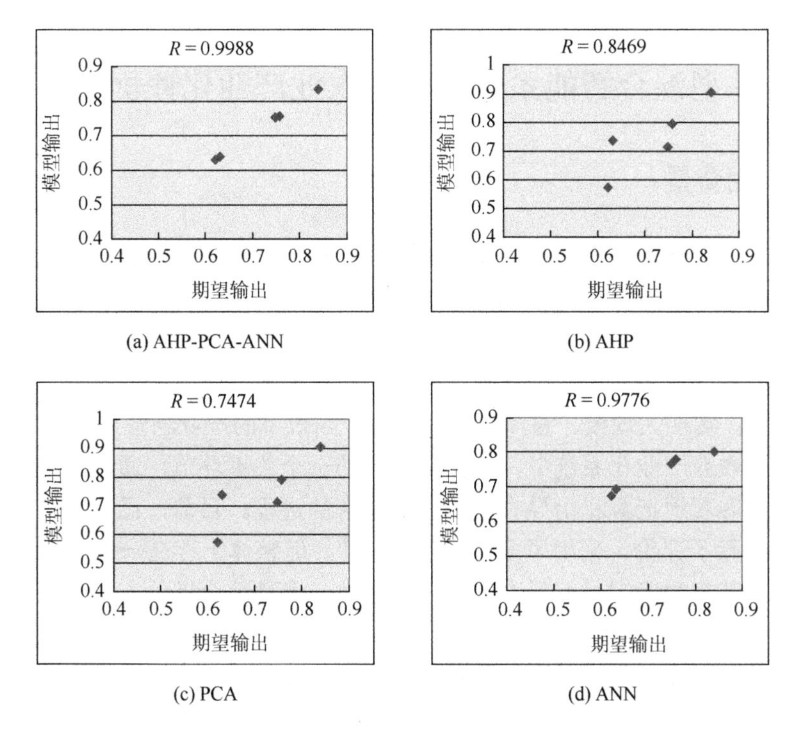

(a) AHP-PCA-ANN　(b) AHP

(c) PCA　(d) ANN

图4-10　回归分析

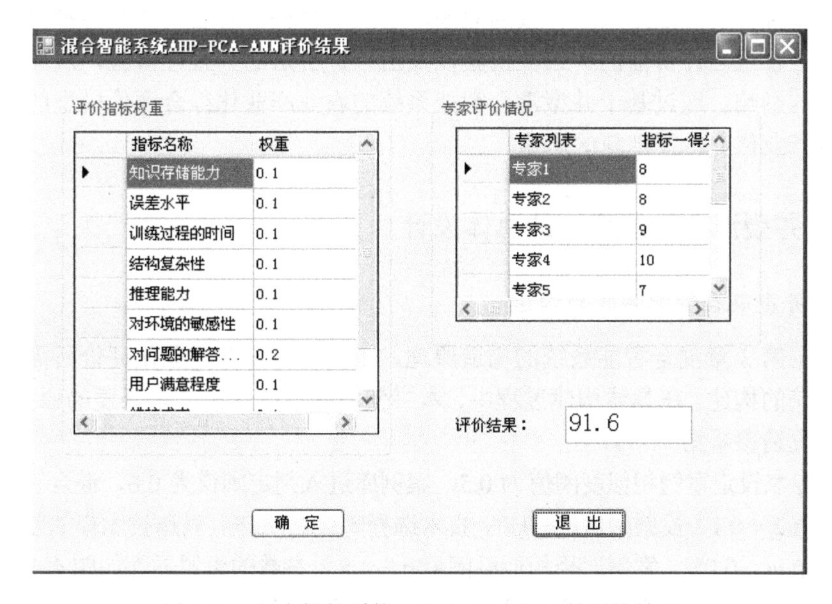

图4-11　混合智能系统AHP-PCA-ANN的评价结果

4.3 并型混合智能系统及其在农业产业化评价中的应用

4.3.1 应用背景

农业产业化经营是农村经济体制深化改革和市场经济发展的产物[126]。它在提高农业的比较效益和市场化程度、增加农民的收入和就业、推进农业现代化进程等方面起到了越来越重要的作用。农业产业化是以农业产业为主体，相关产业为依托，使农业产业实现产业延伸和产业扩张，从而形成穿透产业层次，联通一、二、三产业，实现大规模、整体化、综合型、高效率的产业经营过程系统[126, 127]。

在整个农业产业化系统中，评价是其中的一个关键环节，通过对现有状况的评价，可以客观地把握和指导农业产业化经营的进程。目前，已有很多学者对农业产业化进行了评价，采用了多种方法[128, 129]，但整体上存在一定问题，例如，指标体系及其权数确定具有很大的主观随意性，多种综合评价方法对同一总体的评价结果存在很大差异[130-132]。

为此，本书提出基于并型混合智能系统的农业产业化综合评价模型，从指标体系的建立开始，采用系统化、科学化的方法作为指导。为了消除指标体系及其权系数确定过程中的主观性问题，以 AHP 为基础，进行多轮的专家意见调研；为了消除多种评价方法结果不一致的问题，引入多种评价方法，并对各种方法的评价结果进行组合评价前的一致性检验以及组合评价后的一致性检验，从而消除不同方法的影响。通过基于并型混合智能系统的农业产业化综合评价模型的引入，为农业产业化评价提出新的思路。

4.3.2 并型混合智能系统的总体设计

1. 并型混合智能系统的构造

根据第 3 章混合智能系统的构造原理，下面进行农业产业化评价所需的混合智能系统的构建。在具体构建过程中，本书使用的系统是第 7 章开发的原型系统，详细情况请参看第 7 章。

由专家设定案例相似度阈值为 0.5，案例库进入判定阈值为 0.6，混合智能系统判定阈值 $\xi = 0.1$，投票阈值 $\tau = 0.7$，技术选择阈值 $\theta = 0.5$，候选技术集的差异指数 μ 的阈值 $\psi = 0.05$，案例选择相似度阈值 $\eta = 0.5$，参数的设置界面如图 4-4 所示。

根据这些参数的设定，混合智能系统的构建过程如下。

(1) 案例的初步选取。根据构建农业产业化评价的混合智能系统这一目标，选用关键词“农业产业化”“评价”对案例库进行检索，并经过专家筛选，共得到相关案例 158 个，如图 4-12 所示。

（2）是否应用混合智能系统的判定。对得到的案例集进行分析，分别按照智能技术和非智能技术统计使用频率，得到潜在使用价值序列 $L_{\text{value}}=\{X_1,X_2,\cdots,X_n\}$，根据混合智能系统应用判定算法得到结果：应用混合智能系统，如图 4-12 所示。

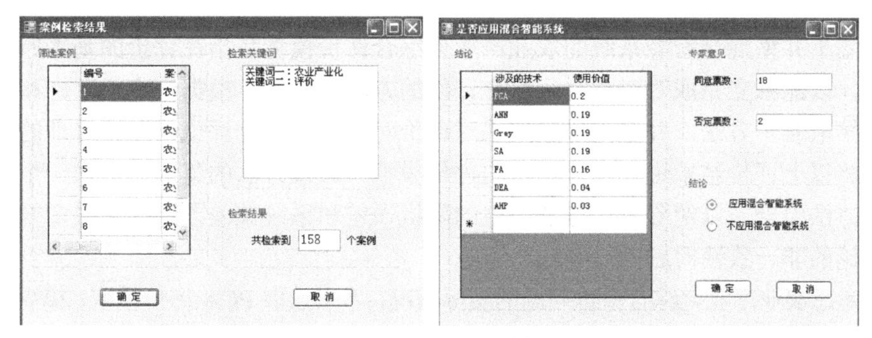

(a) 案例选取结果　　(b) 是否应用混合智能系统的判定结果

图 4-12　案例选取结果和是否应用混合智能系统的判定结果（二）

（3）是否构建新混合智能系统的判定。首先，经过候选技术集生成算法得到候选技术集 $\{T_1,T_2,\cdots,T_i\}$；然后，通过对候选技术集 $\{T_1,T_2,\cdots,T_i\}$ 的差异指数计算得 $\mu=\text{Max}\left[\left|\text{Value}(T_i)-\text{Value}(T_j)\right|\right]=0.04$。$\mu\leqslant\psi$，表示候选技术集各技术间的差异比较小，此时，经专家集体商议，决定以候选技术集 $\{T_1,T_2,\cdots,T_i\}$ 为基础，构建并型混合智能系统，如图 4-13 所示。

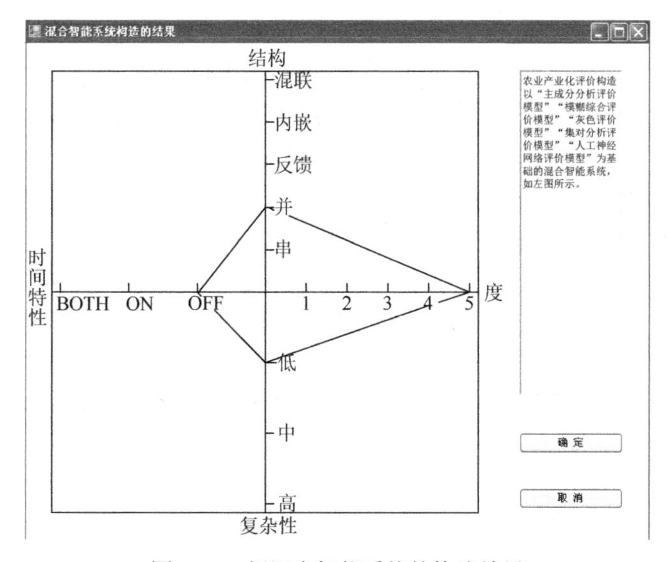

图 4-13　新混合智能系统的构建结果

经过上述三步，得到了新构建的并型混合智能系统。接下来要进行混合智能系统的评价工作，这一步将结合具体应用背景给出，详见4.3.3节并型混合智能系统在农业产业化评价中的应用。

2. 综合评价模型的总体结构及步骤

基于并型混合智能系统的农业产业化综合评价模型是指在评价的基本原则指导下，以能独立完成对对象进行综合评价的方法为基础，根据一定的准则和规则从中抽取若干方法，并运用这些方法对评价对象进行综合评价，通过合理的组合算法将以上评价结果进行优化组合的评价模型。通过方法的集成去寻求一个更有效的方法组合，以消除单一方法产生的随机误差和系统偏差，进而解决多方法评价结论的非一致性问题[130, 131]。

考虑农业产业化综合评价问题的实际情况，本书选取PCA评价模型、模糊综合评价模型、灰色评价模型、集对分析评价模型和人工神经网络评价模型构成并型混合智能系统。在使用上述评价模型独立进行评价后，本书采用一个综合评价模型，将各种评价模型的结果进行“汇总”，从而得到最终的农业产业化评价结果。基于并型混合智能系统的农业产业化综合评价模型的处理流程如图4-14所示。

由图4-14可知，基于并型混合智能系统的农业产业化综合评价步骤如下。

（1）分别运用不同的评价模型对农业产业化程度作出评价，得到在各种方法下的排序结果。

（2）利用协和系数W对各排序结果进行一致性检验，一致性检验在组合评价之前进行，因此称为事前一致性检验。若排序结果具有一致性，则各种方法结果基本一致，直接进入步骤（4）。若排序结果出现不一致性情况，则进入步骤（3）。

（3）由于结果不具有一致性，要对各种方法进行两两一致性检验，将具有一致性的方法放在一起，对样本资料、评价结果及方法特点进行分析，选取既客观、符合实际又具有一致性的若干方法，返回步骤（2）。

（4）将各种方法的最后得分进行标准化处理，运用各种组合评价方法对独立的评价结果进行组合，得到若干组合评价结果。

（5）利用斯皮尔曼（Spearman）等级相关系数，对组合排序结果与原始独立评价结果的密切程度进行检验，此检验在组合评价之后进行，因此称为事后一致性检验。

（6）根据Spearman等级相关系数，选择其中最好的一个组合评价的结果作为最终评价结果。

3. 指标及其权重确定

基于并型混合智能系统的农业产业化综合评价模型的第一步就是要确定评价

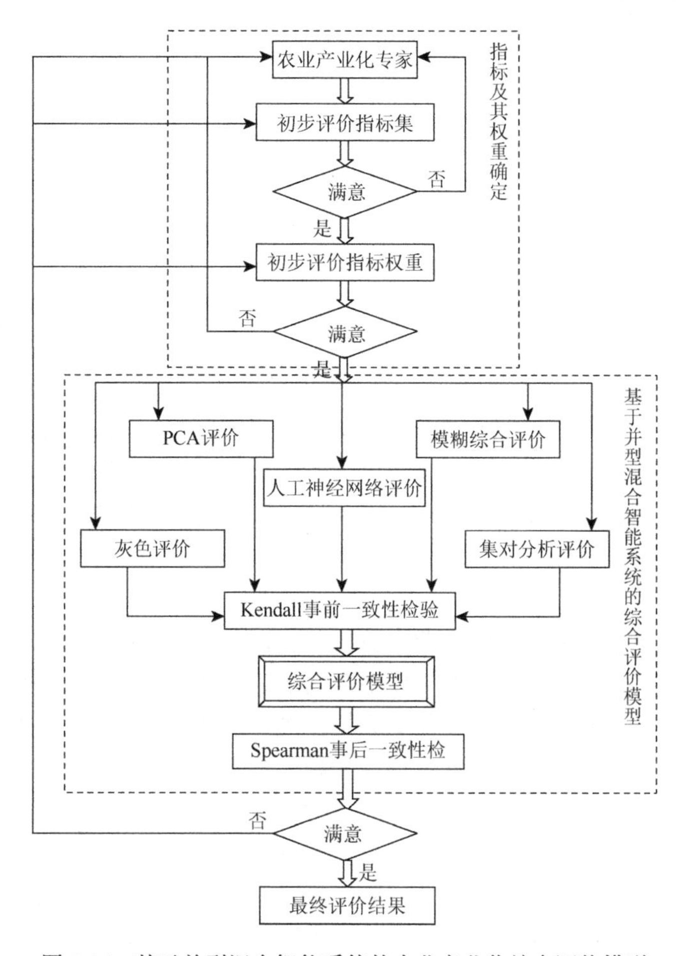

图 4-14　基于并型混合智能系统的农业产业化综合评价模型

指标及其权重[133, 134]，为下面的各组合评价方法奠定基础。以 AHP 为基础，首先，通过分别与认真筛选的农业产业化专家进行讨论，得到初步评价指标集，并将这个结果告知各位专家，若他们对这个指标集有异议，则要进一步确定这个初步评价指标集，直到各位专家满意为止；然后，对得到的初步评价指标集，使用 AHP 进行权重的确定。在得到各位专家最终确认后，得到评价指标集及其权重，并以此为基础，进行各独立评价方法的评价工作。

4. 基于并型混合智能系统的综合评价模型

基于并型混合智能系统的农业产业化综合评价模型的第二步就是要分别使用独立的评价方法进行评价，再对其评价结果进行一致性检验，对满足一致性条件的评价方法进行组合评价，同样对组合评价结果进行一致性检验，满足一致性条件的组合评价结果即最终评价结果。

1）各独立评价方法简介

针对农业产业化综合评价问题，考虑各种主观和客观评价方法，本书选取PCA评价模型、模糊综合评价模型、灰色评价模型、集对分析评价模型和人工神经网络评价模型，作为并型混合智能系统的子模型。这几种方法都比较成熟，使用较为广泛，各类书刊都有详细介绍。

（1）PCA 评价模型。

基于并型混合智能系统的农业产业化综合评价模型采用的第一个子模型是 PCA 评价模型。运用 AHP，首先，对原始数据进行标准化处理，计算变量之间的相关系数，形成相关系数矩阵；其次，计算特征值和特征向量，据此计算贡献率和累计方差贡献率，一般取累计方差贡献率达 85%以上的特征值为对应的主成分；再次，计算主成分分载荷；最后，根据特征向量和主成分分载荷计算各变量的主成分得分。

（2）模糊综合评价模型。

基于并型混合智能系统的农业产业化综合评价模型采用的第二个子模型是模糊综合评价模型。要对农业产业化作出全面的、客观的、综合的评价，首先要建立一套能从总体上反映农业产业化本质特征的评价体系，并确立各个指标在评价体系中的权重。评价体系中的各个指标来源于评价人员对农业产业化的各个单因素的主观判断，是一种主观的、定性的指标，这种主观指标是源于评价人员主观认识差异和变化的指标，这些差异和变化的内涵及外延不是很确定，其概念具有模糊性，为模糊数学的引入奠定了基础。这里引入模糊数学，构建一个模糊综合评价模型，其具体由因素集、权重集、评语集和模糊关系运算等构成[135]。

（3）灰色评价模型。

基于并型混合智能系统的农业产业化综合评价模型采用的第三个子模型是灰色评价模型。灰色系统理论是由我国学者邓聚龙教授首先提出的，包括灰关联度评价方法、灰色聚类分析方法等。灰色评价的基本思想是根据待分析系统的各特征参量序列曲线间的几何相似或变化态势的接近程度，判断其关联程度。其优点在于能够处理信息部分明确、部分不明确的灰色系统。由于农业产业化是一个复杂系统，涉及因素众多、相互关系错综复杂，并且有的因素不是很明确，使用灰色评价模型可以很方便地进行区域间农业产业化程度的比较[136]。

（4）集对分析评价模型。

基于并型混合智能系统的农业产业化综合评价模型采用的第四个子模型是集对分析评价模型。集对分析是我国学者赵克勤在 1989 年提出的一种新的系统分析方法，近年来在管理、决策、系统控制等多方面得到应用。其特点是对客观存在的各种不确定性基于客观承认，并把不确定性与确定性作为一个既确定又不确定的同异反系统进行辩证分析和数学处理。农业产业化评价过程中同样存在多种不确定性，因此，本书把集对分析评价模型引入并型混合智能系统[137]。

（5）人工神经网络评价模型。

基于并型混合智能系统的农业产业化综合评价模型采用的第五个子模型是人工神经网络评价模型。由于对农业产业化进行综合评价时涉及很多因素，并且各个因素之间相互影响，呈现复杂的非线性关系，人工神经网络为处理这类非线性问题提供了强有力的工具。以 Rumelhart 和 McClelland 为首的科研小组提出的 BP 算法为多层前向神经网络的研究奠定了基础。BP 算法是一种梯度下降算法，具有很强的局部搜索能力，但同时存在收敛速度慢、易陷入局部极小的问题。对于前一个问题，不同学者已提出了很多解决方法，其中，效果比较好的是利文贝格-马夸特（Levenberg-Marquardt，LM）算法。

2）肯德尔（Kendall）事前一致性检验

假设采用 m 种方法对 n 个评价对象进行评价，所得评价值的排序情况如表 4-7 所示。

表 4-7 单个评价方法评价结果排序

对象	方法 1	方法 2	……	方法 m
对象 1	y_{11}	y_{12}	……	y_{1m}
对象 2	y_{21}	y_{22}	……	y_{2m}
……	……	……	……	……
对象 n	y_{n1}	y_{n2}	……	y_{nm}

y_{ij} 为第 i 个评价对象在第 j 种评价方法下的排序值，$1 \leqslant y_{ij} \leqslant n$ $(i=1,2,\cdots,n;$ $j=1,2,\cdots,m)$ 。该检验考查 m 种评价方法对 n 个评价对象的评价结果之间是否一致，是通过讨论协和系数 W 显示样本数据中的实际符合与最大可能的符合之间的分歧程度来进行的。

（1）提出假设。H_0：m 种评价方法不具有一致性；H_1：m 种评价方法具有一致性。

（2）构造统计量。

$$X^2 = m(n-1)W \tag{4-10}$$

其中，$W = \dfrac{12\sum_{i=1}^{n} r_i^2}{m^2 n(n^2-1)} - \dfrac{3(n+1)}{n-1}$， $r_i = \sum_{j=1}^{m} y_{ij}$ 。 （4-11）

（3）检验。X^2 服从自由度为 $n-1$ 的 χ^2 分布。因此，给定显著性水平 α ，查表得临界值 $X^2_{\alpha/2}(n-1)$ 。当 $X^2 > X^2_{\alpha/2}(n-1)$ 时，拒绝 H_0，接受 H_1，即认为各种评

价方法在显著性水平 α 上具有一致性。

3）组合评价模型

在前面各种评价方法的评价结果通过事前一致性检验的基础上，分别应用目前使用广泛的算术平均值组合评价模型、Borda 组合评价模型和 Copeland 组合评价模型进行各评价结果的组合评价，得到各组合评价方法下的组合评价结果。

（1）算术平均值组合评价模型。

设 r_{ik} 为 y_i 方案在第 k 种方法下所排的位次，$i=1,2,\cdots,n$，$k=1,2,\cdots,m$。首先采用排序打分法将每种方法排序的名次转换为分数，即第 1 名得 n 分，…，第 n 名得 1 分，第 k 名得 $n-k+1$ 分。其中，若有相同的名次，则取这几个位置的平均分，然后计算不同得分的平均值，计算公式如下：

$$\bar{R}_i=\frac{1}{m}\sum_{k=1}^{m}R_{ik} \tag{4-12}$$

按平均值重新排序。若有两个方案的 $\bar{R}_i=\bar{R}_j$，则计算方案在不同方法下得分的方差，计算公式如下：

$$\sigma_i=\sqrt{\frac{1}{m}\sum_{k=1}^{m}(R_{ik}-\bar{R}_i)^2} \tag{4-13}$$

其中，方差小者为优。

（2）Borda 组合评价模型。

这是一种少数服从多数的方法。若评价认为 y_i 优于 y_j 的方法个数大于认为 y_j 优于 y_i 的方法个数，则记为 $y_i\succ y_j$；若两者个数相等，则记为 $y_i=y_j$。

定义 Borda 矩阵 $B=\{b_{ij}\}_{n\times n}$

$$b_{ij}=\begin{cases}1, & y_i\succ y_j\\ 0, & \text{其他}\end{cases} \tag{4-14}$$

定义方案 y_i 的得分为 $b_i=\sum_{j=1}^{n}b_{ij}$，b_i 即方案 y_i “优”的次数。根据 b_i 给 y_i 排序，若 $b_i=b_j$，则计算各方案在不同方法下得分的方差，方差小者为优。

（3）Copeland 组合评价模型。

Copeland 组合评价模型较 Borda 组合评价模型有所改进，考虑区分“相等”和“劣”，在计算“优”的次数的同时，还要计算“劣”的次数，即定义

$$c_{ij}=\begin{cases}1, & y_i\succ y_j\\ 0, & \text{其他}\\ -1, & y_j\succ y_i\end{cases} \tag{4-15}$$

定义方案 y_i 的得分为 $c_i=\sum_{j=1}^{n}c_{ij}$，根据 c_i 给 y_i 排序。若 $c_i=c_j$，也要考虑计算各方案在不同方法下得分的方差，方差小者为优。

4）Spearman 事后一致性检验

组合评价法的事后检验主要检验各组合评价方法所得排序结果与原始评价方法所得排序结果之间的密切程度。另外，当有多种组合评价方法时，还可通过其选出最合理的组合评价法。利用 Spearman 等级相关系数检验的步骤如下。

（1）将组合评价结果转化为排序值。假设对 m 种原始评价方法进行 p 种组合，所得排序结果如表 4-8 所示。其中，X_{ik} 为第 i 个评价对象在第 k 种组合评价方法下的排序值，$1\leqslant X_{ik}\leqslant n$ $(i=1,2,\cdots,n;\ k=1,2,\cdots,p)$。

表 4-8　组合结果排序

对象	组合 1	组合 2	……	组合 p
对象 1	X_{11}	X_{12}	……	X_{1p}
对象 2	X_{21}	X_{22}	……	X_{2p}
……	……	……	……	……
对象 n	X_{n1}	X_{n2}	……	X_{np}

（2）提出假设。H_0：第 k 种组合评价方法与 m 种原始评价方法无关；H_1：第 k 种组合评价方法与 m 种原始评价方法有关。

（3）构造统计量 t_k。t_k 服从自由度为 $n-2$ 的 t 分布：

$$t_k=\rho_k\sqrt{\frac{n-2}{1-\rho_k^2}},k=1,2,\cdots,p,\ \rho_k=\frac{1}{m}\sum_{j=1}^{m}\rho_{jk} \tag{4-16}$$

其中，ρ_{jk} 为第 k 种组合评价方法与第 j 种原始评价方法之间的 Spearman 等级相关系数。Spearman 等级相关系数反映第 k 种组合评价方法与第 j 种原始评价方法之间的相关程度，ρ_{jk} 越大，表示两种方法所得排序结果的相关程度越高。ρ_k 表示第 k 种组合评价方法与 m 种原始评价方法之间的平均相关程度。

（4）求得 Spearman 等级相关系数：

$$\rho_{jk}=1-\frac{6\sum_{i=1}^{n}(x_{ik}-x_{ij})^2}{n(n^2-1)},\ j=1,2,\cdots,m,\ k=1,2,\cdots,p \tag{4-17}$$

其中，x'_{ik}、x'_{ij} 为第 i 个评价对象分别在第 k 种组合评价方法、第 j 种原始评价方法下排序结果规范后的取值；n为评价对象的个数；m为原始评价方法数；p为组合评价方法数。

5）最终评价结果

根据 Spearman 等级相关系数，选定最适合组合评价方法的结果作为最终评价结果。组合评价方法的初衷就是既要克服单一评价方法的缺点，又要吸收多种评价方法的优点。因此，组合评价方法的结果与多种原始评价方法的结果之间虽不会完全相同，但应十分接近。选择与多种原始评价方法最接近的组合评价方法为最佳组合评价方法。也就是说，取t_k中的最大者为最佳组合评价方法，其结果就是最终评价结果。

4.3.3 并型混合智能系统在农业产业化评价中的应用

下面以环洞庭湖区 23 个县市的农业产业化发展水平为评价对象，对上述方法进行实际应用。

1. 环洞庭湖区各县市农业产业化发展状况评价

（1）会同农业产业化专家对农业产业化各项指标进行全面、科学的筛选，选取 13 个代表性较强的指标对 23 个县市的农业产业化发展水平进行分析评价。数据一部分来源于 2006 年湖南省统计年鉴，另一部分来源于实际调研。指标权重是由专家根据指标相对重要性进行两两比较后，根据 AHP 计算得出的。13 个指标及其权重如表 4-9 所示。

表 4-9 农业产业化评价指标及其权重

指标名称	农工贸一体化程度	农科教一体化程度	科技进步综合评分	人均耕地面积	城镇人口占总人口的比例	工业产值与农业产值之比	第三产业产值与地区生产总值之比	人均年纯收入	人均地区生产总值	经济增长速度	第二产业、第三产业占地区生产总值的比例	产业化组织产值	龙头企业产值
权重	0.10	0.08	0.05	0.01	0.07	0.11	0.03	0.05	0.04	0.06	0.09	0.15	0.16

（2）分别应用 PCA 评价模型、模糊综合评价模型、灰色评价模型、集对分析评价模型和人工神经网络评价模型单独对 23 个县市农业产业化发展水平进行综合评价，各方法单独评价得分及排序结果如表 4-10 所示。

表 4-10　各方法单独评价得分及排名

地区	PCA 评价法	排名	模糊综合评价法	排名	灰色评价法	排名	集对分析评价法	排名	人工神经网络评价法	排名
望城区	−64.30	10	80.94	10	0.7809	10	14.0056	10	82.78	10
宁乡市	2081.20	4	89.95	3	0.8050	5	19.3479	4	90.45	4
岳阳楼区	1198.80	6	85.12	6	0.7946	6	18.3150	5	89.67	5
云溪区	−892.51	18	70.88	18	0.7642	18	4.7527	18	71.47	19
君山区	−1539.50	20	66.38	21	0.7634	20	2.8957	21	69.31	21
岳阳县	−403.89	14	75.24	14	0.7762	14	9.3456	14	77.78	14
临湘市	−724.50	16	74.87	15	0.7745	16	9.1748	15	76.54	15
华容县	1017.40	7	83.25	7	0.7945	7	17.5171	6	86.38	7
湘阴县	40610	1	92.63	1	0.8406	3	22.0008	1	94.69	1
汨罗市	−291.66	11	78.03	12	0.7787	11	10.5224	13	78.99	13
武陵区	2248.80	3	88.28	4	0.8495	2	20.8524	3	91.03	3
鼎城区	−39180	23	65.11	23	0.7591	23	0.8764	23	67.33	23
澧县	−4038.30	22	68.45	20	0.7628	21	3.5567	20	68.25	22
汉寿县	−1039.80	19	69.56	19	0.7641	19	3.9659	19	73.33	18
安乡县	−1855.60	21	65.91	22	0.7602	22	1.9539	22	70.10	20
津市市	−790.87	17	71.25	17	0.7733	17	7.9875	17	74.38	17
桃源县	996.71	8	82.67	8	0.788	8	15.2743	8	85.64	8
临澧县	−343.08	12	76.39	13	0.7766	13	10.773	12	80.98	11
资阳区	−380.94	13	79.78	11	0.7786	12	11.5743	11	79.47	12
赫山区	7712.30	2	91.26	2	0.8530	1	21.6468	2	92.35	2
南县	1933.50	5	87.78	5	0.8124	4	16.0599	7	88.42	6
沅江市	479.28	9	82.56	9	0.7854	9	14.4001	9	84.11	9
桃江县	−407.15	15	73.51	16	0.7746	15	8.6090	16	75.43	16

（3）应用式（4-10）和式（4-11）对表 4-10 中的排序结果进行检验，经计算得 $X^2=109.191$。取显著性水平 $\alpha=0.01$，查表得临界值 $X^2_{\alpha/2}(22)=40.289$。显然，$X^2=109.191>X^2_{\alpha/2}(22)$，故拒绝 H_0，即在给定显著性水平 $\alpha=0.01$ 的条件下，

不能认为这五种评价方法不具有一致性。也就是说，应该接受 H_1，即说明在给定显著性水平 α=0.01 的条件下，这五种评价方法具有一致性。

（4）分别应用算术平均值组合评价模型、Borda 组合评价模型和 Copeland 组合评价模型进行各评价结果的组合评价，得到各组合评价方法下的组合评价结果，如表 4-11 所示。

表 4-11　各组合评价方法排序结果

方法	望城区	宁乡市	岳阳楼区	云溪区	君山区	岳阳县	临湘市	华容县	湘阴县	汨罗市	武陵区	鼎城区	澧县	汉寿县	安乡县	津市市	桃源县	临澧县	资阳区	赫山区	南县	沅江市	桃江县
算术平均值法	10	4	6	18	20	14	15	7	1	12	3	23	21	19	22	17	8	13	11	2	5	9	16
Borda 法	10	4	6	18	20	14	15	7	1	12	3	23	21	19	22	17	8	13	11	2	5	9	16
Copeland 法	10	4	6	18	20	14	15	7	1	12	3	23	21	19	22	17	8	13	11	2	5	9	16

（5）在分别获得独立评价方法评价结果和组合评价方法评价结果之后，综合应用式（4-16）和式（4-17），可以分别计算算术平均值组合评价模型、Borda 组合评价模型和 Copeland 组合评价模型下的 t 值，分别用 t_a、t_b、t_c 表示，其结果为 $t_a = 45.0303$，$t_b = 45.0303$，$t_c = 45.0303$。取显著性水平 α=0.01，查表得临界值 $t_{\alpha/2}(21) = 2.831$。显然，$t_a = t_b = t_c > t_{\alpha/2}(21)$，故三种组合评价方法与五种独立评价方法密切相关。

2. 结果分析

对环洞庭湖区 23 个县市进行农业产业化发展状况的综合评价，通过采用基于并型混合智能系统的综合评价模型，克服了传统单一方法的局限性，通过事前检验和事后检验，使得组合评价的结果更有说服力。特别地，这次构建的并型混合智能系统在分别使用算术平均值法、Borda 法和 Copeland 法进行组合评价时，得到了一致的结果。一方面，说明整个方法体系的一致性；另一方面，得到这样的结果存在一定的偶然性。如果得到的结果不一致，那么同样可以通过 Spearman 事后检验得到相应的结果，这就使得本书的评价模型更具普遍性。

在以上结果分析的基础上，进一步组织专家对并型混合智能系统应用于农业产业化评价进行评价，分别从混合智能系统的知识存储能力、误差水平、训练过程的时间、结构复杂性、推理能力、对环境的敏感性、对问题的解答、用户满意程度、维护成本等角度，采用 3.5 节提到的混合智能系统的模糊综合评价方法对其进行评价。其中，指标权重采用 AHP 法确定，分别为{0.1；0.1；0.05；0.1；0.1；0.1；0.2；0.15；0.1}，最终评价得分为 90.5，表示专家认同并型混合智能系统在农业产业化评价中的应用，主要结果如图 4-15 所示。

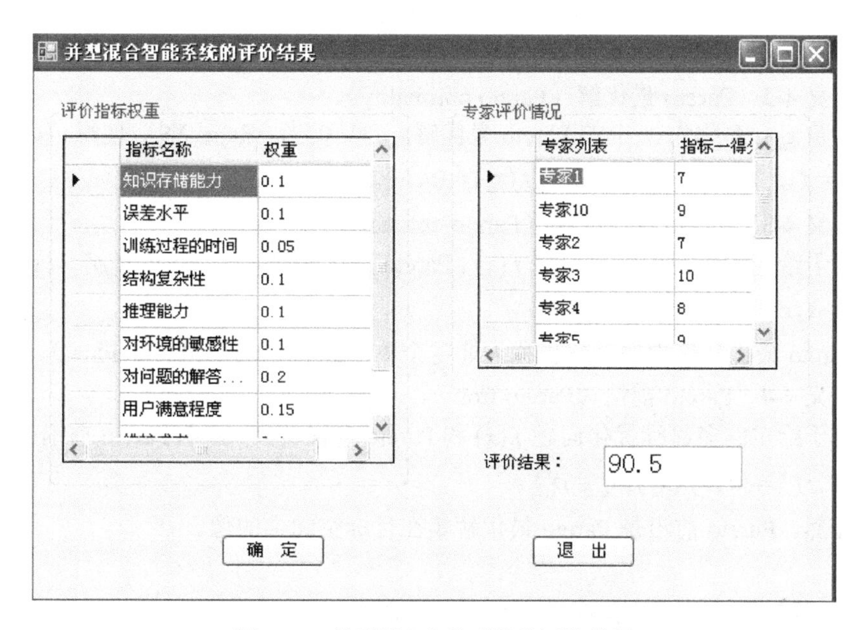

图 4-15　并型混合智能系统的评价结果

通过对实际数据和评价结果的对比分析，并结合环洞庭湖区 23 个县市进行农业产业化的实际情况，可以看出，上述评价结果是科学、准确的，这为进一步制定环洞庭湖区农业产业化发展策略奠定了坚实的基础。

4.4　反馈型混合智能系统 CS-SA 及其在多目标优化中的应用

4.4.1　应用背景

多目标优化问题一般可描述为下面的数学模型。考虑下列 n 个决策变量和 m 个目标函数的多目标优化问题：

$$\text{minimize} \quad y = f(x) = \left[f_1(x), f_2(x), \cdots, f_m(x)\right]$$

其中，$x = (x_1, x_2, \cdots, x_n) \in X \subset \Re^n$ 为决策向量；X 为决策空间；$y \in Y \subset \Re^m$ 为目标向量；Y 为目标空间。

下面给出多目标优化问题的相关描述和多目标优化中的四个相关定义。

定义 4-1　Pareto 优超（Pareto dominance）。

向量$u=(u_1,\cdots,u_m)$，Pareto 优超向量$v=(v_1,\cdots,v_m)$，记为$u\prec v$，当且仅当：① $\forall i\in\{1,\cdots,m\}$ 满足 $u_i\leqslant v_i$；② $\exists j\in\{1,\cdots,m\}$ 满足 $u_j<v_j$ 时，称向量 v 劣于（dominated by）向量 u。若向量 v 与向量 u 不存在 Pareto 优超关系，则称它们非劣（non-dominated）。

定义 4-2　Pareto 最优解（Pareto optimality）。

向量$x_u\in X$称为X上的 Pareto 最优解，当且仅当$\neg\exists x_v\in XS$，使得$v\prec u$，其中，$v=f(x_v)=(v_1,\cdots,v_m)$，$u=f(x_u)=(u_1,\cdots,u_m)$。

定义 4-3　Pareto 最优解集（Pareto optimal set）。

对于给定的多目标优化问题$f(x)$，Pareto 最优解集（ρ^*）定义为$\rho^*=\{x_u\in X\mid \neg\exists x_v\in X,v\prec u\}$。

Pareto 最优解集中的个体也称为非劣个体（non-dominated individual）。

定义 4-4　Pareto 前沿（Pareto front）。

对于给定的多目标优化问题$f(x)$和 Pareto 最优解集（ρ^*），Pareto 前沿（ρf^*）定义为$\rho f^*=\{u=f(x_u)\mid x_u\in\rho^*\}$。

显然，Pareto 前沿是 Pareto 最优解集在目标空间中的像。

4.4.2　反馈型混合智能系统 CS-SA 的总体设计

1. 反馈型混合智能系统 CS-SA 的构建

根据第 3 章混合智能系统的构造原理，下面进行多目标优化所需的混合智能系统的构建。在具体构建过程中，本书使用的系统是第 7 章开发的原型系统，详细情况请参看第 7 章。

由专家设定案例相似度阈值为 0.5，案例库进入判定阈值为 0.6，混合智能系统判定阈值$\xi=0.1$，投票阈值$\tau=0.7$，技术选择阈值$\theta=0.5$，候选技术集的差异指数μ的阈值$\psi=0.05$，案例选择相似度阈值$\eta=0.5$，参数的设置界面如图 4-4 所示。

根据这些参数的设定，混合智能系统的构建过程如下。

（1）案例的初步选取。根据构建多目标优化的混合智能系统这一目标，选用关键词“多目标优化”对案例库进行检索，并经过专家筛选，共得到相关案例 182 个，如图 4-16 所示。

（2）是否应用混合智能系统的判定。对得到的案例集进行分析，分别按照智能技术和非智能技术统计使用频率，得到潜在使用价值序列$L_{\text{value}}=\{X_1,X_2,\cdots,X_n\}$。根据混合智能系统应用判定算法得到结果：应用混合智能系统，如图 4-16 所示。

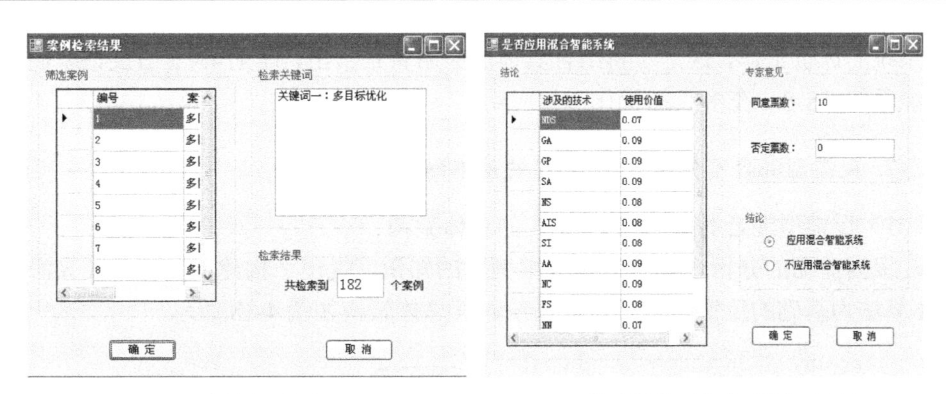

(a) 案例选取结果　　　　(b) 是否应用混合智能系统的判定结果

图 4-16　案例选取结果和是否应用混合智能系统的判定结果（三）

（3）是否构建新混合智能系统的判定。首先，经过候选技术集生成算法得到候选技术集$\{T_1,T_2,\cdots,T_i\}$；然后，针对候选技术集$\{T_1,T_2,\cdots,T_i\}$，重新在基于案例推理的混合智能系统技术选择子系统中检索由候选技术集$\{T_1,T_2,\cdots,T_i\}$构成的混合智能系统的案例集$\{\mathrm{Case}_1,\mathrm{Case}_2,\cdots,\mathrm{Case}_m\}$；最后，经专家集体商议，需要构建新的混合智能系统，如图 4-17 所示。

（4）新混合智能系统的构建。根据多目标优化问题，重新在基于案例推理的混合智能系统技术选择子系统中检索使用混合智能系统的案例集$\{\mathrm{Case}_1,\mathrm{Case}_2,\cdots,\mathrm{Case}_p\}$，其使用的混合智能系统集合定义为$\{\mathrm{HIS}_1,\mathrm{HIS}_2,\cdots,\mathrm{HIS}_q\}$。根据混合智能系统的构建算法得到新构建的混合智能系统为 CS-SA，如图 4-17 所示。

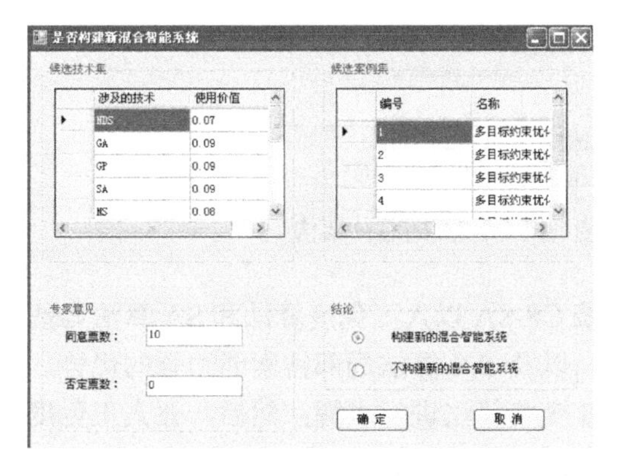

(a) 是否构建新混合智能系统的判定结果　　　　(b) 新混合智能系统的构建结果

图 4-17　是否构建新混合智能系统的判定结果和新混合智能系统的构建结果（二）

经过上述四步，得到了新构建的混合智能系统 CS-SA。接下来要进行混合智能系统的评价工作，这一步将结合具体的应用背景给出，详见 4.4.3 节反馈型混合智能系统 CS-SA 在多目标优化中的应用。

2. 反馈型混合智能系统 CS-SA 的基本结构及原理

1）反馈型混合智能系统 CS-SA 的总体架构

根据前面的分析，综合专家和案例库的知识，提出了构建以人工免疫算法和 SA 算法为基础的反馈型混合智能系统，其总体架构如图 4-18 所示。

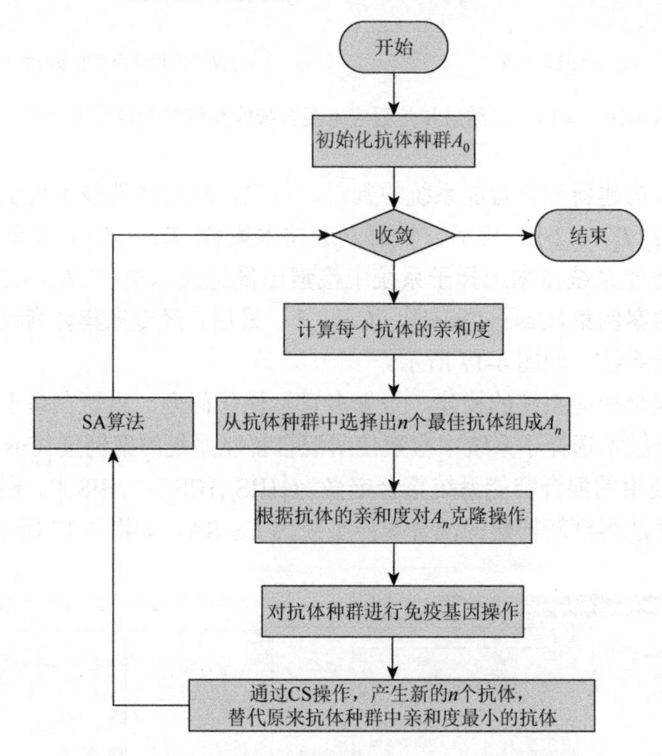

图 4-18 反馈型混合智能系统 CS-SA 的总体架构

由图 4-18 可知，反馈型混合智能系统 CS-SA 以人工免疫算法和 SA 算法为基础，综合人工免疫算法全局搜索能力强，以及 SA 算法局部搜索能力强的优势，对多目标问题进行求解。首先，使用人工免疫算法进行求解；然后，在人工免疫算法求得的潜在较优值周围使用 SA 算法进行局部寻优。

2）反馈型混合智能系统 CS-SA 的详细设计

（1）反馈型混合智能系统 CS-SA 中的人工免疫算法。

人工免疫系统（artificial immune system，AIS）是根据免疫系统的机理、特征、原理开发的，用于解决工程问题的计算或信息系统[138]。

人工免疫系统是模仿自然免疫系统的机理建立起来的。自然免疫系统是一种复杂的分布式信息处理学习系统，具有免疫防护、免疫耐受、免疫记忆、免疫监视功能，且有较强的自适应性、多样性等特点以及学习、识别和记忆等功能，其特点及机理所包含的丰富思想为工程问题的解决提供了新的契机，引起了国内外研究人员的广泛兴趣，它的应用领域也逐渐扩展到模式识别、智能优化、数据挖掘、机器人学、自动控制和故障诊断等诸多领域。人工免疫系统是继进化算法、模糊系统及神经网络之后的又一研究热点[139]。

目前，人工免疫系统方面已有了大量算法，这些人工免疫算法大多将 T 细胞、B 细胞及抗体的功能合为一体，统一抽象出检测器概念，主要模拟生物免疫系统中有关抗原处理的核心思想。受生物免疫系统的启发，de Casrto 等从不同的角度模拟生物学抗体 CS 机理，相继提出了不同的 CS 算法。与进化算法一样，这些人工免疫算法同样依靠编码实现与问题自身无关的搜索，并表现出更好地解决问题的潜力[138, 139]。下面将 CS 算法引入反馈型混合智能系统 CS-SA 中。

考虑以 $X=\{x_1,x_2,\cdots,x_m\}$ 为变量的多目标优化问题（P），其中，具有有限长度的字符串 $A=a_1a_2\cdots a_l$ 是变量 X 的抗体编码，记为 $A=e(X)$； X 称为抗体 A 的解码，记为 $X=e^{-1}(A)$；集 I 称为抗体空间； f 为 I 上的正实值函数，称为抗体-抗原亲和度函数。按照生物学术语，抗体 A 中， a_i 被视为基因，其取值可能与编码方式有关，称为等位基因。记 ℓ 为 a_i 可能取值的数量，对于二进制和十进制编码，有 $\ell=2$ 和 $\ell=10$。

一般将抗体位串分为 m 段，每段长为 l_i， $l=\sum_{i=1}^{m}l_i$ ，每段分别表示变量 $x_i\in[d_i,u_i]$， $i=1,2,\cdots,m$。特别地，对于二进制代码，采用译码方式

$$x_i=d_i+\frac{u_i-d_i}{2^{l_i}-1}\left(\sum_{j=1}^{l_i}a_j2^{j-1}\right) \tag{4-18}$$

抗体种群空间为

$$I^n=\{A:A=(A_1,A_2,\cdots,A_n),A_k\in I,1\leqslant k\leqslant n\} \tag{4-19}$$

正整数 n 为抗体种群规模，抗体种群 $A=\{A_1,A_2,\cdots,A_n\}$ 为抗体 A 的 n 元组，是抗体种群空间 I^n 的一个点。定义问题（P）的全局最优解集为

$$B^*\equiv\{A\in I:f(A)=f^*\equiv\min[(f_1(A'),f_2(A'),\cdots,f_m(A')];A'\in I\} \tag{4-20}$$

对于抗体种群 A， $\theta(A)=\left|A\cap B^*\right|$ 表示抗体种群 A 中包含的最优解个数。

CS 算法主要由三个操作组成：克隆操作、免疫基因操作和 CS 操作。下面分别讨论这三类操作。

①克隆操作。

定义

$$Y(k)=T_c^C\left[A(k)\right]=\left\{T_c^C\left[A_1(k)\right]T_c^C\left[A_2(k)\right]\cdots T_c^C\left[A_n(k)\right]\right\}^{\mathrm{T}} \tag{4-21}$$

其中，$Y_i(k)=T_c^C\left[A_i(k)\right]=I_i\times A_i(k)$，$i=1,2,\cdots,n$，$I_i$ 为元素是 1 的 q_i 维行向量，称为抗体 A_i 的 q_i 的克隆。

$$q_i(k)=g\left\{n_c,f\left[A_i(k)\right],\varTheta_i\right\} \tag{4-22}$$

$\varTheta_i$ 反映了抗体 I_i 与其他抗体的亲和力，定义为

$$\varTheta_i=\min\{D_{ij}\}=\min\{\exp(\|A_i-A_j\|)\},\quad i\neq j,\quad j=1,2,\cdots,n \tag{4-23}$$

其中，$\|\bullet\|$ 为任意范数，对于二进制编码，一般取汉明距离，对于十进制编码，多取欧几里得距离。当计算 $\varTheta_i$ 时，一般要对 $\|\bullet\|$ 进行归一化处理，即 $0\leqslant\|\bullet\|\leqslant1$。显然，抗体亲和力越大（相似程度越高，抗体间的抑制作用越强），$\varTheta_i$ 越小，当亲合力为 0 时，$\varTheta_i=1$。记 $D=(D_{ij})_{n\times n}$，$i,j=1,2,\cdots,n$ 为抗体-抗体亲和力矩阵。D 为对称矩阵，反映了种群的多样性。一般取

$$q_i(k)=\mathrm{Int}\left\{n_c\cdot\frac{f\left[A_i(k)\right]}{\sum_{j=1}^{n}f\left[A_j(k)\right]}\cdot\varTheta_i\right\},\ i=1,2,\cdots,n \tag{4-24}$$

其中，$n_c>n$ 为与克隆规模有关的设定值；$\mathrm{Int}(\bullet)$ 为上取整数。由此可见，对单一抗体，其克隆规模是依据抗体-抗原亲和度、抗体-抗体亲和力自适应调整的，并且当受到抗体间抑制小而抗原刺激大时，克隆规模也大，反之，则小。克隆后，种群变为

$$Y(k)=\left\{Y_1(k),Y_2(k),\cdots,Y_n(k)\right\} \tag{4-25}$$

其中，$Y_i(k)=\left\{Y_{ij}(k)\right\}=\left\{A_{i1}(k),A_{i2}(k),\cdots,A_{iq_i}(k)\right\}$，且

$$Y_{ij}(k)=A_{ij}(k)=A_i(k),\ j=1,2,\cdots,q_i \tag{4-26}$$

②免疫基因操作。

免疫基因操作主要包括交叉和变异。参考生物学单、多克隆抗体对信息交换多样性特点的描述，定义仅采用变异的 CS 算法为单 CS 算法，采用交叉和变异的 CS 算法均为多 CS 算法。

③CS 操作。

$\forall i=1,2,\cdots,n$，记

$$B_i(k)=\max\{Z_i(k)\}=\{Z_{ij}(k)\big|\max f(z_{ij}),j=1,2,\cdots,q_i-1\} \tag{4-27}$$

对于 $p_s^k(Z(k)\cup A_i(k)\to A_i(k+1)$，有

$$p_s^k(A_i(k+1)=B_i(k))=$$

$$\begin{cases}1, & f[A_i(k)] \leqslant f[B_i(k)] \\ \exp\left\{-\dfrac{f[A_i(k)]-f[B_i(k)]}{a}\right\}, & f[A_i(k)] > f[B_i(k)]\text{且}A_i(k)\text{不是目前种群的最优抗体} \\ 0, & f[A_i(k)] > f[B_i(k)]\text{且}A_i(k)\text{是目前种群的最优抗体}\end{cases} \tag{4-28}$$

其中，$a>0$，a与抗体种群多样性相关，多样性越好，a越大，反之，a越小。

克隆算子作用后，获得相应的新抗体种群$A(k+1)=\{A_1(k+1),A_2(k+1),\cdots,A_n(k+1)\}$，等价于生物CS后的记忆细胞和血浆细胞，算子中没有特别区分。

实际应用中，一般采用限定迭代次数，或在连续几次迭代中，抗体种群的最优解都无法改善，以两者的混合形式作为终止条件。

（2）反馈型混合智能系统CS-SA中的SA算法。

反馈型混合智能系统CS-SA中通过引入SA算法，克服人工免疫算法在局部优化中的不足。1983年，Kirkpatrick等[140]将热力学中的退火思想引入优化问题中，提出一种求解最优化问题的有效近似算法——SA算法。由某一个较高的初始温度开始，利用概率特性与抽样策略在解空间中进行随机的搜索。当温度升高时，SA允许对远处的点求目标函数值，可以接受较差的恶化解。当温度降低时，SA只在局部点处求目标函数值，只能接受较好的恶化解。当温度达到热平衡时，就不再接受任何恶化解了。这就使得SA既可以从局部最优中逃逸，避免过早收敛，又不失简单性和通用性。

SA算法包含4个基本要素：映射函数、生成函数、接受函数和退火时间表[140]。

①映射函数。映射函数f是将输入向量x映射到标量E（$E=f(x)$），其中，每个x可以看作输入空间的一个点。SA的任务就是有效地对输入空间采样，以便找到使E最小的x。

②生成函数。生成函数g定义了当前点与下一个点之差的概率密度函数，具体的$\Delta x=(x_{\text{new}}-x)$是一个概率密度函数为$g(\Delta x,T)$的随机变量值，其中，$T$为退火温度。

③接受函数。在求得一个新点x_{new}后，SA基于接受函数h的值，决定接受或放弃。最常用的接受函数是玻尔兹曼（Boltzman）概率分布，以概率h接受x_{new}：

$$h=\begin{cases}1, & f(x_{\text{new}}) \geqslant f(x) \\ \exp\left[\dfrac{f(x_{\text{new}})-f(x)}{T}\right], & f(x_{\text{new}}) < f(x)\end{cases} \tag{4-29}$$

④退火时间表。退火时间表是SA中最重要的部分，它控制了从高温降到低温的速度。这通常与应用问题有关。

4.4.3 反馈型混合智能系统 CS-SA 在多目标优化中的应用

为了验证算法的有效性，本书将其与经典的多目标优化算法——非支配排序遗传算法-2（non-dominated sorting genetic algorithm-2，NSGA2）和基于 ε-优势的多目标进化算法（ε-dominance based multiobjective evolutionary algorithm，ε-MOEA）进行实验比较。在相同的实验环境下，选用标准的测试函数对这三个算法进行评价、比较。

1. 多目标优化算法的常用评价方法

评价一个多目标优化算法的性能可以从两方面去考虑。

（1）收敛性：评价所求解与非劣最优解的趋近程度。

（2）分布性：评价所求解在目标空间分布是否均匀。

针对上述两个标准，本书分别采取一种评价方法比较三个算法的相关性能。

（1）世代距离（generational distance，GD）：该方法在参考文献[141]中有介绍，用来估计算法的最终解集与全局非劣最优区域解的趋近程度，其函数定义如下：

$$\mathrm{GD}=\frac{\sqrt{\sum_{i=1}^{n}d_i^2}}{n} \tag{4-30}$$

其中，n 为解集中个体的数量；d_i 为每个个体到全局非劣最优解的最小欧几里得距离。GD 越小，说明解集越靠近全局非劣最优区域，若 GD = 0，则解集中所有个体都在全局非劣最优区域上，这是最理想的情况。

（2）间距（spacing，SP）：该方法由 Schott 提出，通过计算解集中的每个个体与邻居个体的距离变化来评价解集在目标空间的分布情况[142]，其函数定义如下：

$$\mathrm{SP}=\sqrt{\frac{1}{n-1}\cdot\sum_{i=1}^{n}(\bar{d}-d_i)^2} \tag{4-31}$$

其中，$d_i=\min_j\left[\left|f_1^i(x)-f_1^j(x)\right|+\left|f_2^i(x)-f_2^j(x)\right|\right]$，$i,j=1,2,\cdots,n$，$n$ 为解集中个体的数量；$\bar{d}$ 为所有 d_i 的平均值。SP 越小，说明解集分布越均匀，若 SP = 0，则解集中所有个体之间的距离都相等，分布均匀。

除收敛性和分布性以外，通常还要考虑时间特性。结合下面具体实例，对反馈型混合智能系统 CS-SA 的时间特性进行分析。

2. 反馈型混合智能系统 CS-SA 在多目标优化中的应用过程

1）多目标优化问题

选择常用的三个测试函数——ZDT1、ZDT6 和 OSY，作为本书的多目标优化问题。

（1）ZDT1。

$$\min f_1(x) = x_1$$

$$\min f_2(x) = g(x)\left[1 - \sqrt{x_1 / g(x)}\right],\ g(x) = 1 + 9\sum_{i=2}^{n} x_i / (n-1)$$

$$\text{Subject to: } 0 \leqslant x_i \leqslant 1,\ i = 1,2,3,\cdots,30$$

（2）ZDT6。

$$\min f_1(x) = 1 - \exp(-4x_1)\sin^6(6\pi x_1)$$

$$\min f_2(x) = g(x)\left[1 - f_1(x)/g(x)\right]^2,\ g(x) = 1 + 9\left[\sum_{i=2}^{n} x_i / (n-1)\right]^{0.25}$$

（3）OSY。

$$\min f_1(x) = -\left[25(x_1-2)^2 + (x_2-2)^2 + (x_3-1)^2 + (x_4-4)^2 + (x_5-1)^2\right]$$

$$\min f_2(x) = x_1^2 + x_2^2 + x_3^2 + x_4^2 + x_5^2 + x_6^2$$

$$\text{Subject to: } \begin{cases} c_1(x) = x_1 + x_2 - 2 \geqslant 0 \\ c_2(x) = 6 - x_1 - x_2 \geqslant 0 \\ c_3(x) = 2 - x_1 + x_2 \geqslant 0 \\ c_4(x) = 2 - x_1 + 3x_2 \geqslant 0 \\ c_5(x) = 4 - (x_3-3)^2 - x_4 \geqslant 0 \\ c_6(x) = (x_5-3)^2 + x_6 - 4 \geqslant 0 \\ 0 \leqslant x_1, x_2, x_6 \leqslant 10, 1 \leqslant x_3, x_5 \leqslant 5, 0 \leqslant x_4 \leqslant 6 \end{cases}$$

2）实验结果

根据本书对三个多目标优化问题的实验，得到的结果如图 4-19 和图 4-20 所示。

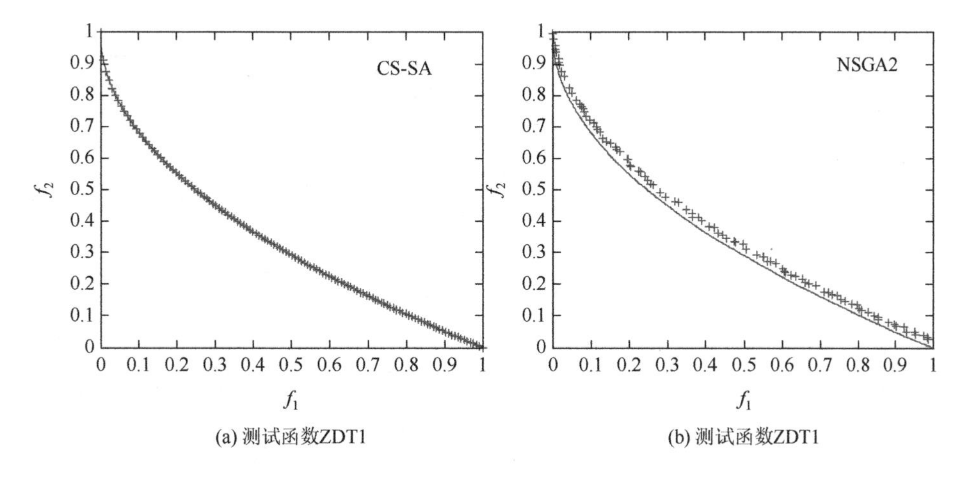

(a) 测试函数ZDT1　　(b) 测试函数ZDT1

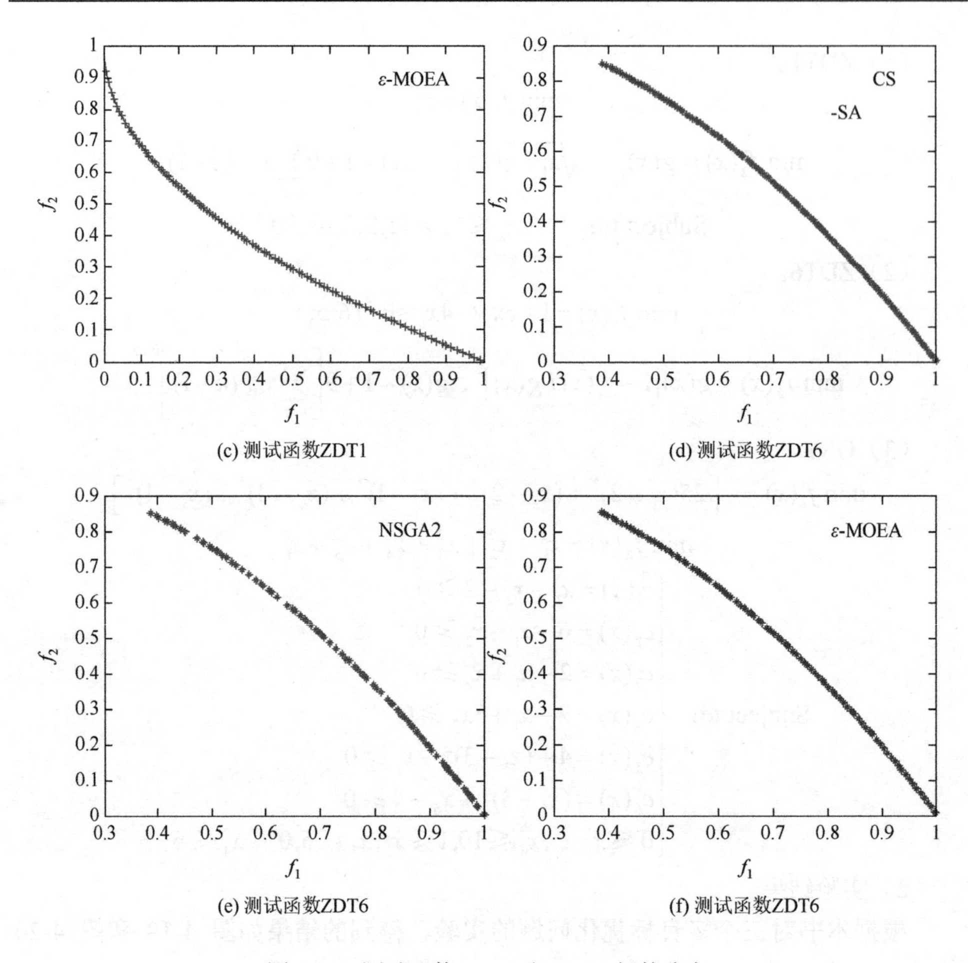

(c) 测试函数ZDT1　　(d) 测试函数ZDT6

(e) 测试函数ZDT6　　(f) 测试函数ZDT6

图 4-19　测试函数 ZDT1 和 ZDT6 解的分布

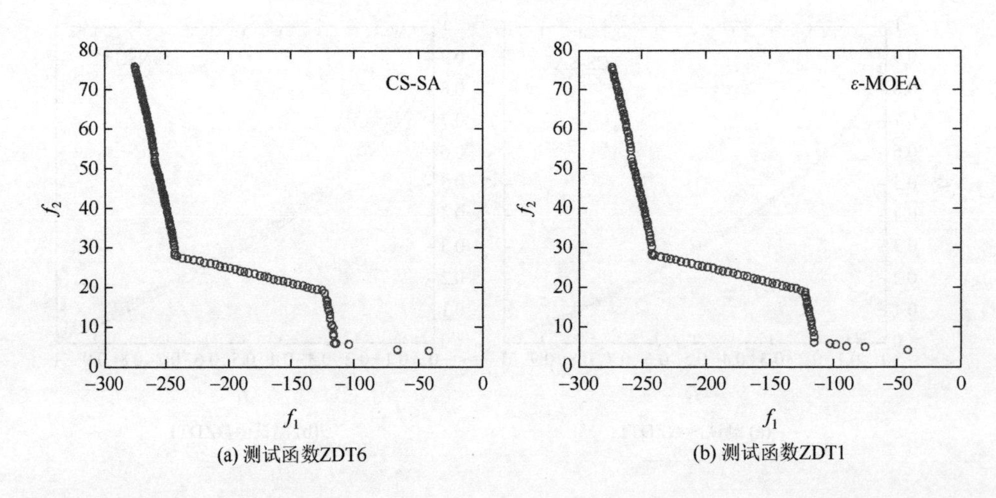

(a) 测试函数ZDT6　　(b) 测试函数ZDT1

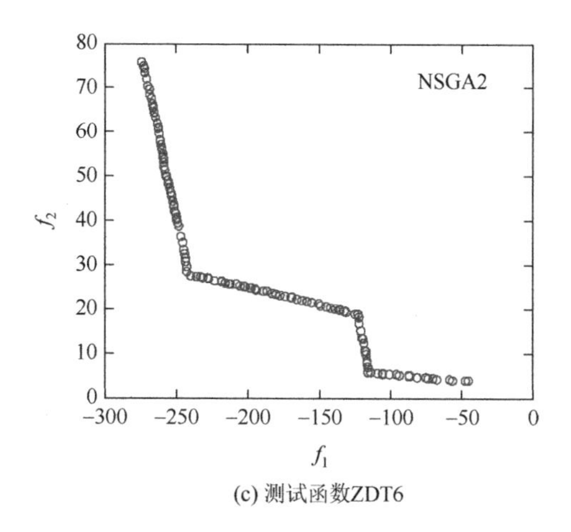

(c) 测试函数ZDT6

图 4-20　测试函数 OSY 解的分布

对于上述三个多目标优化问题，下面分别讨论 CS-SA 算法的收敛性和分布性两个问题，将 CS-SA 算法与求解能力较强的 NSGA2 算法和 ε -MOEA 算法进行比较，结果如表 4-12～表 4-17 所示。

表 4-12　GD 的比较结果（ZDT1）

算法	最优值	平均值	标准差
NSGA2	0.00725	0.00468	0.01452
ε -MOEA	0.00245	0.00393	0.00124
CS-SA	0.00208	0.00316	0.00108

表 4-13　SP 的比较结果（ZDT1）

算法	最优值	平均值	标准差
NSGA2	0.00627	0.00835	2.6674×10^{-4}
ε -MOEA	0.00246	0.00471	1.5586×10^{-4}
CS-SA	0.00192	0.00342	1.3365×10^{-4}

从 ZDT1 的实验结果可以看出，CS-SA 算法在收敛性和分布性方面均优于其他两个算法。

表 4-14　GD 的比较结果（ZDT6）

算法	最优值	平均值	标准差
NSGA2	0.00346	0.00373	9.8571×10^{-5}
ε -MOEA	0.00362	0.00395	8.3765×10^{-5}
CS-SA	0.00324	0.00348	9.1642×10^{-5}

表 4-15　SP 的比较结果（ZDT6）

算法	最优值	平均值	标准差
NSGA2	0.00213	0.01423	1.7382×10^{-4}
ε-MOEA	0.00152	0.00265	0.1009
CS-SA	0.00139	0.00341	0.0946

从 ZDT6 的实验结果可以看出，CS-SA 算法在收敛性和分布性方面均优于其他两个算法。

表 4-16　GD 的比较结果（OSY）

算法	最优值	平均值	标准差
NSGA2	0.00196	0.00283	4.2983×10^{-4}
ε-MOEA	0.00187	0.00275	1.4237×10^{-4}
CS-SA	0.00175	0.00249	1.1975×10^{-4}

表 4-17　SP 的比较结果（OSY）

算法	最优值	平均值	标准差
NSGA2	0.00289	0.00359	1.0343×10^{-4}
ε-MOEA	0.00312	0.00382	1.7588×10^{-4}
CS-SA	0.00317	0.00386	1.8739×10^{-4}

从 OSY 的实验结果可以看出，CS-SA 算法的收敛性要优于 NSGA2 算法和 ε-MOEA 算法，但其分布性较 NSGA2 算法要差些。

除了收敛性和分布性，时间特性也是应该考虑的。通过对以上三个测试函数的实验过程分析发现，反馈型混合智能系统 CS-SA 较单一的人工免疫算法在求解时间上有大幅度的增加，平均增幅达到 80%，反馈型混合智能系统 CS-SA 基本上不适合实时性问题的求解。

在以上结果分析的基础上，进一步组织专家对反馈型混合智能系统 CS-SA 应用于多目标优化进行评价，分别从混合智能系统的知识存储能力、误差水平、训练过程的时间、结构复杂性、推理能力、对环境的敏感性、对问题的解答、用户满意程度、维护成本等角度，采用 3.5 节提到的模糊综合评价方法对其进行评价。其中，指标权重采用 AHP 法确定，分别为{0.05；0.2；0.05；0.1；0.05；0.2；0.2；0.1；0.05}，最终评价得分为 85.1，表示专家认同反馈型混合智能系统 CS-SA 在多目标优化中的应用，主要结果如图 4-21 所示。

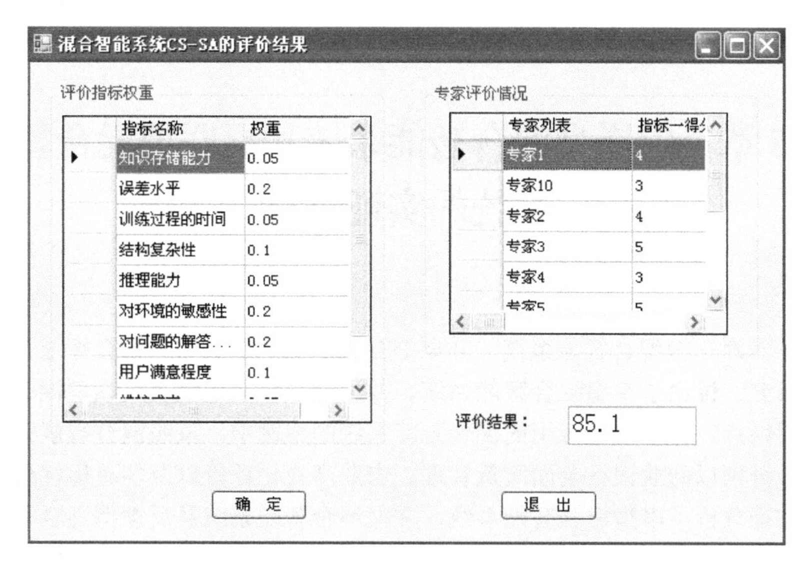

图 4-21　反馈型混合智能系统 CS-SA 的评价结果

4.5　本 章 小 结

本章主要讨论了串型混合智能系统、并型混合智能系统、反馈型混合智能系统的应用分析：串型混合智能系统 AHP-PCA-ANN 及其在商业银行全面质量管理中的应用，并型混合智能系统及其在农业产业化评价中的应用，以及反馈型混合智能系统 CS-SA 及其在多目标优化中的应用。

首先，分析了串型混合智能系统、并型混合智能系统、反馈型混合智能系统的应用特点，对实践中构建混合智能系统起到了指导作用。然后，按照应用混合智能系统的类型，从已经应用混合智能系统的案例中挑选三个案例分别进行介绍，讨论了串型混合智能系统 AHP-PCA-ANN 及其在商业银行全面质量管理中的应用、并型混合智能系统及其在农业产业化评价中的应用、反馈型混合智能系统 CS-SA 及其在多目标优化中的应用，分别介绍了其应用背景、混合智能系统的总体设计，以及混合智能系统的具体应用，初步验证了第 3 章提出的混合智能系统的构建原理的有效性。

第 5 章　内嵌型混合智能系统和混联型混合智能系统的实证研究

第 4 章对串型混合智能系统、并型混合智能系统及反馈型混合智能系统进行了实证研究，讨论了串型混合智能系统、并型混合智能系统及反馈型混合智能系统的应用特点，并从已经应用的混合智能系统的案例中，按照混合智能系统的联接方式，分别以商业银行全面质量管理、农业产业化评价以及多目标优化为应用背景，实证分析了串型混合智能系统、并型混合智能系统及反馈型混合智能系统的具体应用，得到了比较好的结果。

在第 4 章的基础上，本章分别介绍内嵌型混合智能系统和混联型混合智能系统的应用特点，并从已经应用的混合智能系统的案例中，分别以数据挖掘分类和入侵检测为应用背景，实证分析内嵌型混合智能系统和混联型混合智能系统的具体应用。

5.1　内嵌型混合智能系统和混联型混合智能系统的应用分析

混合智能系统的构建过程是根据要解决的问题，探索可能应用的智能技术和非智能技术，再根据问题本身的需要以及智能技术和非智能技术的特点，具体构建所需的混合智能系统。一方面，需要对各种智能技术和非智能技术的特点有所了解；另一方面，需要对不同类型的混合智能系统的特点有所了解，这样才能更好地构建所需的混合智能系统。第 4 章已经探讨了串型混合智能系统、并型混合智能系统和反馈型混合智能系统的特点，本章继续探讨内嵌型混合智能系统和混联型混合智能系统的特点。

相对于串型混合智能系统、并型混合智能系统、反馈型混合智能系统，内嵌型混合智能系统和混联型混合智能系统在结构上要复杂一些，并且内嵌型混合智能系统也是一种特殊的混合智能系统，提出的主要目的在于提高单个智能技术或非智能技术的效率。混联型混合智能系统的出现则是由于问题的复杂性很高，仅靠单一的混合智能系统已不能解决。下面就分别讨论内嵌型混合智能系统和混联型混合智能系统的适用问题特点、结构特性，以及在此基础上开发应注意的问题。

1. 内嵌型混合智能系统应用分析

1）适用问题特性分析

内嵌型混合智能系统在结构上表现为“内嵌”的形式：在一个子系统内部嵌入另一个子系统。从信号传递的角度看，当信号流经第一个子系统的某一步时，将信号作为输入，传递给另一个子系统，当另一个子系统处理完毕后，将输出信号返还给第一个子系统。内嵌型混合智能系统的提出主要是为了解决系统的内部效率问题，提高系统内部的运作效率。

在实际中，有很多问题需要应用内嵌型混合智能系统，例如，目前，专家系统的一个重要问题在于缺乏学习能力，这时就可以在专家系统的内部增加人工神经网络这种具有学习能力的智能技术，通过人工神经网络对专家系统的规则或案例进行学习，从而增强专家系统的学习能力。上述内嵌型混合智能系统可用图5-1所示的四维图表示。

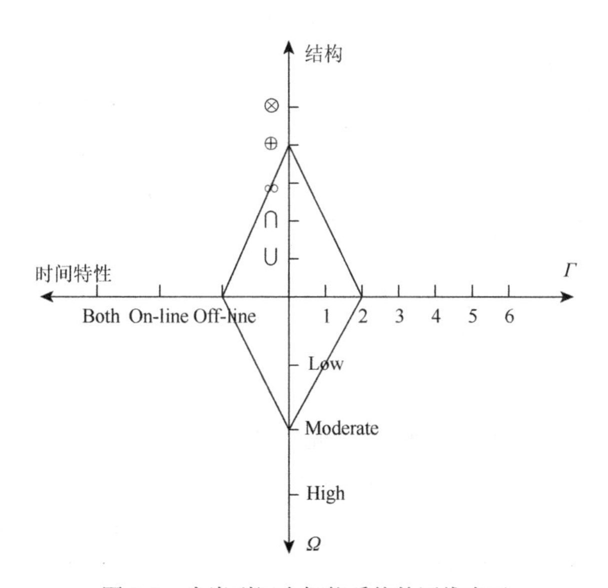

图5-1　内嵌型混合智能系统的四维表示

2）结构特性分析

在讨论了内嵌型混合智能系统的适用问题特性的基础上，下面讨论内嵌型混合智能系统的结构特性：外部稳定性和内部稳定性、鲁棒性和可靠性、能控性和能观性。这些特性也是在具体构建混合智能系统时应该考虑的。

内嵌型混合智能系统的稳定性分为外部稳定性和内部稳定性。其中，外部稳定性主要讨论输入$\|I(t)\| \leqslant \beta_1 < \infty$，以及对应输出$\|O(t)\| \leqslant \beta_2 < \infty$的有界性；内

部稳定性主要讨论混合智能系统内部的渐近性 $\lim_{t\to\infty} P_{oI}(t)=0$。对于内嵌型混合智能系统，由于内部存在嵌入式结构，内部稳定性较外部稳定性更重要，在设计内嵌型混合智能系统时，应着重考虑内部稳定性。

为了提高系统的效率，增加了内嵌子系统，这给内嵌型混合智能系统的鲁棒性和可靠性带来了影响。与串型混合智能系统类似，内嵌型混合智能系统的鲁棒性和可靠性也较并型混合智能系统、混联型混合智能系统重要。

对于内嵌型混合智能系统的能控性和能观性，在时刻 t_0，对任意给定的初始状态 $P(t_0)=P_0$，需要对多个子系统依次进行控制。相反，对于有限时刻 $t_1 > t_0$，需要对多个子系统进行观测，看其能否达到初始时刻 t_0 的初始状态 $P(t_0)=P_0$。相对于其他类型的混合智能系统，由于增加了内嵌的子系统，较难提高内嵌型混合智能系统的能控性和能观性。

3）开发过程应注意的问题

在内嵌型混合智能系统设计完毕后，要对设计好的内嵌型混合智能系统进行实际开发工作。在实际开发过程中，关注内嵌型混合智能系统的主要技术实现以及接口问题。

对于内嵌型混合智能系统，由于增加了嵌入式的子系统，在技术实现上，子系统间的依赖比较大，实际开发时应该考虑在同一平台实现。与串型混合智能系统、反馈型混合智能系统一样，内嵌型混合智能系统同样需要关注接口问题。如果条件允许，应该选用完全集成模式来开发内嵌型混合智能系统，这样可以提高内嵌型混合智能系统的运行效率。

2. 混联型混合智能系统应用分析

1）适用问题特性分析

混联型混合智能系统在结构上表现为“混合”的形式，可以由两个或两个以上的串型混合智能系统、并型混合智能系统、反馈型混合智能系统、内嵌型混合智能系统组成，因此，结构比较复杂。混联型混合智能系统的提出也是为了解决实际问题。由于问题自身结构的复杂性，由不同类型组成，同时考虑对某个或某几个系统进行内部改进，就会出现需要混联型混合智能系统才能解决的问题。

大多数实际问题由复杂的结构组成，首先考虑对结构进行简化，用单一的混合智能系统来解决问题。由于混联型混合智能系统除结构复杂外，在开发过程中难度较高，需要各个子系统具有很强的关联性，在实际使用中混联型混合智能系统的整体结构特性也是一个难题，当混联型混合智能系统的一个部分改动后，需要重新构建整个系统。若能够满足实际需要，尽量不用混联型混合智能系统来解决问题。

2）结构特性分析

在讨论混联型混合智能系统的适用问题特性的基础上，下面讨论混联型混合智能系统的结构特性：外部稳定性和内部稳定性、鲁棒性和可靠性、能控性和能观性。这些特性也是在具体构建混合智能系统时应该考虑的。混联型混合智能系统在内部结构上存在多种形式，这也给混联型混合智能系统的结构特性分析带来了困难。

混联型混合智能系统的稳定性分为外部稳定性和内部稳定性。其中，外部稳定性主要讨论输入 $\|I(t)\| \leqslant \beta_1 < \infty$ ，以及对应输出 $\|O(t)\| \leqslant \beta_2 < \infty$ 的有界性；内部稳定性主要讨论混合智能系统内部的渐近性 $\lim_{t\to\infty} P_{oI}(t) = 0$ 。对于混联型混合智能系统，由于内部结构复杂，在设计时应该更加关注混联型混合智能系统的内部稳定性。

关于混联型混合智能系统的鲁棒性、可靠性、能控性和能观性，由于混联型混合智能系统内部结构的复杂性，这些问题都比较重要。根据混合智能系统的定义 3-17 中“级”的概念，对于 Moderate 级混联型混合智能系统，由于只是混合串型混合智能系统、并型混合智能系统及反馈型混合智能系统，在鲁棒性、可靠性、能控性及能观性上较 High 级混联型混合智能系统简单；对于 High 级混联型混合智能系统，在设计时应该着重考虑系统的鲁棒性和可靠性。

3）开发过程应注意的问题

在混联型混合智能系统设计完毕后，要对设计好的混联型混合智能系统进行实际开发工作。在实际开发过程中，关注混联型混合智能系统的主要技术实现以及接口问题。

混联型混合智能系统由于结构复杂，在技术实现上相互之间的依赖比较大。对于 Moderate 级混联型混合智能系统，在技术实现上可以考虑使用不同技术；对于 High 级混联型混合智能系统，由于存在内嵌结构，在技术实现上最好使用统一的技术。与其他类型的混合智能系统一样，混联型混合智能系统也应关注接口问题。不同级别的混联型混合智能系统可以考虑不同的接口形式。对于 Moderate 级混联型混合智能系统，可以考虑采用松耦合模式或紧耦合模式，这样可以降低接口的开发难度，并且节约成本。对于 High 级混联型混合智能系统，在接口上主要采用完全集成模式，这样便于内嵌部分的接口开发，以及系统整体性能的提高。

以上讨论了内嵌型混合智能系统和混联型混合智能系统的应用特性：适用问题特性分析、结构特性分析、开发过程应注意的问题。从整体上说，相对于串型混合智能系统、并型混合智能系统和反馈型混合智能系统，内嵌型混合智能系统和混联型混合智能系统应用难度更大，需要具有更多的经验，才能在实践中应用好这两种混合智能系统。下面就从已经应用的混合智能系统中选取两个案例，分别以数据挖掘分类和入侵检测为应用背景，实证分析内嵌型混合智能系统和混联型混合智能系统在实践中的应用。

5.2 内嵌型混合智能系统 DENN 及其在数据挖掘分类中的应用

5.2.1 应用背景

1989 年 8 月，在第 11 届国际人工智能联合会议的专题研讨会上，首次提出了基于数据库的知识发现（knowledge discovery database，KDD）技术。该技术涉及机器学习、模式识别、统计学、智能数据库、知识获取、专家系统、数据可视化和高性能计算等领域，技术难度较大，一时难以满足信息爆炸的实际需求。1995 年，在美国计算机年会上，提出了数据挖掘的概念。由于数据挖掘是 KDD 过程中最关键的步骤，在实践应用中，对数据挖掘和 KDD 这两个术语往往不加以区分。

数据挖掘的主要任务有分类分析、聚类分析、关联分析、序列模式分析等。其中，分类分析一直是数据挖掘研究的热点之一。分类分析作为一类重要的数据挖掘问题，其过程可描述如下[143]：输入数据或称训练集（training set）是由一条条记录（record）组成的。每一条记录包含若干属性（attribute），组成一个特征向量。训练集的每条记录还有一个特定的类标签（class label）与之对应。该类标签是系统的输入，通常是以往的经验数据。一个具体样本的形式可为样本向量：($v_1, v_2, \cdots, v_i, \cdots, v_n; c$)，其中，$v_i$ 为字段值，c 为类别。数据挖掘分类就是分析输入数据，通过在训练集中的数据表现出来的特性，为每一个类找到一种准确的描述或者模型，这种描述常用谓词表示。由此生成的类描述用来对未来的测试数据进行分类。尽管这些未来的测试数据的类标签是未知的，但仍可以由此预测这些新数据所属的类。

5.2.2 内嵌型混合智能系统 DENN 的总体设计

1. 内嵌型混合智能系统 DENN 的构建

根据第 3 章混合智能系统的构造原理，下面进行数据挖掘分类所需混合智能系统的构建。在具体构建过程中，使用的系统是第 7 章开发的原型系统，详细情况请参看第 7 章。

由专家设定案例相似度阈值为 0.5，案例库进入判定阈值为 0.6，混合智能系统判定阈值 $\xi = 0.1$，投票阈值 $\tau = 0.7$，技术选择阈值 $\theta = 0.5$，候选技术集的差异指数 μ 的阈值 $\psi = 0.05$，案例选择相似度阈值 $\eta = 0.5$，参数的设置界面如图 4-4 所示。

根据这些参数的设定，混合智能系统的构建过程如下。

（1）案例的初步选取。根据构建数据挖掘分类的混合智能系统这一目标，选用关键词“数据挖掘”“分类”对案例库进行检索，并经过专家筛选，共得到相关案例 251 个，如图 5-2 所示。

（2）是否应用混合智能系统的判定。对得到的案例集进行分析，分别按照智能技术和非智能技术统计使用频率，得到潜在使用价值序列 $L_{\text{value}} = \{X_1, X_2, \cdots, X_n\}$。根据混合智能系统应用判定算法得到结果：应用混合智能系统，如图 5-2 所示。

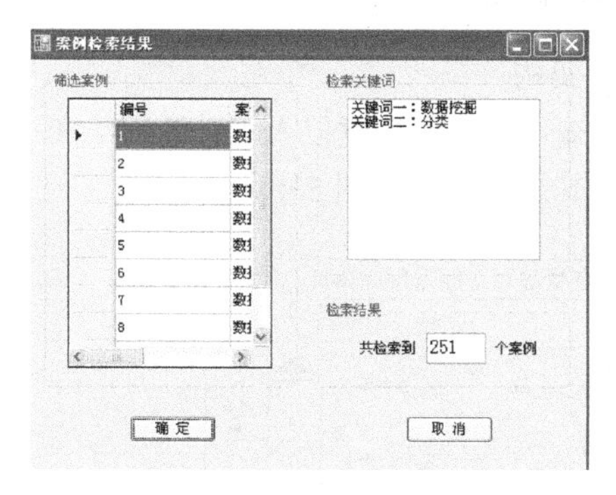

(a) 案例选取结果

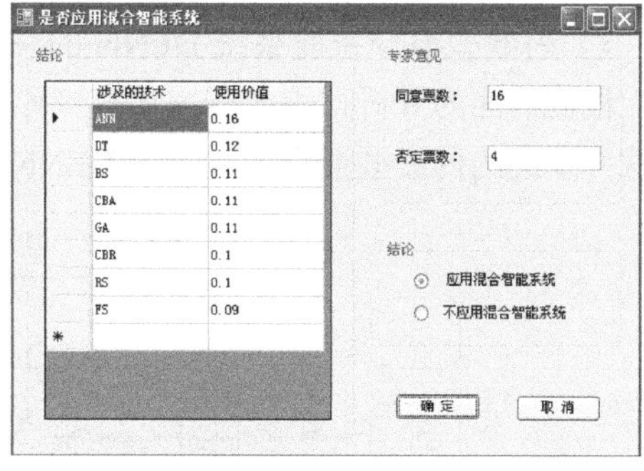

(b) 是否应用混合智能系统的判定结果

图 5-2　案例选取结果和是否应用混合智能系统的判定结果（一）

（3）是否构建新混合智能系统的判定。首先，经过候选技术集生成算法得到候选技术集 $\{T_1, T_2, \cdots, T_i\}$；然后，针对候选技术集 $\{T_1, T_2, \cdots, T_i\}$，重新在基于案例推理的混合智能系统技术选择子系统中检索由候选技术集 $\{T_1, T_2, \cdots, T_i\}$ 构成的混合智能系统的案例集 $\{\text{Case}_1, \text{Case}_2, \cdots, \text{Case}_m\}$；最后，经专家集体商议，需要构建新的混合智能系统，如图 5-3 所示。

（4）新混合智能系统的构建。根据数据挖掘分类问题，重新在基于案例推理的混合智能系统技术选择子系统中检索使用混合智能系统的案例集：$\{\text{Case}_1, \text{Case}_2, \cdots, \text{Case}_p\}$，其使用的混合智能系统集合定义为 $\{\text{HIS}_1, \text{HIS}_2, \cdots, \text{HIS}_q\}$。根据混合智能系统的构建算法得到新构建的混合智能系统为 DENN，如图 5-3 所示。

经过上述四步，得到了新构建的内嵌型混合智能系统 DENN。接下来要进行混合智能系统的评价工作，这一步将结合具体的应用背景给出，详见 5.2.3 节内嵌型混合智能系统 DENN 在数据挖掘分类中的应用。

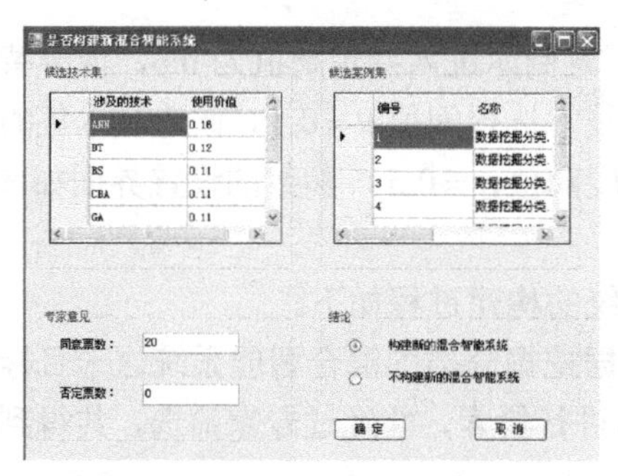

(a) 是否构建新混合智能系统的判定结果

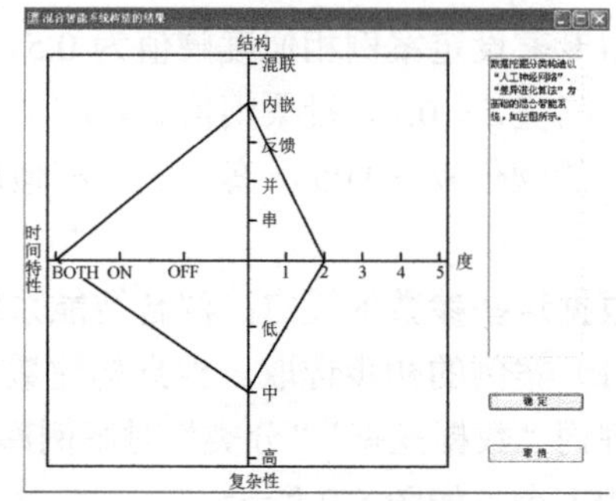

(b) 新混合智能系统的构建结果

图 5-3　是否构建新混合智能系统的判定结果和新混合智能系统的构建结果（一）

2. 内嵌型混合智能系统 DENN 的基本结构及原理

1）内嵌型混合智能系统 DENN 的总体架构

根据前面的分析，综合专家和案例库的知识，提出构建以人工神经网络和 DE 算法为基础的内嵌型混合智能系统 DENN，其总体架构如图 5-4 所示。

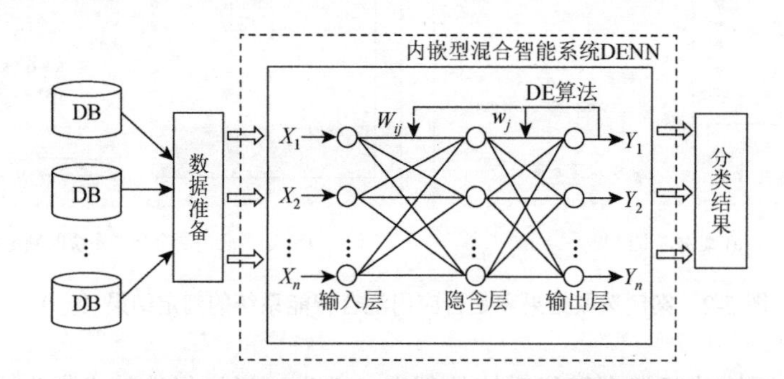

图 5-4　内嵌型混合智能系统 DENN 的总体架构

2）内嵌型混合智能系统 DENN 的详细设计

遗传算法用于神经网络的训练已有一段时间，可以用来学习神经网络的权值和拓扑结构，效果比较好，但也存在一些问题。遗传算法有可能出现早期收敛和基因缺失的问题，因此，不能完全保证缩短训练时间和在全局范围内进行搜索。DE 算法是近年来提出的一种新的全局优化策略，对实数值、多模式目标函数优化测试问题具有很好的寻优效果。除了具有较好的收敛属性，DE 算法的理解和实现都非常简单，控制变量很少，并在整个优化过程中保持不变[144, 145]。

本书将 DE 算法用于神经网络权值的训练，考虑 DE 算法在局部寻优方面的不足，引入局部寻优更强的 LM 算法。首先，采用 DE 算法进行全局寻优，得到一个次理想解；然后，采用局部寻优更强的 LM 算法进行进一步的搜索，得到理想解，从而克服 DE 算法局部寻优的不足和 LM 算法全局性差的缺点。

DE 算法同遗传算法一样，是一种并行搜索算法，可以同时进行多个群体的搜索。DE 算法的基本过程如图 5-5 所示。初始群体一般采用统一的概率分布来随机选择，并尽可能覆盖整个参数空间[144]。在某个群体的第 G 代包含 N 个 D 维的参数矢量 $X_{i,G}$（$i=0,1,\cdots,N-1$），N 在优化过程中不变。在 DE 算法中，新矢量是由群体中两个参数矢量的差与第三个矢量的加权和，并进行适当的交叉操作产生的。

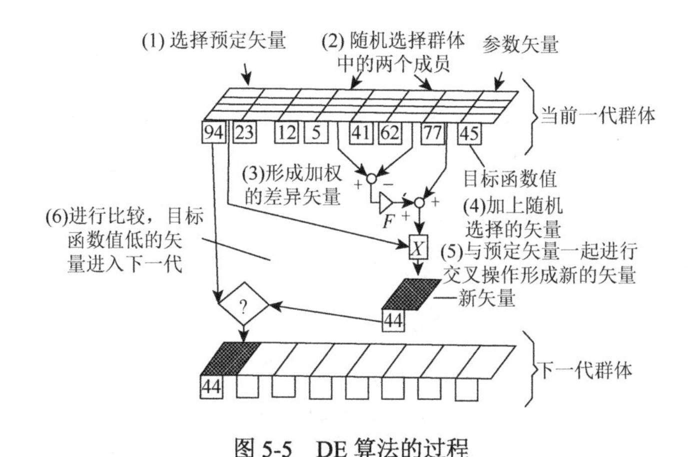

图 5-5　DE 算法的过程

对第 G 代的任意一个矢量 $X_{i,G}\,(i=0,1,\cdots,N-1)$，扰动矢量为

$$V_{i,G+1}=X_{r1,G}+F(X_{r2,G}-X_{r3,G}) \tag{5-1}$$

其中，r_1、r_2、r_3 为 $[0,N-1]$ 的整数，互不相同，而且与当前的矢量序号 i 不同；F 为加权系数，它控制了序号 r_2 和 r_3 两个矢量差别的放大量。

为了使扰动矢量在参数空间具有更广泛的代表性，引入交叉过程，得到群体的下一代：

$$U_{i,G+1}=(U_{0i,G+1},U_{1i,G+1},\cdots,U_{(D-1)i,G+1}) \tag{5-2}$$

其中，每个矢量为

$$U_{j,G+1}=\begin{cases}V_{ji,G+}, & j=[n,n+1,\cdots,n+l-1]\\ X_{ji,G}, & \text{其他}j\in[0,D-1]\end{cases} \tag{5-3}$$

其中，n 为随机选择的整数，取值为 $[0,D-1]$；l 为参数交换的数量，取值为 $[1,D]$，l 由交叉概率（cross rate，CR）控制。

执行完交叉操作后，比较新矢量 $U_{i,G+1}$ 和预定矢量 $X_{i,G}$ 的目标函数值，若新矢量具有更低的目标函数值，则用新矢量代替预定矢量，否则，保留预定矢量。对群体中当前一代的所有个体进行上述操作后，产生群体的下一代，反复循环，最后达到最优。

从上述寻优过程可以看出，DE 算法的本质是利用群体中个体的距离和方向信息，而且实现比较简单，也便于与遗传算法、SA 算法以及其他局部寻优算法进行融合，取长补短，形成有效的混合优化算法。

在实际应用中，可以针对具体问题对上述基本原理进行变化，从而产生更有效的方法。若在式（5-1）中用当前一代的最佳矢量作为被扰动矢量，则式（5-1）变为

$$V_{i,G+1} = X_{\text{best},G} + F(X_{r2,G} - X_{r3,G}) \tag{5-4}$$

若用两对矢量的差进行扰动，则得到

$$V_{i,G+1} = X_{\text{best},G} + F(X_{r1,G} + X_{r2,G} - X_{r3,G} - X_{r4,G}) \tag{5-5}$$

$$V_{i,G+1} = X_{i,G} + F(X_{r1,G} + X_{r2,G} - X_{r3,G} - X_{r4,G}) \tag{5-6}$$

将最佳矢量与被扰动矢量的差作为扰动的因素之一，得到

$$V_{i,G+1} = V_{i,G} + F(X_{\text{best},G} - X_{i,G}) + F(X_{r2,G} - X_{r3,G}) \tag{5-7}$$

式（5-4）～式（5-7）是最常用的变化形式，也是实践应用表明较为有效的形式。式（5-1）、式（5-4）～式（5-7）共 5 种实现形式分别命名为 DE_r_1、DE_b_1、DE_b_2、DE_r_2、DE_r_{b1}，其中，r 表示 DE 算法中被扰动矢量为随机选取的矢量，b 表示 DE 算法中被扰动矢量为当前一代的最佳矢量，1 和 2 分别表示采用 1 对或 2 对矢量的差。

DE 算法的实现只涉及 3 个参数的选择。优化经验表明[145]：交叉概率 CR 为[0, 1]，一般取 0.3，若很难收敛，则为[0.8, 1]；群体中矢量个数 N 可以选择 $10\times D$，加权系数 F 为[0.5, 1]，若增加 N，则应减小 F。

此外，网络的结构选取问题也是很重要的一个问题。隐含层数及隐含层节点数的确定相当敏感。当各个节点均采用 Sigmoid 型函数时，一个隐含层就足以实现任意判决分类问题，两个隐含层就足以表示输入图形的任意输出函数[123]，因此，本模型采用一个隐含层。

一般网络的输入/输出层节点数按照问题空间的维数来确定，隐含层节点数的合理选择将直接影响网络的效果。在其他参数不变的情况下，改变隐含层节点数，对网络的稳定性和收敛速度影响较大。若隐含层节点选得太少，则可能训练不出来或网络不“强壮”，不可能识别以前没有遇到过的样本，容错性差；若隐含层节点选得太多，又会使学习时间过长，误差也不一定最佳。因此，不但要考虑其他因素，也要考虑隐含层节点数。本书采用研究得出的经验公式来确定隐含层的节点数[146]：

$$n_1 = \sqrt{m+n} + \beta \tag{5-8}$$

其中，m 为输出层节点数；n 为输入层节点数；β 为[1, 10]的常数。

5.2.3 内嵌型混合智能系统 DENN 在数据挖掘分类中的应用

为了验证内嵌型混合智能系统 DENN 的有效性，本书使用 UCI 机器学习数据库中的 6 个数据集作为实验数据集[147]，各数据集的基本信息如表 5-1 所示。实验环境为 600MHz CeleronII 中央处理器（central processing unit，CPU），128MB 内存，操作系统为 Microsoft Windows 2000，编程软件为 MATLAB6.5。

表 5-1 数据集概况

数据集	属性数	分类数	样本数
BREAST	9	2	683
CAR	6	4	1728
CMC	9	3	1473
IRIS	4	3	150
YEAST	8	10	1484
ZOO	8	7	101

当对各实验数据集采用内嵌型混合智能系统 DENN 训练时，对于 DENN 子模型中神经网络结构，本书采用 3 层结构的网络，隐含层节点数根据式（5-8）确定；在 CS 算法中，种群规模 $N_g = 100$，选择亲和度最高的 10 个个体，复制规模 $N_c / N_g = 10$，每一代引进的新个体数量 $d = 10$，参数 $\beta = 100$，迭代的次数 $G = 200$；DENN 子模型中神经网络的误差统一取 0.1（在接下来的对比实验中，为了有可比性，各神经网络的误差统一取 0.1）。本书采用保持法获得训练集和测试集，即随机将原始数据集 2/3 的数据用作训练集，剩下的 1/3 用作测试集。限于篇幅，具体的训练过程这里略去。

将内嵌型混合智能系统 DENN 与经典的 BP 算法、LM 算法进行比较，各算法的参数取值与内嵌型混合智能系统 DENN 一致，30 次重复实验的平均结果如表 5-2 所示。其中，BP、LM 分别表示采用 BP 算法、LM 算法的神经网络，DENN 表示内嵌型混合智能系统 DENN。对于每一种算法，表中第一列数据为分类精度；第二列数据中，“㊣”表示实验过程中网络都收敛，“○”表示实验过程中网络存在发散的情况，“—”表示在此精度下网络无法收敛。

表 5-2　内嵌型混合智能系统 DENN 与经典算法比较

数据集	BP		LM		DENN	
BREAST	70.66%	○	73.33%	○	80.00%	㊣
CAR	—	—	67.28%	○	78.95%	㊣
CMC	—	—	63.57%	○	75.91%	㊣
IRIS	76.67%	㊣	80.00%	㊣	80.00%	㊣
YEAST	—	—	66.24%	○	70.13%	㊣
ZOO	81.26%	㊣	83.66%	㊣	85.58%	㊣

通过对比实验可看出，随着样本数量的增加，原有的 BP 算法、LM 算法都会出现不能收敛的情况，但内嵌型混合智能系统 DENN 在保证一定分类精度的条件下基本上都能收敛，这就使得算法在鲁棒性和精确性上得到提高。

在以上结果分析的基础上，进一步组织专家对内嵌型混合智能系统 DENN 应用于数据挖掘分类进行评价，分别从混合智能系统的知识存储能力、误差水平、训练过程的时间、结构复杂性、推理能力、对环境的敏感性、对问题的解答、用户满意程度、维护成本等角度，采用 3.5 节提到的混合智能系统的模糊综合评价方法对其进行评价。其中，指标权重采用 AHP 法确定，分别为{0.1；0.15；0.05；0.1；0.1；0.1；0.2；0.1；0.1}，最终评价得分为 89.3，表示专家认同内嵌型混合智能系统 DENN 在数据挖掘分类中的应用，主要结果如图 5-6 所示。

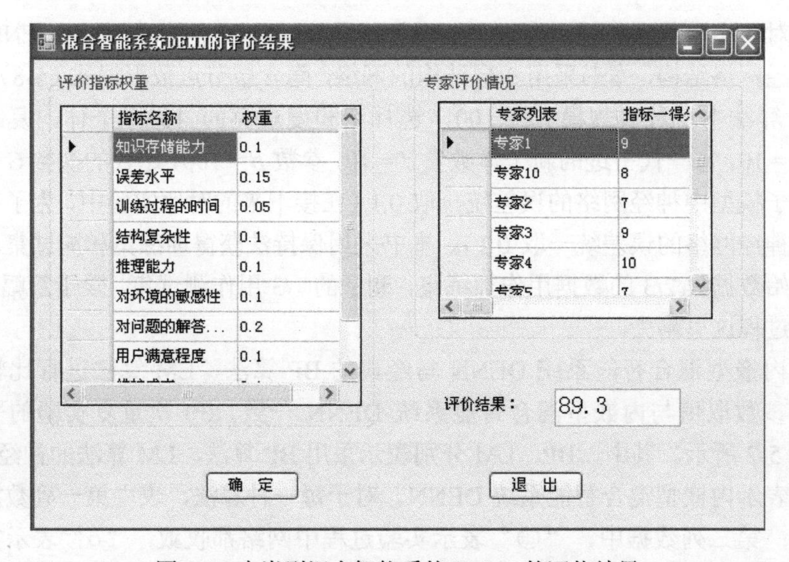

图 5-6　内嵌型混合智能系统 DENN 的评价结果

5.3　混联型混合智能系统 FC-DENN 及其在入侵检测中的应用

5.3.1　应用背景

随着互联网的飞速发展，信息时代向人们展现了巨大的魅力，人们的社会生产和日常生活无一不从互联网的开放式结构中受益。在人们享受开放所带来的巨大便利的同时，也不得不面对信息安全问题的严峻考验。由于互联网的基石——传输控制协议/网际协议（transmission control protocol/internet protocol，TCP/IP）自身未考虑或者很少考虑安全性问题，网络的安全性问题已经引起人们越来越多的注意。各类安全产品蜂拥而至，防火墙、安全路由器、虚拟专用网络（virtual private network，VPN）等安全产品从不同的角度保障计算机系统和网络系统的安全。即使使用防火墙、身份认证等传统的进入控制技术，系统管理员仍然会发现黑客常常不请自来。基于此，入侵检测系统才有产生和发展的必要。入侵检测系统作为安全防范措施的最后一道防线，能够在入侵到来时检测到它，并采取相应措施，从而将损失减至最小[148]。

1987 年，Denning[149]提出了入侵检测系统的抽象模型，首次将入侵检测作为一种解决计算机系统安全防御问题的措施提出。与传统加密和访问控制的常用方法相比，入侵检测系统是全新的计算机安全措施。早期的入侵检测系统都是基于主机的系统。1988 年，Lunt 等改进了 Denning 提出的入侵检测模型，并创建了入侵检测专家系统（intrusion detection expert system，IDES）。IDES 用于检测针对单一主机的入侵尝试，它提出了与系统平台无关的实时检测思想[150]。1990 年，Heberlein 等提出了一个新的概念：基于网络的入侵检测——网络安全监视器（network security monitor，NSM）。NSM 与此前的入侵检测系统最大的不同在于，它并不检查主机系统的审计记录，而是通过在局域网上主动地监视网络信息流量来追踪可疑的行为[150]。1998 年，Anderson 和 Khattak 给入侵检测带来了创新：将信息检索技术引进入侵检测[150]。近几年，在入侵检测的发展过程中引入了更多人工智能的方法，以提高入侵检测的性能[151]。

当今世界上，各种科学技术相互交叉、渗透，许多研究课题已经不能单靠一个领域的理论和方法，许多边缘学科正是多个领域的不断扩展。在入侵检测方面也出现同样的问题。目前，仅靠单一的方法解决入侵检测中的问题已不太现实。引用混合智能系统则可以解决单一方法存在的问题，使入侵检测可以继续深入地发展下去。为此，本书提出混合智能系统在入侵检测中的应用研究。

5.3.2　混联型混合智能系统 FC-DENN 的总体设计

1. 混联型混合智能系统 FC-DENN 的构建

根据第 3 章混合智能系统的构造原理，下面进行入侵检测所需的混合智能系统的构建。在具体构建过程中，本书使用的系统是第 7 章开发的原型系统，详细情况请参看第 7 章。

首先，由专家设定案例相似度阈值为 0.5，案例库进入判定阈值为 0.6，混合智能系统判定阈值 $\xi = 0.1$，投票阈值 $\tau = 0.7$，技术选择阈值 $\theta = 0.5$，候选技术集的差异指数 μ 的阈值 $\psi = 0.05$，案例选择相似度阈值 $\eta = 0.5$，参数的设置界面如图 4-4 所示。

根据这些参数的设定，混合智能系统的构造过程如下。

（1）案例的初步选取。根据构建入侵检测系统的混合智能系统这一目标，选用关键词“入侵检测”“分类”对案例库进行检索，并经过专家的筛选，共得到相关案例 87 个，如图 5-7 所示。

（2）是否应用混合智能系统的判定。对得到的案例集进行分析，分别按照智能技术和非智能技术统计使用频率，得到潜在使用价值序列 $L_{\text{value}} = \{X_1, X_2, \cdots, X_n\}$。根据混合智能系统应用判定算法得到结果：应用混合智能系统，如图 5-7 所示。

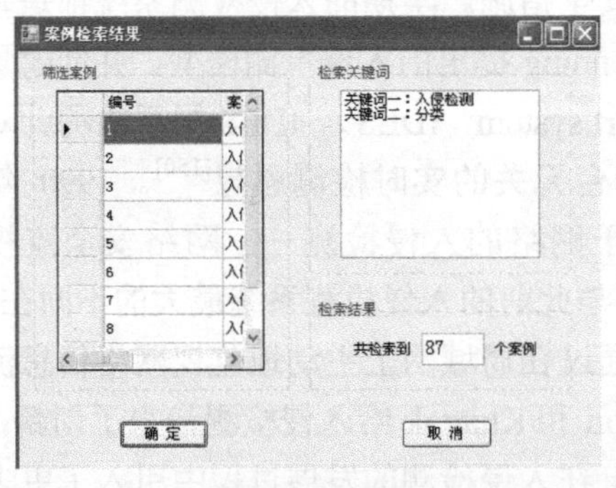

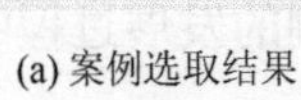
(a) 案例选取结果

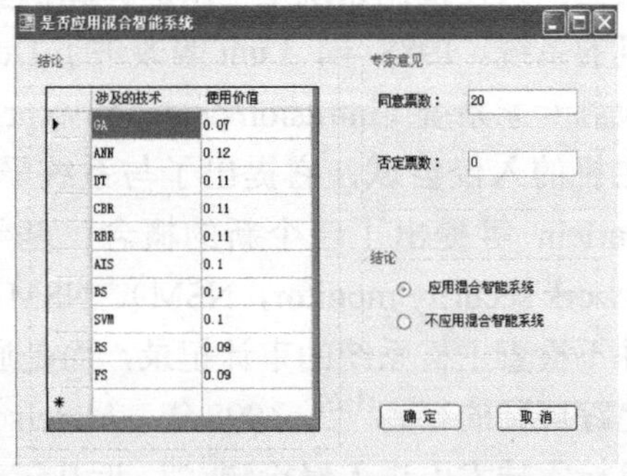

(b) 是否应用混合智能系统的判定结果

图 5-7　案例选取结果和是否应用混合智能系统的判定结果（二）

（3）是否构建新混合智能系统的判定。首先，经过候选技术集生成算法得到候选技术集 $\{T_1, T_2, \cdots, T_i\}$；然后，针对候选技术集 $\{T_1, T_2, \cdots, T_i\}$，重新在基于案例推理的混合智能系统技术选择子系统中检索由候选技术集 $\{T_1, T_2, \cdots, T_i\}$ 构成的混合智能系统的案例集 $\{\text{Case}_1, \text{Case}_2, \cdots, \text{Case}_m\}$；最后，经专家集体商议，需要构建新的混合智能系统，如图 5-8 所示。

（4）新混合智能系统的构建。根据入侵检测问题，重新在基于案例推理的混合智能系统技术选择子系统中检索使用混合智能系统的案例集 $\{Case_1, Case_2, \cdots, Case_p\}$，其使用的混合智能系统集合定义为 $\{HIS_1, HIS_2, \cdots, HIS_q\}$。根据混合智能系统的构建算法得到新构建的混合智能系统为 FC-DENN，如图 5-8 所示。

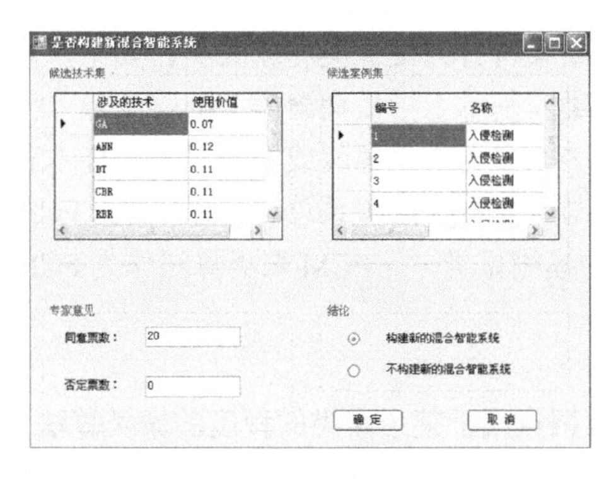

(a) 是否构建新混合智能系统的判定结果

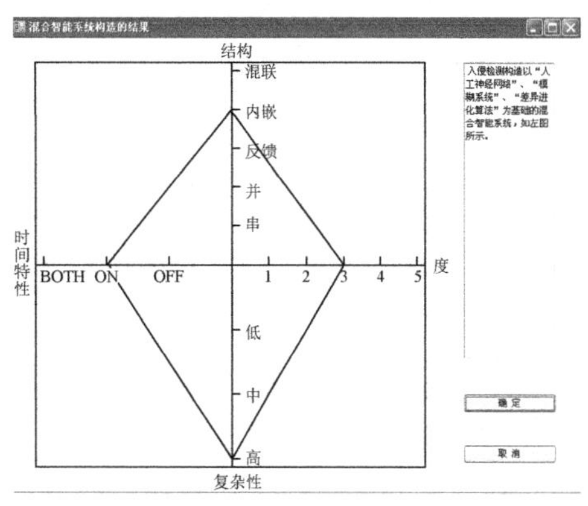

(b) 新混合智能系统的构建结果

图 5-8　是否构建新混合智能系统的判定结果和新混合智能系统的构建结果（二）

经过上述四步，得到了新构建的混联型混合智能系统 FC-DENN。接下来要进行混合智能系统的评价工作，这一步将结合具体的应用背景给出，详见 5.3.3 节混联型混合智能系统 FC-DENN 在入侵检测中的应用。

2. 混联型混合智能系统 FC-DENN 的总体架构及步骤

根据前面的分析，综合专家和案例库的知识，提出了构建以人工神经网络、模糊系统、DE 算法为基础的混联型混合智能系统 FC-DENN，其总体架构如图 5-9 所示。

由图 5-9 可知，混联型混合智能系统 FC-DENN 由模糊 C 均值（fuzzy C-means，FCM）子模型、DENN 子模型、FNN 子模型组成，下面将分别进行介绍。

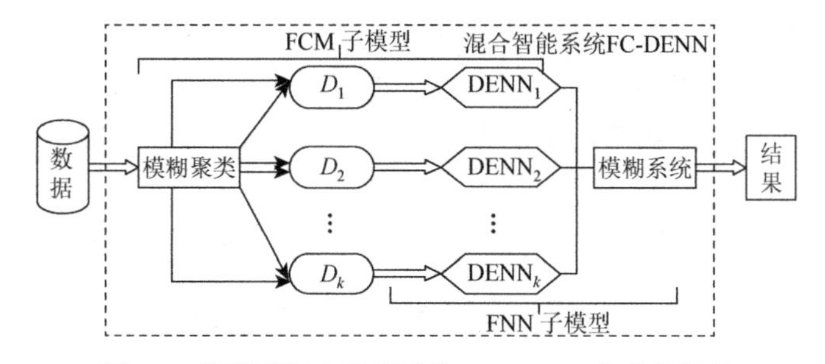

图 5-9　混联型混合智能系统 FC-DENN 的总体架构

3. FCM 子模型

FCM 子模型是将经过 RS 子模型处理后得到的数据，用聚类方法分为不同子类，针对不同的子类，使用不同的通过 DE 算法改进了的神经网络进行训练学习，从而达到减少训练样本、提高效率的目的[152]。

FCM 子模型除了要对数据进行分类，还要产生一定的隶属度，为 FNN 子模型奠定基础。在聚类分析中，按照划分的结果可分为硬聚类和软聚类。其中，硬聚类是不同聚类间界限明显的聚类；软聚类（基本上指模糊聚类）的每个输入样本可能以不同的隶属度或概率属于一个或多个聚类，隶属度或概率是输入样本和聚类中心的关系表述的[0, 1]的值，该输入与所有分类的关系总和为 1。根据 FCM 子模型的特点和要求，本书选取软聚类中的模糊聚类——FCM 聚类算法作为 FCM 子模型的聚类方法[153]。

1）FCM 聚类算法

FCM 聚类算法是用隶属度确定每个数据点属于某个聚类的程度的聚类算法。1973 年，Bezdek 提出了该算法，作为早期硬 C 均值（hard C-means，HCM）聚类算法的一种改进[154]。

FCM 聚类算法把 n 个向量 $x_i\ (i=1,2,\cdots,n)$ 分为 c 个模糊组，并求每组的聚类中心，使得非相似性指标的目标函数达到最小。与 HCM 聚类算法的主要区别在于，FCM 聚类算法用模糊划分，使得每个给定数据点用[0, 1]的隶属度来确定其属于各个组的程度。与引入模糊划分相适应，隶属矩阵 U 允许有[0, 1]的元素。归一化规定，一个数据集的隶属度的和等于 1：

$$\sum_{i=1}^{c} u_{ij} = 1, \forall j = 1,\cdots,n \tag{5-9}$$

因此，FCM 聚类算法的目标函数就是

$$J(U,c_1,\cdots,c_c) = \sum_{i=1}^{c} J_i = \sum_{i=1}^{c}\sum_{j}^{n} u_{ij}^m d_{ij}^2 \tag{5-10}$$

其中，$u_{ij} \in [0,1)$；c_i 为模糊组 i 的聚类中心；$d_{ij} = \|c_i - x_j\|$ 为第 i 个聚类中心与第 j 个数据点间的欧几里得距离；$m \in [1,\infty)$ 为加权指数。

构造如下新的目标函数，可求得使式（5-10）达到最小值的必要条件：

$$\begin{aligned}\overline{J}(U,c_1,\cdots,c_c,\lambda_1,\cdots,\lambda_n) &= J(U,c_1,\cdots,c_c) + \sum_{j=1}^{n}\lambda_j\Big(\sum_{i=1}^{c} u_{ij} - 1\Big) \\ &= \sum_{i=1}^{c}\sum_{j}^{n} u_{ij}^m d_{ij}^2 + \sum_{j=1}^{n}\lambda_j\Big(\sum_{i=1}^{c} u_{ij} - 1\Big)\end{aligned} \tag{5-11}$$

其中，$\lambda_j(j=1,2,\cdots,n)$为式（5-10）的 n 个约束式的拉格朗日乘子。对所有输入参量求导，使式（5-11）达到最小的必要条件为

$$c_i = \frac{\sum_{j=1}^{n} u_{ij}^m x_j}{\sum_{j=1}^{n} u_{ij}^m} \tag{5-12}$$

和

$$u_{ij} = \frac{1}{\sum_{k=1}^{c}\left(\frac{d_{ij}}{d_{kj}}\right)^{2/(m-1)}} \tag{5-13}$$

由上述两个必要条件可知，FCM 聚类算法是一个简单的迭代过程。在批处理方式运行时，FCM 聚类算法用下列步骤确定聚类中心 c_i 和隶属矩阵 U，具体算法过程如图 5-10 所示。

算法名称：FCM 聚类算法。
输入：聚类中心 c_i 和隶属矩阵 U。
输出：数据集 $x_i\ (i=1, 2, \cdots, n)$。
方法：
（1）用[0, 1]的随机数初始化隶属矩阵 U，使其满足式（5-9）中的约束条件。
（2）用式（5-12）计算 c 个聚类中心 c_i，$i=1,2,\cdots,c$。
（3）根据式（5-10）计算目标函数。若它小于某个确定的阈值，或它相对上次目标函数的改变量小于某个阈值，则算法停止。
（4）用式（5-13）计算新的隶属矩阵 U，返回步骤（2）。

图 5-10　FCM 聚类算法

2）FCM 聚类中心个数的确定

由图 5-10 所示算法，可以轻松进行 FCM 聚类，为混联型混合智能系统 FC-DENN 提供分类的数据及其隶属矩阵。

为确定模糊聚类中心个数，已有学者从不同的角度作了探讨。有的学者研究发现：样本的可分性越好，其对应的最优加权指数 m^*越大；反之，样本的可分性越差，其对应的最优加权指数 m^*越小。从这个结论出发，可以设计一种聚类有效的判别方法——比较法来解决此问题，即设聚类中心个数 c 从 2 开始增加到某一常数，分别计算 m^*，根据所得 m^*来选取最合适的 c。只有得到最优的 c^*划分，对应的 m^*才最大[154]。

虽然上述方法能解决这个问题，但需要很长的搜索时间，并有可能陷入局部

最小。本书采用 Chiu[155]于 1994 年提出的减法聚类（subtractive clustering）算法。该算法是对 Yanger 提出的山峰聚类（mountain clustering）算法的扩展。它假定每一个数据都是潜在的聚类中心，基于样本点的密度，计算每一个可能定义为聚类中心的样本点的可能性值来进行模糊聚类。

4. DENN 子模型

DENN 子模型是在 RS 子模型和 FCM 子模型对数据处理的基础上，对不同种类的数据采用不同的神经网络同时进行训练，这样就可以大大减少神经网络的训练量，从而提高整个系统的效率[152, 153]。

考虑经典 BP 算法的低效率性，本书研究了一种改进的 BP 算法——LM 算法，从而提高 DENN 子模型的效率。同时，考虑经典 BP 算法易陷入局部最小的特性，本书研究了一种改进的遗传算法——DE 算法，并将其与 LM 算法相结合，共同组成 DE-LM 算法。DE-LM 算法的具体处理流程如图 5-11 所示，DENN 子模型的微观结构如图 5-12 所示。

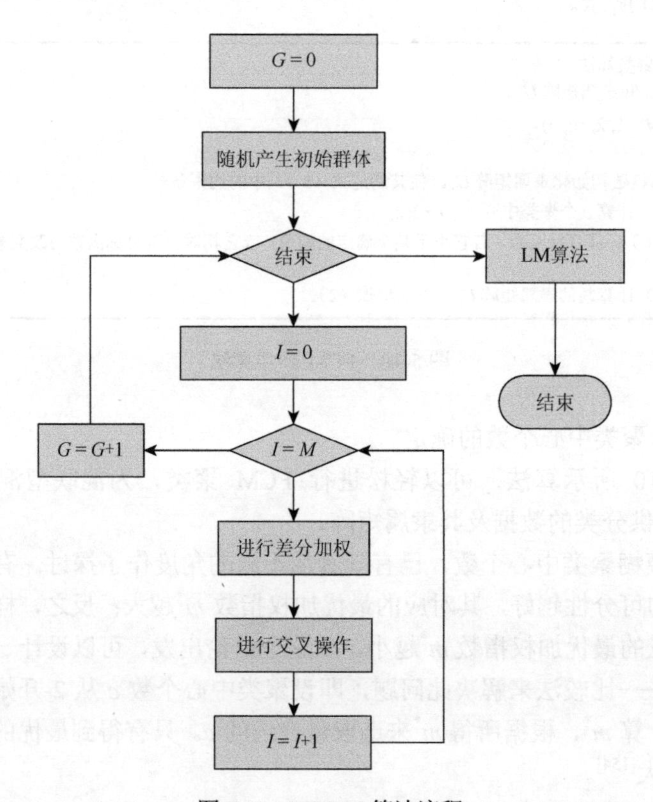

图 5-11 DE-LM 算法流程

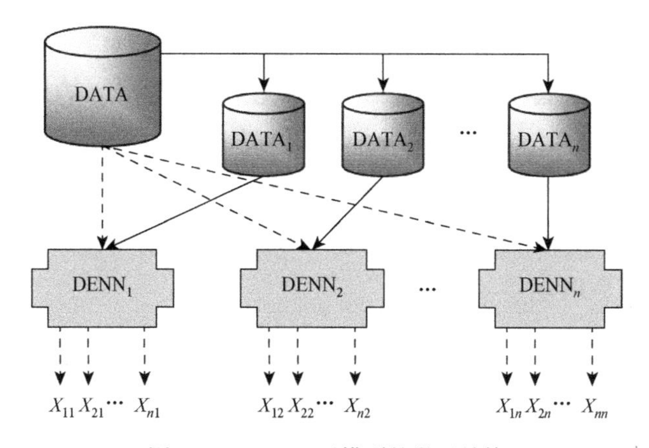

图 5-12　DENN 子模型的微观结构

5. FNN 子模型

FNN 子模型是在前述工作的基础上，一方面综合 DENN 子模型得到的结果，另一方面对数据进行进一步的训练，从而得到更高的精度[152, 153]。FNN 子模型的具体处理过程如下：首先将经过 RS 子模型简化的数据代入 DENN 子模型中的各个神经网络分别进行预测，得到一个新的输入数据组；然后将这组新的数据与 FCM 子模型所求得的权值进行模糊运算，得到 FNN 子模型的输入数据；最后对 FNN 子模型进行训练，训练的算法采用 DE-LM 算法。FNN 子模型的输入数据即 DENN 子模型的输出数据（图 5-12），FNN 子模型的处理流程如图 5-13 所示，X_{ij} $(i, j = 1, 2, \cdots, k)$为 DENN 子模型的输出。

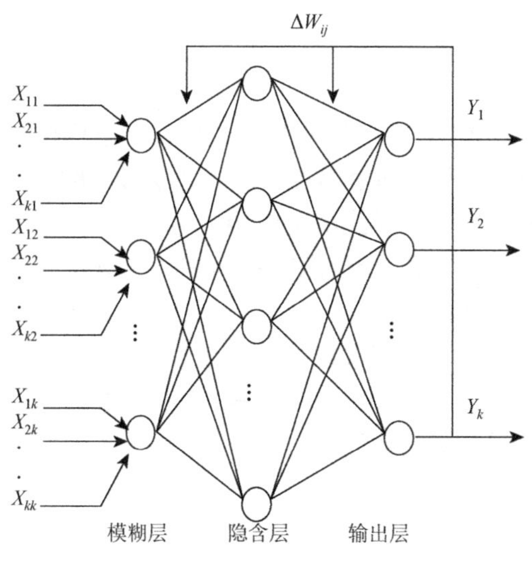

图 5-13　FNN 子模型的微观结构

5.3.3　混联型混合智能系统 FC-DENN 在入侵检测中的应用

1. 基于混联型混合智能系统 FC-DENN 的入侵检测系统的实现框架

下面以混联型混合智能系统 FC-DENN 为基础，设计一个新的入侵检测系统，其模型结构如图 5-14 所示。

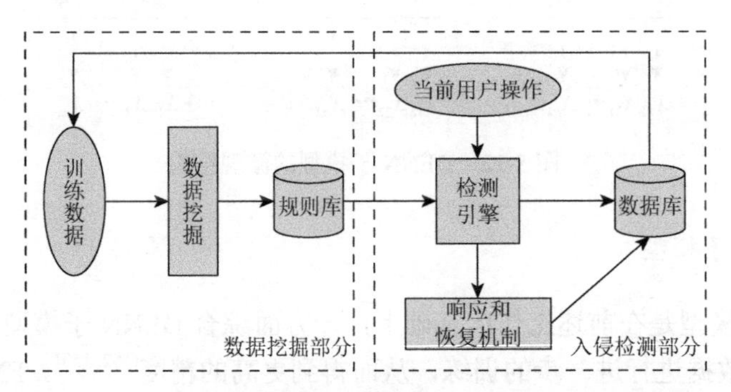

图 5-14　基于混联型混合智能系统 FC-DENN 的入侵检测系统

由图 5-14 可知，基于混联型混合智能系统 FC-DENN 的入侵检测系统主要包括数据挖掘和入侵检测两部分。在数据挖掘部分，把已有的训练数据放入混联型混合智能系统 FC-DENN 中训练学习，训练好的模型则用作入侵检测部分的输入。在入侵检测部分，首先把当前用户操作放入检测引擎中；然后检测引擎调用数据挖掘部分训练好的模型进行入侵检测；最后针对不同的结果，响应和恢复机制进行不同的操作。

2. 实验数据集

本书实验分析选取 KDD Cup 1999 Data，包含网络连接数据的 41 个属性。该数据集首次在与第五届知识发现和数据挖掘国际会议（KDD-99）同时举办的第三届国际知识发现和数据挖掘工具竞赛上使用，包含在军事网络环境中仿真的各种入侵[156]。该数据集提供了从一个模拟的美国空军局域网上采集的 9 个星期大约 500 万次会话，分为训练数据和测试数据，其中，训练数据包含 7 个星期的正常数据和带标记的攻击数据，测试数据由 2 个星期的正常数据和攻击数据组成。各星期中每一天的数据都包含 TCP-dump 和 BSM 审计数据。目前，该数据集是评估入侵检测工具和方法最权威的数据集。

3. 实验过程

对于上述数据集，考虑机器性能的限制，本书分别随机选取数据集中的 3000

条记录作为实验样本数据。

（1）采用 FCM 子模型进行数据的聚类。

首先，把数据集随机分为两部分，其中，80%的数据用于训练，20%的数据用于测试；然后，用 FCM 子模型进行数据的聚类，各数据集应该聚类为 22 类；最后，使用 FCM 聚类算法对样本空间进行模糊聚类，限于篇幅，各中心点的坐标这里略去。

（2）采用 DENN 子模型进行数据的初步学习。

对经过聚类的数据分别采用不同的神经网络进行训练。由于将样本数据聚类为 22 类，采用 22 个用 CS 算法改进了的神经网络对其进行训练。根据式（5-8）确定网络的结构，其中，$m=26$，$n=5$，$\beta=10$，得网络隐含层节点数 $n_1=\sqrt{m+n}+\beta\approx16$。网络拓扑结构如图 5-15 所示。

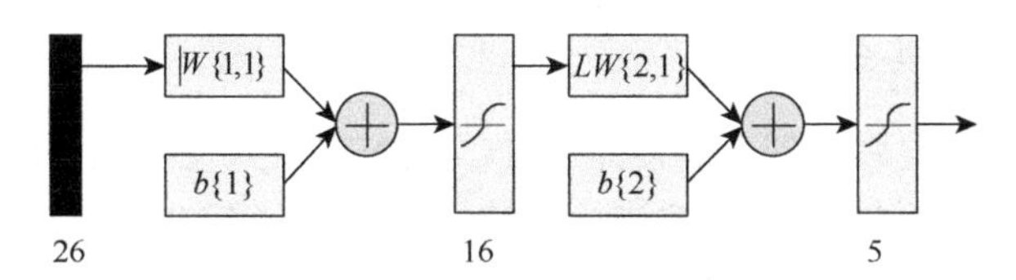

图 5-15　网络拓扑结构

分别采用不同的训练精度对样本进行训练，训练过程的误差变化情况如图 5-16 所示。

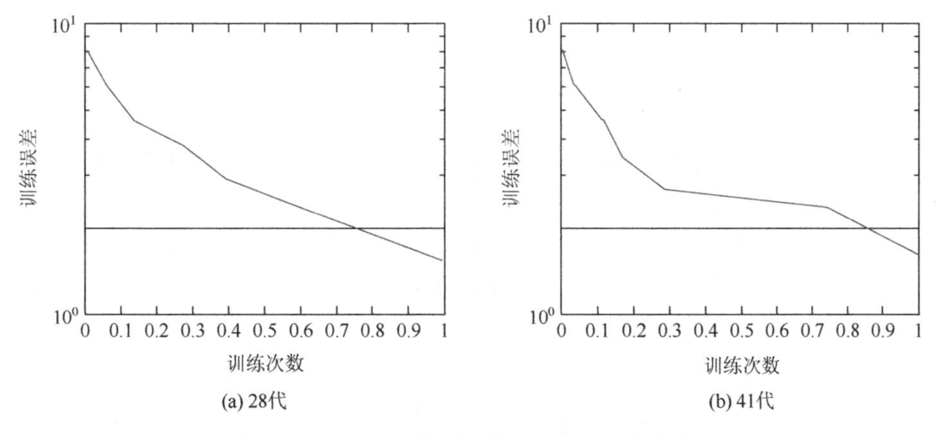

图 5-16　DENN 子模型训练过程的误差变化情况

（3）采用 FNN 子模型进行数据的再次学习。

对于已经训练好的网络，用 FNN 子模型对其进行再次学习，以保证模型有很好的分类精度，训练过程的误差变化情况如图 5-17 所示。

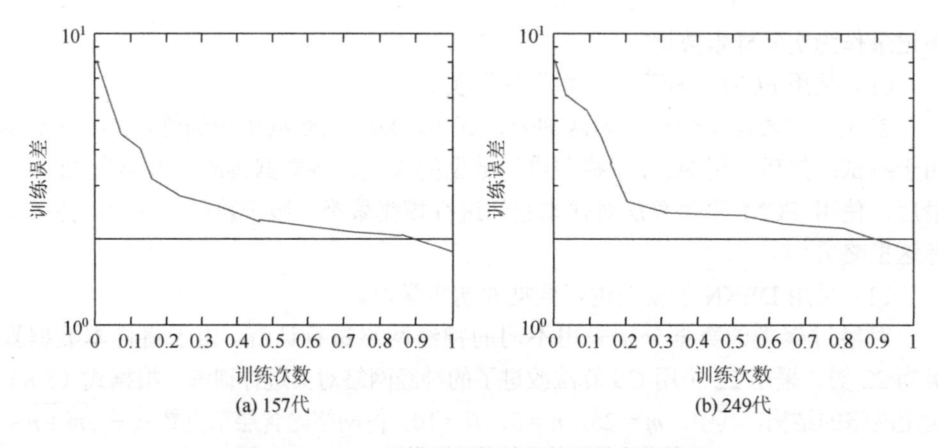

图 5-17 FNN 子模型训练过程的误差变化情况

4. 实验结果及其分析

为了说明基于混联型混合智能系统 FC-DENN 在入侵检测中应用的有效性，将其与经典的 BP 算法、LM 算法进行比较，其中，各算法的参数取值与混联型混合智能系统 FC-DENN 一致，30 次重复实验的平均结果如表 5-3 所示。

表 5-3 混联型混合智能系统 FC-DENN 与经典算法比较

误差精度	BP			LM			FC-DENN		
10^{-1}	28.50%	○	1627.4	60.24%	○	1247.6	62.93%	㊣	842.1
10^{-2}	—	—	—	80.62%	○	1873.3	83.00%	㊣	1209.4
10^{-4}	—	—	—	92.14%	○	2426.5	95.10%	㊣	1659.3

表 5-3 中，BP、LM 分别表示采用 BP 算法、LM 算法的神经网络，FC-DENN 表示混联型混合智能系统 FC-DENN。对于每一种算法，表中第一列数据为分类精度；第二列数据中，“㊣”表示实验过程中网络都收敛，“○”表示实验过程中网络存在发散的情况，“—”表示在此精度下网络无法收敛；第三列数据是训练消耗的平均时间，单位为秒。

通过对比实验不难看出，随着误差精度的减小，原有的 BP 算法、LM 算法都出现不能收敛的情况，但混联型混合智能系统 FC-DENN 在保证了一定的分类精度的条件下基本上都能收敛，这就使得算法在鲁棒性和精确性上得到了提高。另外，从时间效率上看，在相同的误差精度下，混联型混合智能系统 FC-DENN 较 BP 算法、LM 算法都有大幅度的提高，这也说明了混合智能系统在时间效率方面具有优势。

在以上结果分析的基础上，进一步组织专家对混联型混合智能系统 FC-DENN 应用于入侵检测进行评价，分别从混合智能系统的知识存储能力、误差水平、训练过程的时间、结构复杂性、推理能力、对环境的敏感性、对问题的解答、用户满意程度、维护成本等角度，采用 3.5 节提到的混合智能系统的模糊综合评价方法对其进行评价。其中，指标权重采用 AHP 法确定，分别为{0.05；0.15；0.05；0.05；0.1；0.15；0.2；0.1；0.15}，最终评价得分为 93.4，表示专家认同混联型混合智能系统 FC-DENN 在入侵检测中的应用，主要结果如图 5-18 所示。

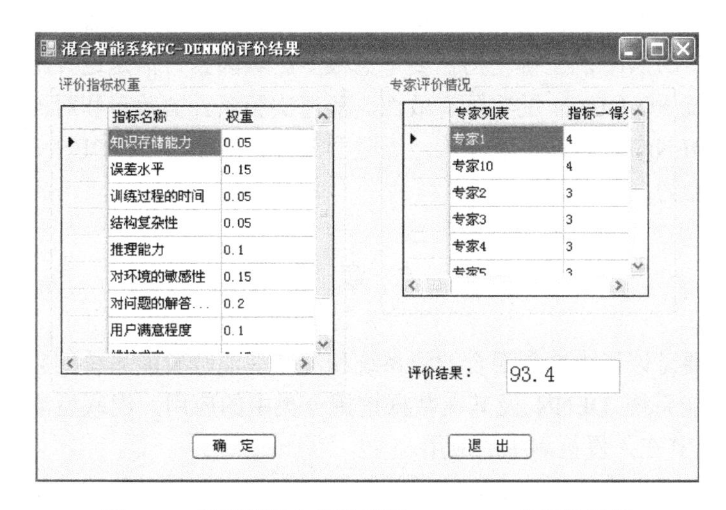

图 5-18　混联型混合智能系统 FC-DENN 的评价结果

基于混联型混合智能系统 FC-DENN 的入侵检测系统可以自动地从训练数据中提取可用于入侵检测的知识和模式。经过综合地分析比较，基于混联型混合智能系统 FC-DENN 的入侵检测系统有以下优势。

（1）智能性好。基于混联型混合智能系统 FC-DENN 的入侵检测系统采用统计学、决策学以及神经网络等多种方法，自动地从数据中提取肉眼难以发现的网络行为模式，从而减少人的参与，减轻入侵检测分析员的负担，自动化程度高，同时提高了检测的准确性。

（2）检测效率高。基于混联型混合智能系统 FC-DENN 的入侵检测系统可以自动地对数据进行预处理，抽取数据中的有用部分，有效地减少数据处理量，因此，检测效率较高。面对网上庞大的数据流量，这一点对于入侵检测系统是至关重要的。

（3）自适应能力强。基于混联型混合智能系统 FC-DENN 的入侵检测系统不是预定义的检测模型，需要不断地进行学习，因此，自适应能力强，可以有效地检测新型攻击以及已知攻击的变种。

尽管本次实验很好地验证了本书提出的混联型混合智能系统 FC-DENN 在入侵检测中的实际有效性，但是由于实验条件的限制，在时间效率方面，本书没有进行深入分析。另外，算法的参数选择对实验结果也有很大的影响。由于混联型混合智能系统 FC-DENN 的参数很多，为了保证实验条件的一致性和可行性，本书在实验过程中对各个算法的参数均取默认值，这样就使得混联型混合智能系统 FC-DENN 不能随着实际问题的改变而去自适应。

综上所述，从实验条件、实验数据、系统参数的选取等方面分析，可以解释上述现象出现的原因。也正是通过对上述现象原因的分析可以看到，混联型混合智能系统 FC-DENN 的正确使用需要考虑很多影响因素，但是这并不影响混联型混合智能系统 FC-DENN 的实际有效性。随着实验条件的改善和对混联型混合智能系统 FC-DENN 认识的不断深入，混联型混合智能系统 FC-DENN 必将显示更加强大的生命力。

5.4 本章小结

本章主要讨论了内嵌型混合智能系统和混联型混合智能系统的应用分析：内嵌型混合智能系统 DENN 及其在数据挖掘分类中的应用，混联型混合智能系统 FC-DENN 及其在入侵检测中的应用。

首先，分析了内嵌型混合智能系统和混联型混合智能系统的应用特点，给实践中构建混合智能系统提供指导。然后，从已经应用的混合智能系统的案例中，按照应用混合智能系统的不同类型，挑选两个案例分别进行介绍，讨论了内嵌型混合智能系统 DENN 及其在数据挖掘分类中的应用、混联型混合智能系统 FC-DENN 及其在入侵检测中的应用。对以上两个应用案例分别介绍了应用背景、混合智能系统的总体设计，以及混合智能系统的具体应用，进一步验证了第 3 章提出的混合智能系统的构造原理的有效性。

第 6 章　混合智能系统在商务智能中的应用研究

信息技术在管理中的应用从最初的事务处理系统，到管理信息系统，再到决策支持系统，已被企业广泛接受。商务智能是信息技术在管理中的最新应用。

最初简单地认为商务智能由 EUQR、决策支持系统、OLAP 这些工具组成，使企业获得优势。随着数据仓库、数据集市、数据挖掘等技术的不断加入，商务智能的概念不断发生变化。从最初主要从技术角度看待商务智能，到如今把商务智能视为一个伞状概念，包括分析应用、基础架构和平台，以及良好的实践。

但是目前商务智能在企业中的应用还存在很多问题，本章通过将混合智能系统引入商务智能中，提出基于混合智能系统的商务智能技术架构，以及基于混合智能系统的商务智能应用方案，试图解决这些问题。方案的有效性将在第 7 章结合具体的应用案例给出。

6.1　商务智能概述及应用中存在问题分析

6.1.1　商务智能概述

商务智能最早是由 Gartner Group 公司于 1989 年提出的[157-159]，是企业终端用户利用查询和报表工具、数据仓库、OLAP、数据挖掘等现代信息技术，收集、管理和分析结构化、非结构化的商务数据和信息，创造和积累商务知识与见解，改善商务决策水平，并采取有效的商务行动，完善各种商务流程，提升企业绩效，增强综合竞争力的概念、方法、过程以及软件的集合。

促使商务智能产生的直接原因是企业数据激增。统计表明，企业的数据量平均每 18 个月就会翻一番。传统分析工具功能有限，据估计，目前企业真正被利用的数据只占总量的 5%～10%[160]。因此，传统的商务报告在内容和时效性方面都难以满足企业决策的需求[161]。

从技术的演进看，商务智能经历了一个渐进的、复杂的演进过程，并且仍处于发展中，它经历事务处理系统、经理信息系统、管理信息系统和决策支持系统等阶段，最终演变成今天的商务智能系统[158]。具体来说，商务智能可以在以下四个方面发挥作用[162-164]。

（1）理解业务。商务智能有助于理解业务的推动力量，认识哪些是趋势，哪些非正常情况和哪些行为正对业务产生影响。

（2）衡量绩效。商务智能可以确立对员工的期望，有助于跟踪并管理员工的绩效。

（3）改善关系。商务智能可以为客户、员工、供应商、股东和大众提供关于企业及其业务状况的有用信息，从而提高企业的知名度，增强整个信息链的一致性。

（4）创造获利机会。掌握各种商务信息的企业可以出售这些信息从而获取利润。

6.1.2　商务智能应用中存在问题分析

商务智能的发展经历了三个时期：1997 年之前，商务智能研究的重点集中于数据仓库和数据建模领域，此时期为概念初创阶段，商务智能的基本框架得以建立；1998～2000 年，学术界针对商务智能各个具体技术的研究不断深入，同时，信息技术厂商开始推出商业化的商务智能产品；2001 年后，商务智能开始从技术视角向管理视角转换。

作为一个新兴的研究领域，商务智能在应用过程中也面临着一些问题。

1. 应用框架不够完善

商务智能的理论发展还不够完善，没有明确的概念界定和理论支持，导致商务智能覆盖的面太广，由此也使商务智能没有形成完善的应用框架。这一方面容易使学者产生困惑，将研究领域局限在某一项具体技术，如数据挖掘等；另一方面使业界和供应商缺乏统一的标准，导致不同商务智能软件间产生新的信息孤岛，从而使用户不但在理解上出现困难，而且被迫在部署、培训等方面支付额外的费用。因此，建立商务智能标准的应用框架是非常必要的[160]。

针对商务智能应用中的这个问题，本书将混合智能系统引入商务智能的架构中，并提出基于混合智能系统的商务智能应用框架，得出企业或部门实施商务智能的完整应用框架。

2. 技术发展不平衡，部分技术还没有完全走出实验室

从技术角度看，商务智能是由众多技术组成的集合体，这些技术本身存在发展不平衡的现象。例如，数据仓库、ETL 工具、OLAP 技术发展较为成熟，并且已被大家广泛接受；数据挖掘技术目前还在发展阶段，不同的数据挖掘技术之间

发展也不平衡，这就给其应用带来了一定的不便。根据中国商务智能网的调查，2006 年在商务智能项目中采用各类技术的情况如图 6-1 所示[165]。

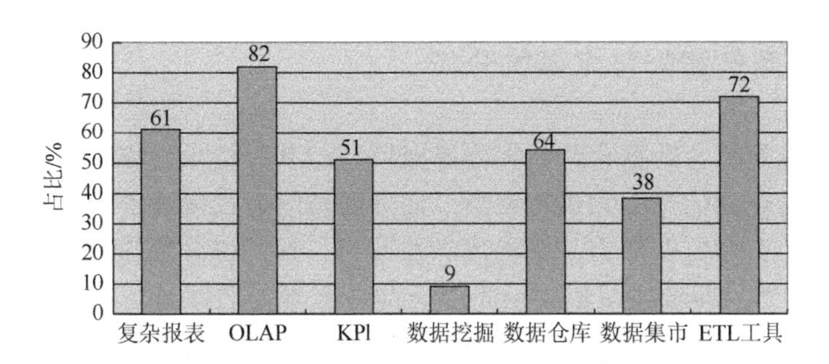

图 6-1　2006 年在商务智能项目中采用各类技术的情况

KPI 指关键绩效指标（key performance index）

通过图 6-1 可以看出，在商务智能项目所采用的技术中，数据挖掘技术目前采用得还比较少，这与数据挖掘在商务智能中的地位是极不相符的。其原因主要在于应用数据挖掘技术时，对数据挖掘工具的选择需要较多的专业知识，并且很多问题不是一个数据挖掘工具所能解决的，需要使用多个数据挖掘工具，这就给其应用推广带来了很大的不便。

针对商务智能应用中部分技术（特别是数据挖掘技术）应用较少的问题，通过将混合智能系统引入商务智能的技术框架中，解决数据挖掘工具的选取问题，并且通过混合智能系统提高数据挖掘工具的效率。同时，通过混合智能系统改进目前查询和报表功能的动态适应性，从而增强商务智能的应用能力。

3. 重技术开发、轻管理应用

目前，在商务智能应用过程中比较关注技术开发，从技术角度提出商务智能的需求，通过对数据的深度挖掘来辅助业务分析，但在动态、多变的竞争环境下，这种方法的弊端越来越明显。

当前，对商务智能的认识正从技术角度转到管理应用的角度，更加关注商业策略、绩效管理、人员和流程、分析应用、商务智能平台等。正确地制定企业的发展战略，并将其映射到企业的各个职能部门，从中确定商务智能所需要支持的功能，这才是商务智能进一步应用的重点。

为此，本书提出基于混合智能系统的商务智能应用框架，从企业战略出发，并根据企业战略的相关理论分析其关键环节，找出这些关键环节对应的基本业务流程，再对这些基本业务流程的商务智能需求进行分析，得出这些功能的实现途径，从而为技术架构的搭建奠定基础。

6.2 基于混合智能系统的商务智能技术架构

6.2.1 现有商务智能技术架构分析

商务智能是综合数据仓库、数据挖掘和OLAP等技术，将企业运作中涉及的数据有效地转化为信息、知识和智慧，通过适当的方式展现给决策者，以帮助企业提高决策能力和运营能力，增强核心竞争力，创造更多盈利的一种平台和综合解决方案[166-168]。数据既包括来自企业内部业务系统的订单、库存、交易账目、客户和供应商资料等，也包括来自竞争对手的数据以及企业所依赖的外部环境中的各种数据。显然，商务智能涉及很宽的领域，是集收集、合并、分析和提供信息存取功能为一体的解决方案，包括ETL工具、数据仓库、查询和报表、OLAP、数据挖掘等，如图6-2所示[169, 170]。

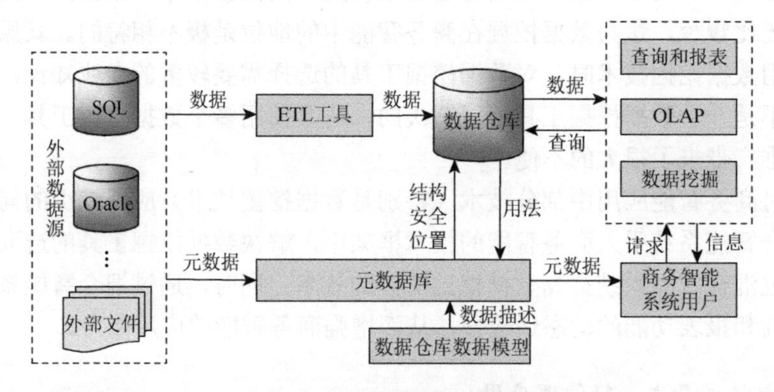

图6-2 商务智能的技术架构

由图6-2可知，商务智能的处理过程主要包括四个阶段：数据预处理、建立数据仓库、数据分析及指标展现[167]。数据预处理是第一步，包括数据抽取、转换和加载等三个过程。在数据预处理阶段，首先从不同的数据源中提取有用的数据，并对这些数据进行清理，以保证数据的正确性；然后将这些数据经过转换、重构后存入数据仓库。建立数据仓库是第二步，数据仓库是海量数据的存储平台，也是数据分析与处理的基础。数据分析是体现系统智能的关键，OLAP和数据挖掘即数据分析常见的两大技术。OLAP不仅进行数据的汇总和聚集，而且提供切片、切块、下钻、上卷和旋转等数据分析功能，使用户可以方便地对海量数据进行多维分析。数据挖掘试图挖掘数据背后隐藏的知识，通过关联分析、聚类和分类等方法建立分析模型，预测企业未来的发展趋势和将要面临的问题。数据分析是第三步，此时数据仓库中的原始数据已经转换为辅助决策的知识。因此，商务智能的最后一步即通过恰当的方式将结果展示在用户面前，帮助用户进行决策。

1. ETL

商务智能技术架构的第一项技术就是ETL，这一过程包括辨识与所研究主题相关的原始数据；确定数据抽取策略，将原始数据转换为目标格式；将原始数据加载到目标区域[169]。上述数据获取过程就是数据的ETL过程。这一过程中有两个重要的原则：第一，尽量保证引入的仅是在数据分析过程中发挥有效作用的数据；第二，必须保证被引入的数据是完整的和正确的。

在商务智能技术架构中，从技术角度看，ETL发展得较为完善，已有比较成熟的软件。目前，ETL在实际应用过程中碰到的主要问题是如何将商务智能系统所需的数据源进行系统整理，以及灵活地从各个异质数据源中进行抽取、转换和加载。这个问题的解决需要对抽取的数据进行系统整理，6.3.1节提出基于混合智能系统的商务智能应用框架，从企业战略和基本业务流程出发，系统整理所需抽取、转换和加载的数据。

2. 数据仓库

商务智能技术架构的第二项技术就是数据仓库。著名的数据仓库专家Inmon在其著作*Building the Data Warehouse*中对数据仓库给予如下描述：数据仓库是一个面向主题的（subject oriented）、集成的（integrate）、相对稳定的（non-volatile）、反映历史变化的（time variant）数据集合，用于支持管理决策。对于数据仓库的概念，可以从两个层次予以理解：首先，数据仓库用于支持决策，属于分析型数据处理，它不同于企业现有的操作型数据库；然后，数据仓库是对多个异构数据源进行有效集成后按照主题进行重组，包含历史数据，而且存放在数据仓库中的数据一般不再修改。

为了对数据仓库进行管理，出现了元数据管理工具，商务智能系统用户通过元数据管理工具对数据仓库进行管理。元数据为访问数据仓库提供了一个信息目录，这个目录完整地描述了数据仓库中的数据内容、获取数据的方式以及访问数据的途径。元数据库是数据仓库运行和维护的中心，数据仓库服务器利用它来存储和更新数据，用户通过它来了解和访问数据。

在商务智能技术架构中，数据仓库用于存放经过抽取、转换和加载的数据，在技术上，数据仓库发展得也比较完善，可以同时存放多种类型数据，已有比较成熟的软件。目前，数据仓库在实际应用过程中碰到的问题主要是如何整理数据仓库的主题，将各业务系统产生的数据方便、灵活地存放到数据仓库中。同样可以通过基于混合智能系统的商务智能应用框架，从企业的实际战略出发，提出数据仓库所需的主题。

3. 查询和报表

商务智能技术架构的第三项技术就是查询和报表，查询和报表是信息系统最基本、最重要的需求。报表是发布信息的传统方式。典型的报表是涉及某一特殊要求或按一定时间间隔定期产生的静态数据和表格。目前，市场上有许多报表工具，大致可以分为专用报表系统、通用报表系统和电子表格系统三类[170]。

（1）专用报表系统。把报表的种类、格式和编制方法固定在程序中，报表有变化，程序就随之修改。

（2）通用报表系统。允许用户定义报表的种类、格式、数据。报表系统根据用户的定义，从数据库中提取数据，按照用户的报表格式定义，生成报表的全部内容。通用报表系统提供自定义报表功能，用户在不需要程序设计或修改程序的情况下就能生成自己所需要的报表。

（3）电子表格系统。它是一种表处理系统，各种表处理都可以通过电子表格系统实现。常用的电子表格系统如 Excel。

查询和报表在商务智能的应用中最广泛，已被广大用户所接受。但是在应用过程中存在的问题是动态适应性以及智能性较差，不能根据用户的需求灵活、主动地生成用户所需的报表。可以通过将混合智能系统引入商务智能的技术架构中，利用混合智能系统的智能特性来弥补查询和报表的不足。

4. OLAP

商务智能技术架构的第四项技术就是 OLAP，数据仓库是存储用于分析的数据的场地，OLAP 是允许客户应用程序有效访问这些数据的技术。OLAP 针对某个特定的主题进行联机数据访问、处理和分析，通过直观的方式从多个维度、多种数据综合程度将系统的运营情况展现给用户。OLAP 工具一般是数据仓库应用的前端工具。同时，OLAP 工具可以与数据挖掘工具、统计分析工具配合使用，增强决策分析的功能[171]。

OLAP 已得到广泛应用，在技术层面的主要问题是 OLAP 效率有待提高，特别是随着数据量的增大，OLAP 的效率成为 OLAP 进一步应用的障碍，此问题的解决需要对 OLAP 的实现机理进行研究，这里不深入探讨。在应用层面上，OLAP 面临的问题与 ETL 和数据仓库一样，需要对 OLAP 分析的问题进行清晰的界定，这个问题同样可以通过基于混合智能系统的商务智能应用框架来解决。

5. 数据挖掘

商务智能技术架构的第五项技术就是数据挖掘。随着数据库技术的不断发展，数据库中存储的数据量急剧增大，如果能把这些信息从数据库中抽取出来，那么将为数据的所有者创造很多潜在的利润和价值。从海量数据库中挖掘信息的过程称为数据挖掘[172]，即从数据集中识别出正确的、新颖的、潜在的、有用的，以及最终可理解的模式的非平凡过程。数据挖掘的目的是帮助分析人员寻找数据之间的关联，发现被忽略的要素，而这些信息对预测趋势和决策行为是十分有用的。

总的来说，数据挖掘技术可以分为三类：统计分析类数据挖掘技术、知识发现类数据挖掘技术和其他类数据挖掘技术[173]。统计分析类数据挖掘技术包括线性分析和非线性分析、回归分析、逻辑回归分析、单变量分析、多变量分析、时间序列分析、最近邻算法和聚类分析等技术；知识发现类数据挖掘技术包括人工神经网络、决策树、遗传算法、RS 和关联规则等技术；其他类数据挖掘技术包括文本数据挖掘、Web 数据挖掘、分类系统、可视化系统、空间数据挖掘和分布式数据挖掘等技术[174]。

数据挖掘技术在商务智能整个体系中占有重要地位，是实现商务智能的重要环节。但目前数据挖掘技术在实际应用中还不是十分广泛，除了电信、金融等拥有海量数据的行业，其他行业应用数据挖掘技术还比较少。除了数据不完整，数据挖掘技术自身发展不成熟也是一个重要的原因。当用户面对数据挖掘庞杂的工具时，如何选取合适的工具就成了首要问题，并且很多问题需要使用多个数据挖掘工具。除此之外，这些工具自身在效率或者有效性方面也存在一定问题，给实际问题的解决带来了不便。为此，本书将混合智能系统引入商务智能的技术架构中，用户利用商务智能系统对数据挖掘所需的工具进行配置，解决目前数据挖掘应用中的问题。

6.2.2　基于混合智能系统的商务智能技术架构设计

通过对商务智能应用过程中的问题分析，还需要进一步研究商务智能的理论、技术和方法。由于商务智能研究的时间不长，这些问题需要经过理论和实践上的共同努力才能完全解决。对于商务智能应用中面临的三个问题，本书提出了两个解决途径：基于混合智能系统的商务智能技术架构以及基于混合智能系统的商务智能应用方案。一方面，通过构造基于混合智能系统的商务智能技术架构，解决目前商务智能领域技术发展不平衡以及部分技术没有完全走出实验室的问题，通过混合智能系统的引入，增强目前商务智能系统的适应性。另一方面，为了解决商务智能的应用框架不够完善，以及重技术开发、轻管理应用的问题，本书提出基于混合智能系统的商务智能应用方案。

基于混合智能系统的商务智能技术架构就是在商务智能原有技术架构的基础上引入混合智能系统，从而改进目前查询和报表功能的动态适应性，为用户更好地使用数据挖掘的功能奠定基础，具体的架构如图 6-3 所示。

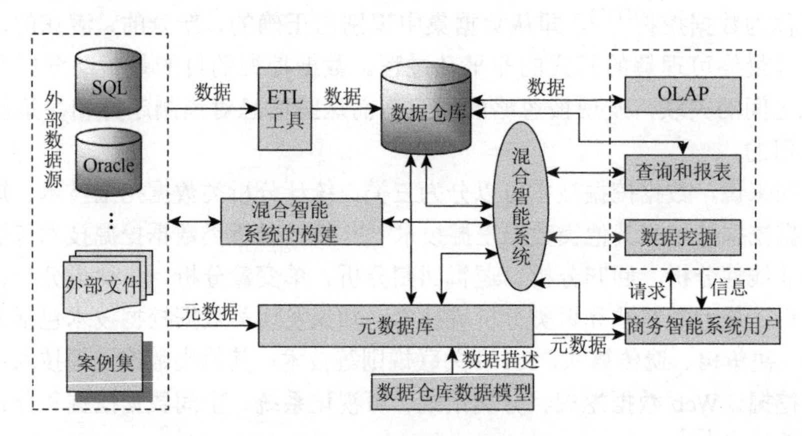

图 6-3　基于混合智能系统的商务智能技术架构

由图 6-3 可知，混合智能系统的引入改变了商务智能原有的技术架构。对于底层的数据层，为了支持混合智能系统的构造，引入了案例集，进一步扩充了外部数据源，并且混合智能系统需要其他外部数据的支持。

对于与用户接触的客户层，原有的 OLAP 由于利用了自己的 OLAP 引擎，并且目前能够较好地实现客户查询功能，暂时没有将混合智能系统引入其中，依然保持原有的架构。但对于查询和报表以及数据挖掘，目前的技术架构存在推理能力不强、方法选择困难等问题，因此引入混合智能系统。对于需要进行智能推理的查询和报表，首先通过混合智能系统进行数据的分析和处理，对于其他不需要智能推理的查询和报表依然直接和数据仓库联系。对于数据挖掘，在引入混合智能系统之前，用户在使用的过程中碰到了面对众多的方法不知道如何选择的问题，以及选择了方法不能得到所需要结果的问题，通过引入混合智能系统可以解决上述两个问题。对于商务智能系统用户，以前仅需对元数据库进行维护，将混合智能系统引入商务智能技术架构中后，增加了其对混合智能系统进行维护的要求。

对于除底层的数据层和前端的客户层之外的中间层，混合智能系统的引入也改变了其结构。其中，混合智能系统引入后新增了混合智能系统的构造模块，用来支持混合智能系统的构造，并且元数据库中增加了对混合智能系统的支持。对于通过 ETL 将底层数据层抽取到数据仓库这一部分，则没有变化。另外，混合智能系统也可以直接从数据仓库中读取数据。

从前面的分析可以看出，混合智能系统的引入进一步增强了查询和报表以及数据挖掘的功能，并且使得这些功能更方便地为用户所使用。具体的实际使用以及引入混合智能系统改善商务智能系统的分析请详见第 7 章。

6.3　基于混合智能系统的商务智能应用框架及方案设计

前面讨论了基于混合智能系统的商务智能技术架构，但这些都局限在技术领域。目前，商务智能在应用过程中碰到的一个重要问题就是重技术开发、轻管理应用，没有成熟的应用框架。为此，本书提出基于混合智能系统的商务智能应用框架及方案设计，从管理的实际需求出发，寻找管理和技术的综合解决方案。

下面首先提出基于混合智能系统的商务智能应用框架，并以此为基础，对基于混合智能系统的商务智能应用方案进行设计。

6.3.1　基于混合智能系统的商务智能应用框架

混合智能系统的引入改善了目前商务智能的技术架构，但这主要还是从技术的角度来讨论。下面从管理应用的角度，根据对企业战略和核心业务流程的分析，通过商务智能的展现形式将管理和技术联系起来，从而构造基于混合智能系统的商务智能应用框架。

基于混合智能系统的商务智能应用框架首先将技术和管理结合起来，通过具体各职能管理的商务智能需求分析，将这些功能具体的表现形式以及数据需求联系起来，从而从企业战略分解出发，找到支撑企业发展的关键因素；然后，将这些因素对应分解到核心业务流程的各个环节，并结合各业务流程的实际需求，得到商务智能系统的功能；最后，整理这些功能所需的数据、展现形式，以及解决问题所需的各种技术，从而将管理需求和技术实现联系起来，为商务智能的真正应用奠定重要基础。

如图 6-4 所示，基于混合智能系统的商务智能应用框架共分为五个层次：战略层、业务层、表现层、技术层和数据层。

（1）战略层。主要以企业战略为中心，根据企业未来的发展战略，首先找出其成功要素；然后分别对这些成功要素进行考核，从而得到企业绩效管理的各个指标，对企业经营活动进行动态监控。

（2）业务层。主要根据对企业基本业务流程的分析，首先将战略层分解的关键指标对应到业务流程的各个环节，找到关键业务流程；然后对这些业务流程进行需求分析，明确所需的商务智能应用，从而将企业战略与商务智能的具体功能对应起来，一方面使企业战略有了具体功能的支持，另一方面使商务智能的具体应用有了方向；最后将商务智能的需求综合起来，得到具体业务功能的集合。

（3）表现层。在战略层和业务层的基础上，构建表现层，为业务层分解得到的每个具体功能确定展现形式：OLAP、查询和报表、数据挖掘、商务智能系统用户等。在具体展现形式下面是技术层和数据层，这两层在前面已经详细讨论过，这里就不赘述。技术层和数据层的主要功能就是为具体的展现形式进行技术的数据准备。

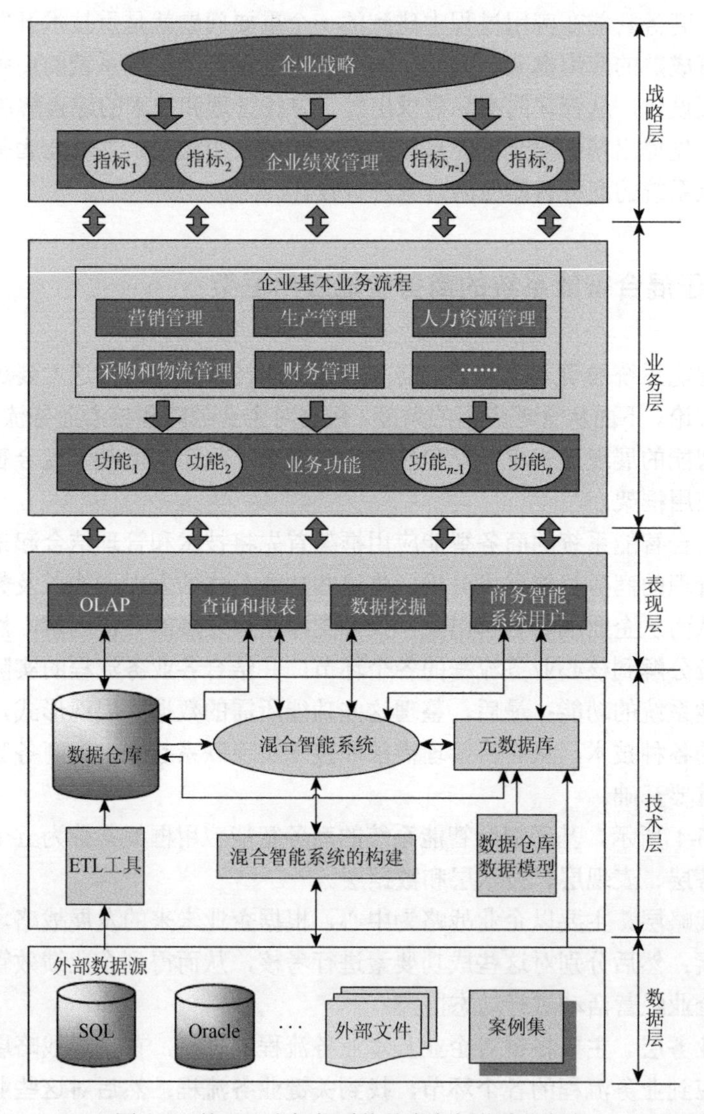

图 6-4　基于混合智能系统的商务智能应用框架

6.3.2　基于混合智能系统的商务智能应用方案设计

6.3.1 节给出了基于混合智能系统的商务智能应用框架，将管理和技术连接起来，从企业的战略，到各个业务流程的经营目标，再到所需的商务智能的支持，最后到具体技术选择和数据支持，将企业战略、业务功能需求、展现形式、技术和数据支持完全连接起来。本节就以这个框架为基础，给出具体的基于混合智能系统的商务智能应用方案，其主要步骤如图 6-5 所示。

（1）企业战略分析。基于混合智能系统的商务智能应用方案一定是支持企业战略的，因此，设计基于混合智能系统的商务智能应用方案的第一步就是要对企业的战略进行梳理，重点是梳理企业未来的发展方向，以及支撑企业未来发展的成功要素。

（2）建立业务流程管理（business process management，BPM）指标体系。根据企业战略分析得到的企业发展方向和成功要素，建立 BPM 指标体系，要全面并且突出重点，这里可以参照平衡记分卡的思路，建立全面反映企业发展状况的 BPM 指标体系。

（3）企业业务流程分析。根据企业战略分析，对企业各主要业务功能进行分析。

（4）各业务功能应用商务智能的需求分析。根据以上各步的分析，将 BPM 指标体系对应到各业务功能，并根据各业务功能的需求，一并制定业务功能应用的商务智能需求。

（5）基本功能。根据各业务功能应用商务智能的需求分析，整理商务智能的基本功能。

（6）展现形式和所需数据。分别确定各基本功能具体的展现形式以及所需数据。

（7）商务智能应用框架。根据步骤（6）的分析，整理企业商务智能的应用框架，包括商务智能的功能需求以及所需的数据资源体系。

（8）选择混合智能系统。根据商务智能的应用框架，选择混合智能系统。

（9）准备实施计划。在以上各步的基础上，制定企业商务智能的实施计划。

通过基于混合智能系统的商务智能应用方案，可以将企业的战略分解到各个业务功能上，并根据业务功能的实际需要制定商务智能的应用方案。为了进一步证明本书提出的基于混合智能系统的商务智能应用的有效性，以上海烟印厂商务智能系统的构造为例，对基于混合智能系统的商务智能应用方案进行检验，请详见第 7 章。

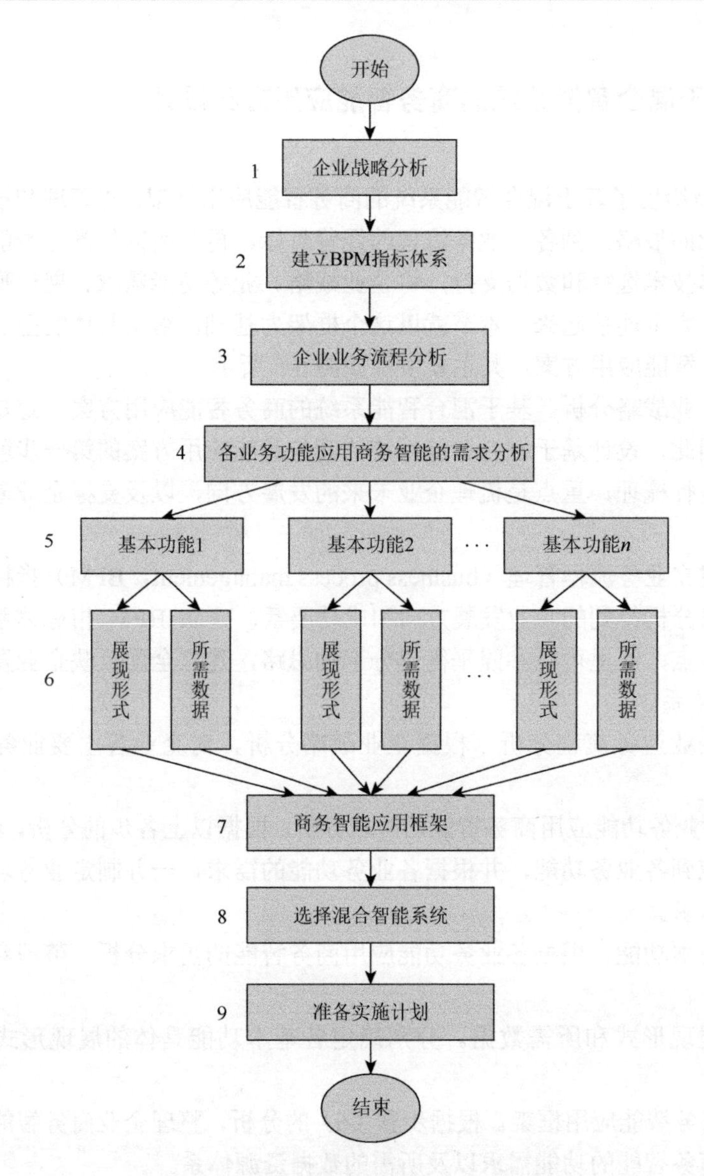

图 6-5　基于混合智能系统的商务智能应用方案

6.4 本 章 小 结

本章主要讨论了商务智能概述、商务智能应用中存在的问题、基于混合智能系统的商务智能技术架构，以及基于混合智能系统的商务智能应用框架与方案设计。

首先，对商务智能的概念、产生原因和作用进行了概述；其次，对目前商务智能应用中存在的问题进行了分析；再次，提出了基于混合智能系统的商务智能技术架构，将混合智能系统引入商务智能的技术架构中，改善了目前商务智能应用中存在的主要技术问题；最后，针对目前商务智能应用中管理和技术脱节的问题，提出了基于混合智能系统的商务智能应用框架，并给出了基于混合智能系统的商务智能应用方案的详细设计。

第7章　混合智能系统在商务智能中应用的案例研究

第 6 章提出了基于混合智能系统的商务智能应用方案，为了验证方案的有效性，本章以上海烟印厂为背景，对其应用基于混合智能系统的商务智能进行研究。

首先，对上海烟印厂的企业背景以及信息化的历程进行简要介绍；然后，对上海烟印厂应用商务智能的需求进行分析，给出上海烟印厂商务智能应用方案，并设计上海烟印厂基于混合智能系统的商务智能原型系统；最后，根据上海烟印厂商务智能需求，以上海烟印厂企业绩效管理和订单成本分析为例，对混合智能系统在商务智能中的应用进行验证，得到比较满意的结果。

7.1　案例应用背景介绍

7.1.1　上海烟印厂简介

上海烟印厂始建于 1929 年，是国内最早专业生产卷烟商标的印刷厂。现为上海烟草集团有限责任公司全额投资的子公司，是为卷烟以及轻工、食品、保健品、文教和日用化工等产品包装提供设计、制作的专业印刷厂，是全国包装印刷业经济效益最佳企业，2001 年经上海市高新技术企业（产品）认定办公室认定为“上海市高新技术企业”。它是上海烟草集团有限责任公司的核心单位，承担着公司 80%卷烟烟标的生产印刷任务，是公司的支柱产业之一[175]。

上海烟印厂一贯秉持管理领先的理念，理顺内部各项管理机制，倡导管理扁平化，缩小运行半径，增强快速反应能力；以管理创新为动力，强化基础管理功能，加大职能管理力度，努力探索先进的管理方式和手段，不断提高指挥、协调、分析、控制的能力，最终建立和实现以标准化、制度化为标志的规范管理和以高效率、高效益为标志的科学管理体系。

上海烟印厂所处的行业是包装印刷业，包装印刷业最大的特点就是“短急新”[175]。“短”主要指订单短，每张订单产品的数量少；“急”指的是客户要求生产的时间紧急；“新”就是印刷产品所采用的技术和材料新，更新快。包装印刷业的另一个特点是以订单为驱动[175]。与一般制造业不同，包装印刷业不是以成品销售为企业生产经营主线，而是以订单来驱动和控制企业生产经营活动的全部过程，以生产订单处理和完成作为企业的主线。这就使得提高企业对订单的响应速度至关重要。同时，通过加强生产成本的控制，发掘潜在订单，增强企业的核心竞争力。

为了满足包装印刷业的快速发展及市场需求，上海烟印厂围绕“做精做强”的战略思想，突出科技进步在企业发展中的主要地位、先导作用。依托上海烟草集团有限责任公司，上海烟印厂提出了企业发展战略规划：走生产经营市场化、企业组织集团化的发展道路，在经营规模、技术水平、企业管理、经济效益方面达到国内同行业的领先地位，在市场竞争中处于优势地位，建设成为公司内新的支柱产业，在包装印刷业中真正形成核心地位、发挥龙头作用。

7.1.2　上海烟印厂信息化历程简介

上海烟印厂的信息化可以追溯到 20 世纪 90 年代中期。从最初的一个美好愿望，直到现在为了满足企业的管理需求，正在逐步上线烟印资源管理系统（二期）。随着企业本身的发展，上海烟印厂的信息化建设大体走过了准备期、规划和开发期、试运行期、整合提高期四个重要时期。上海烟印厂通过有重点、有层次、分步骤的实施策略，经过不断地实践和探索，走出了一条符合自身发展规律的信息化道路，使得信息化成为推动企业管理进步、提高竞争力的利器[176]。

1. 准备期

早在 1996 年，上海烟印厂就设想建立一套 MRP 系统，但当时国内此种系统成功的案例很少，再加上包装印刷业产品生产过程的复杂性、特殊性和不确定性，这个设想暂时搁置。当时，企业的基础管理水平与适应能力也尚未达到 MRP 的标准化要求，如果立即实施此项目，成功的可能性不会很大。

但是，上海烟印厂的信息化脚步并没有因此而停止。上海烟印厂先由厂办自行开发一些简单的专业业务操作软件，让一部分岗位上的员工先使用起来，以此来完善、固化企业的一些业务管理流程，不断提高基础管理水平，然后逐步扩大企业的生产经营范围。这样一种从实际出发、步步为营的实施策略为之后的全面信息化建设做好了全面而细致的准备。

2. 规划和开发期

随着生产环境、技术设备等硬件基础的不断提高，上海烟印厂对软件水平提出了新的、更高的要求，同时，不断扩大的生产规模也迫切要求上海烟印厂进一步规范生产操作流程，提高企业管理水平。于是，建立一个以计算机技术为基础，与企业生产经营密切配套的资源管理系统迫在眉睫。

2004 年第一季度，上海烟印厂顺利完成了整个系统的实施规划和管理论证，资源管理系统建设项目正式启动；接着，项目陆续进入了项目立项、需求分析、系统设计、代码开发以及测试等阶段。

3. 试运行期

经过自 2005 年开始一年多的奋斗，涉及上海烟印厂 74 个业务流程的烟印资源管理系统（一期）终于上线，并于 2006 年 1 月初试运行。试运行阶段对于企业来说是最困难的一步，对于上海烟印厂这样一个历史悠久的大型企业而言，新建立一个资源管理系统更是难上加难。

首先，系统试运行基础代码初始化工作就是一项极为庞大而复杂的工程，包括每个部门的工班制度、班别班次信息、设备信息、设备功能、设备归属信息、生产日历以及工序信息等；然后，业务数据补录工作也相当繁杂。所有这些需要的不仅是耐心和细心，而且考验着所有工作人员的毅力和定力，十分容易使工作人员出现抵触情绪。当然，在试运行初期，上海烟印厂还是出现了一些问题，例如，很多机长习惯手工账，对计算机输入存在一定的抵触情绪，由于系统较为复杂且不熟悉，出现了录入错误的现象。另外，系统的如实性也暴露出了原有管理体制的一些弊端等。

但是，上海烟印厂并没有因此停止或放缓信息化的脚步，系统项目组每天编写试运行日记，并对系统试运行进行监控，发现问题便及时和业务部门联系，力求使系统不断优化、完善、畅通。对于输入量特别大的部门车间，厂级领导亲自带队到车间同车间人员对界面进行优化，还亲自参加试运行小结和沟通会，对系统试运行提出详细要求。

4. 整合提高期

经历了几个月的试运行，上海烟印厂烟印资源管理系统（一期）运行情况良好，开始正式运行，进入了信息化建设的整合提高阶段。系统在试运行阶段积累的大量数据为系统的正式运行提供了良好的基础，为各部门的数据分析利用创造了良好的平台。2006 年 12 月 27 日，上海烟印厂接受了由各方相关专家组成的验收组对烟印资源管理系统（一期）的测评验收。验收组从系统功能、集成程度、管理绩效和软件质量等方面进行了细致的测试评估，通过量化的评估数据，充分肯定了项目在印刷专业业务流程、信息集成、管理效率和展示质量等方面的先进性，达到了项目预期的建设目标。

7.2　上海烟印厂商务智能应用方案设计

7.2.1　上海烟印厂商务智能应用需求分析

上海烟印厂一期信息化建设已完成了经营销售、生产计划管理、生产设备管理、工艺管理、质量管理、物料管理、车间管理、人力资源管理和财务管理等信息管理模块。目前的信息系统可以帮助上海烟印厂在成本控制、生产调度和组织、市场营销、工艺标准管理、质量管理等方面提高管理水平、技术水平和优化企业流程。

在现有系统的基础上，企业领导对上海烟印厂的信息化提出更高的管理要求，针对目前对数据资源的利用还不够充分、大部分情况下仅停留在数据阅读阶段的情况，上海烟印厂期望充分利用现有系统内的数据（如结构化数据），将数据转换为信息，提高企业的数据资源的开发利用水平；梳理不同层次不同职能部门的工作人员的决策模式，通过提供决策过程中所需要的信息，提升高层管理者的管理决策能力、中层管理人员的管理控制能力。

7.2.2　上海烟印厂商务智能应用方案

本节按照第6章提出的基于混合智能系统的商务智能应用方案，对上海烟印厂的商务智能系统进行规划设计。限于篇幅，仅对其中的关键环节：企业战略分析、建立BPM指标体系、各业务功能应用商务智能的需求分析、所需数据、选择混合智能系统进行论述。其中，选择混合智能系统在7.4节进行论述。下面从上海烟印厂战略分析、上海烟印厂BPM指标建立、上海烟印厂主要业务功能的商务智能功能设计、上海烟印厂数据资源体系梳理四个方面对上海烟印厂商务智能应用方案进行阐述。

1. 上海烟印厂战略分析

企业管理的发展表明，有效的企业绩效评价体系的设立必须以企业战略为依据，因此，要为上海烟印厂建立科学的绩效评价体系和有效的评价方法，必须首先对上海烟印厂的战略有所了解。根据上海烟印厂“精心配套主业、大力开拓业外”的总体战略思想，以平衡记分卡的四个方面和企业价值链的业务流程为框架对上海烟印厂的战略进行分解，形成经营销售管理、生产管理、采购与物流管理、质量管理、研发管理、人力资源管理和财务管理七大体系，如图7-1所示。

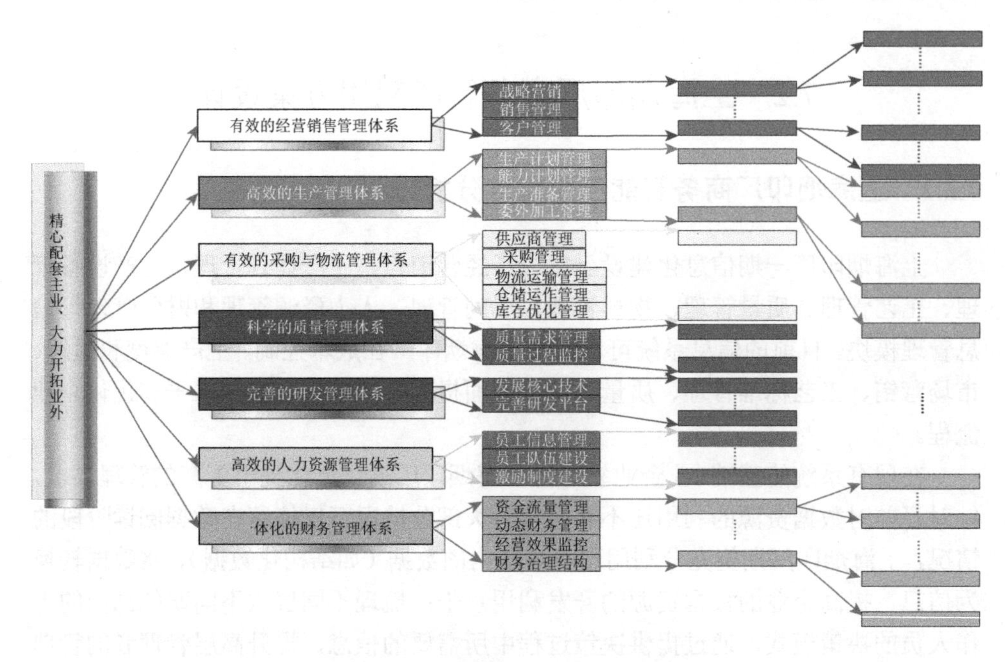

图 7-1　上海烟印厂战略体系分解

在每个体系中，通过借鉴各领域的相关管理思想，分别为其设立战略目标和战术，并通过成功要素分解的方法把战略落实到具体可关注的指标和数据点上。

2. 上海烟印厂 BPM 指标建立

企业绩效管理能帮助企业有效发现潜在问题。为达到有效的风险监控的目的，企业绩效管理必须注重企业的战略规划和发展方向，关注企业战略目标的落实和运行[177]。根据平衡记分卡的思想，有效的企业绩效管理必须同时关注企业财务指标、客户与市场、运营状况/内部流程，以及企业的学习和创新。这四个方面互相作用，形成一个完整的因果链[177]：企业存在的目的就是营利，是财务指标的提升和产品市场占有率的提高。要达到这个目的，就要抓住客户，让客户满意，为企业树立良好的口碑和品牌效应，提高客户的忠诚度。但是要真正做到让客户满意，产品的质量、服务的水平、渠道的好坏、整体内部流程的规范化，包括和企业相关联的各项配套措施都必须做好。这就必须提高员工的技术水平、服务意识，这样才能具备优秀的企业文化、迅速且正确的决策（包括对产品的定位、投资组合、企业治理等）以及有效的执行力[178]。

根据对上海烟印厂的战略目标的分解和平衡记分卡的思想，将上海烟印厂的企业绩效管理体系设计从财务、市场、内部流程和学习与成长四个方面展开。在财务方面，主要考虑企业的财务状况，包括反映企业成长性、收益性、安全性、流动性和生产性的财务指标；在市场方面，主要考虑市场与客户表现，包括市场份额、客户质量、客户满意度和市场预测准确性；在内部流程方面，考查七个主要业务流程的效率、执行力与决策力；在学习与成长方面，主要考虑员工学习与企业创新，包括研发投入、技术创新能力和人员储备，如表 7-1 所示。

表 7-1　上海烟印厂 BPM 指标

类型	财务					市场				内部流程			学习与成长		
指标名称	成长性	收益性	安全性	流动性	生产性	市场份额	客户质量	客户满意度	市场预测准确性	效率	执行力	决策力	研发投入	技术创新能力	人员储备

3. 上海烟印厂主要业务功能的商务智能功能设计

在战略分解以及 BPM 指标建立的基础上，将七大流程体系进一步细分为子功能模块，得到上海烟印厂各业务流程的商务智能功能。

上海烟印厂主要业务功能的商务智能系统由 20 个子功能模块组成，如图 7-2 所示。这些子功能模块涵盖了经营销售管理、生产管理、研发管理、人力资源管理、采购与物流管理、财务管理及质量管理七大流程体系。数据资源系统通过数据仓库与上海烟印厂已经建成、正在建设或还未建设的经营销售、生产计划、生产设备、工艺管理、品质管理、物料管理、车间管理、信息维护、财务、人力资源、绩效管理等 11 个业务子系统相连接，从而达到充分利用业务系统产生的数据支持决策分析的目的。

涉及上海烟印厂相关信息，本书仅给出经营销售管理模块的功能展开，如图 7-3 所示。

4. 上海烟印厂数据资源体系梳理

对上海烟印厂的数据按照职能、业务流程、数据对象、具体数据对象以及数据性质分为五个层次，分步骤进行梳理，共总结了 324 类数据项。具体步骤如下。

（1）根据七大职能模块划分成七大块。

（2）根据不同业务流程进一步划分每个模块，例如，生产管理模块进一步划分为生产计划及现场管理、生产设备管理、生产准备及委外管理三大流程。

（3）每个流程按照数据对象分为 4 类，分别是人员及外部组织数据、产品数据、设备数据、财务数据。

（4）对不同对象的数据可以进一步具体化。人员及外部组织数据可以划分为员工数据、客户数据、供应商数据、竞争对手数据；产品数据可以划分为在制品数据、成品数据、原辅料数据；设备数据可以划分为生产设备、他类设备；财务数据可以划分为财务标准、一般财务数据。

（5）根据数据性质可以划分为计划类数据、状态描述数据、统计类数据。

图 7-4 为上海烟印厂整个数据资源体系。

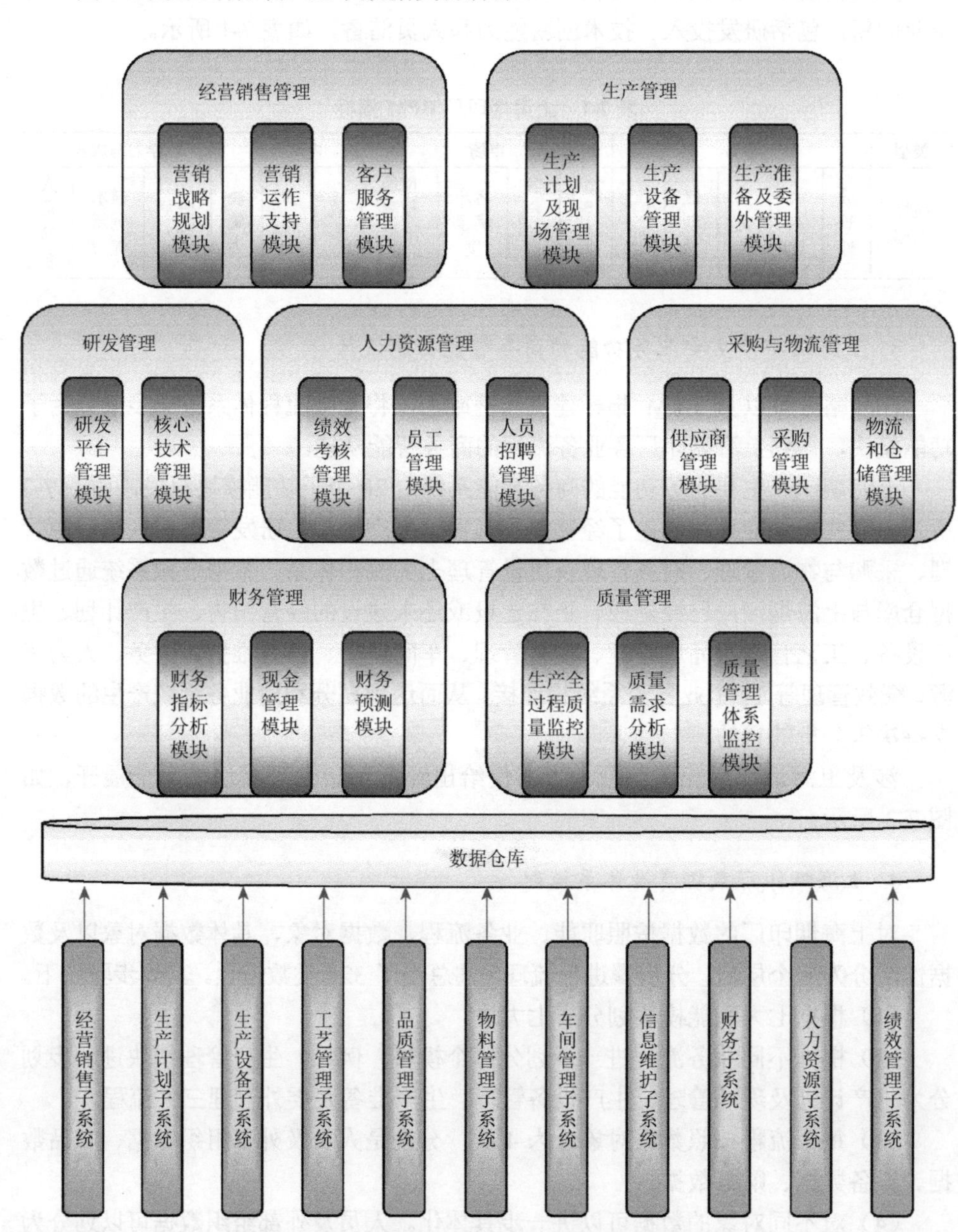

图 7-2　上海烟印厂主要业务功能的商务智能系统

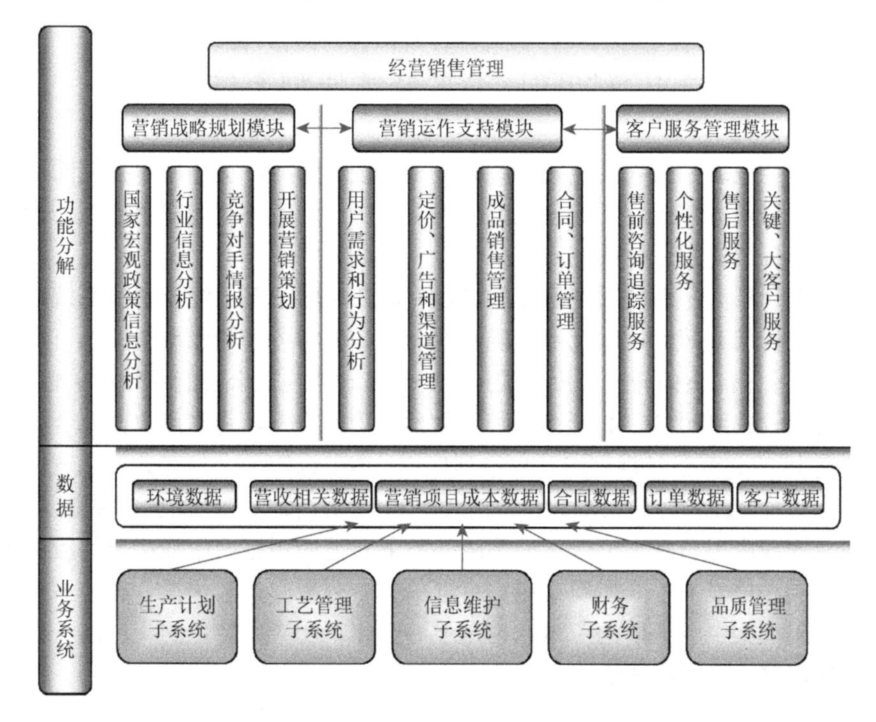

图 7-3　经营销售管理模块架构

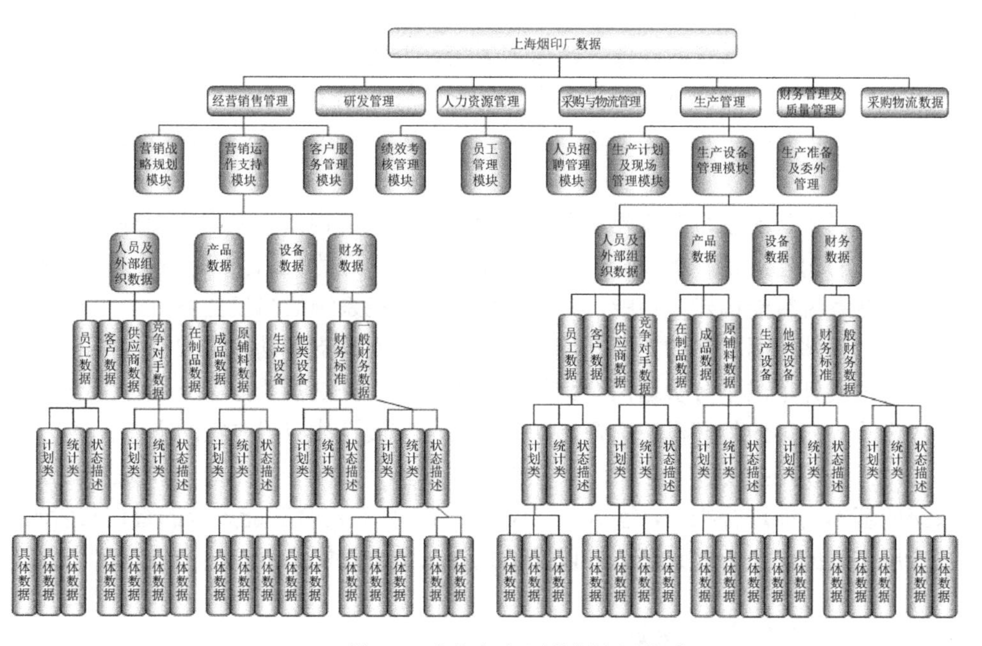

图 7-4　上海烟印厂数据资源体系

7.3　上海烟印厂商务智能原型系统开发

混合智能系统的引入改善商务智能系统的技术架构，提高商务智能的应用水平。下面根据对上海烟印厂商务智能的需求分析以及商务智能应用方案，设计上海烟印厂商务智能的原型系统。

上海烟印厂商务智能原型系统的设计目的在于验证基于混合智能系统的商务智能技术架构的有效性，以及基于混合智能系统的商务智能应用框架的可行性。同时，考虑系统的整体开发难度和实用性，这里省略与混合智能系统相关性较低、技术发展比较成熟的OLAP子系统和元数据管理的开发，将重点放在混合智能系统的构建上。7.2节已经规划出了一系列应用，本节选取两个具有典型代表性的例子：企业绩效管理和订单成本分析，构成上海烟印厂商务智能的原型系统。其中，企业绩效管理应用是基于混合智能系统的商务智能应用框架中战略层的应用，最终通过查询和报表的形式展现给用户；订单成本分析则是基于混合智能系统的商务智能应用框架中业务层的应用，也是上海烟印厂比较有特色的应用之一，最终通过数据挖掘的形式展现给用户。

7.3.1　系统需求分析

基于混合智能系统的商务智能原型系统开发的主要目的在于验证本书提出的基于混合智能系统的商务智能技术框架的有效性和基于混合智能系统的商务智能应用框架的可行性。从整体上说，基于混合智能系统的商务智能原型系统的功能主要有三类。

（1）混合智能系统的构建功能。混合智能系统的构建功能主要支持完成混合智能系统的构建，可以分为混合智能系统构建参数设置、混合智能系统技术选择、混合智能系统智能构建等功能，共同完成混合智能系统的构建任务。

（2）具体应用方案的支持功能。具体应用方案的支持功能主要是完成对企业绩效管理及订单成本分析这两个具体方案的分析，在这两个方案下又分为方案的参数设置、方案的处理模型选择等功能，共同完成具体应用方案的支持任务。

（3）系统维护功能。系统维护功能主要对基于混合智能系统的商务智能原型系统的基本功能进行维护，包括用户权限管理、已有混合智能系统的查询与管理、各应用方案的混合智能系统选择以及数据导入导出功能。

7.3.2　系统功能架构设计

根据以上基于混合智能系统的商务智能原型系统的需求分析，本节对基于混合智能系统的商务智能原型系统进行进一步的功能架构设计，主要包括对基于混合智能系统的商务智能原型系统的总体架构设计、具体功能设计以及技术架构设计。

1. 系统的总体架构设计

基于混合智能系统的商务智能原型系统的总体架构主要包括表现层、业务逻辑层和数据层，分别实现和用户的交互、具体功能以及数据的管理功能。考虑每个混合智能系统及其实现技术的独立性和交互性，以及未来系统的扩展性，在业务逻辑层设计时，本书选择 Web 服务的结构，关于这一点在系统的技术架构设计中还会作进一步阐述。综上，基于混合智能系统的商务智能原型系统的总体架构如图 7-5 所示。

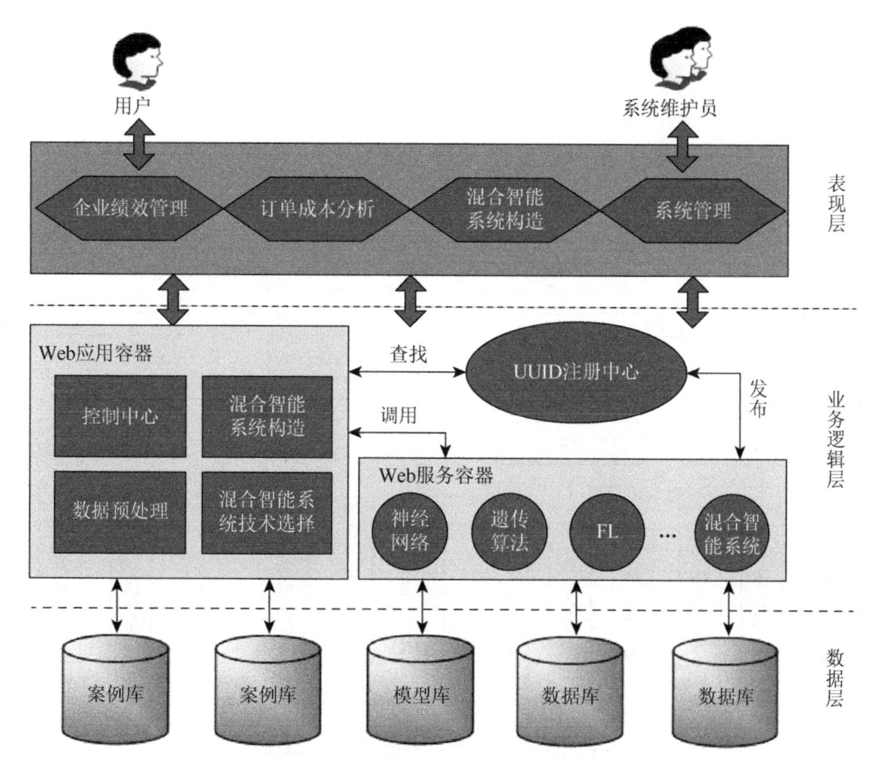

图 7-5　基于混合智能系统的商务智能原型系统架构

1）表现层

表现层主要负责将用户的问题转化为系统可以理解的形式。由于该原型系统是以混合智能系统为核心的，在系统的运行过程中，应该允许用户主动参与决策过程并给出正确的引导和提示。除此之外，表现层还负责将系统的结果以各种方式输出给用户。

2）业务逻辑层

业务逻辑层是基于混合智能系统的商务智能原型系统的核心部分，主要负责具体功能的实现。业务逻辑层从整体上可以分为三个部分：Web 应用容器、Web 服务容器和通用唯一识别码（universally unique identifier，UUID）注册中心。其中，Web 应用容器主要负责混合智能系统的构建以及具体应用的调度，Web 服务容器主要负责混合智能系统及其基本技术的实现，以服务的形式提供给 Web 应用容器调用，UUID 注册中心负责对 Web 服务容器内混合智能系统的注册。

3）数据层

数据层主要负责对业务逻辑层用到的数据库、案例库和模型库进行维护，为混合智能系统的构建提供案例支持，以及为混合智能系统的运行提供方法和数据支持。

2. 系统的具体功能设计

基于以上分析，基于混合智能系统的商务智能原型系统的功能结构如图 7-6 所示。

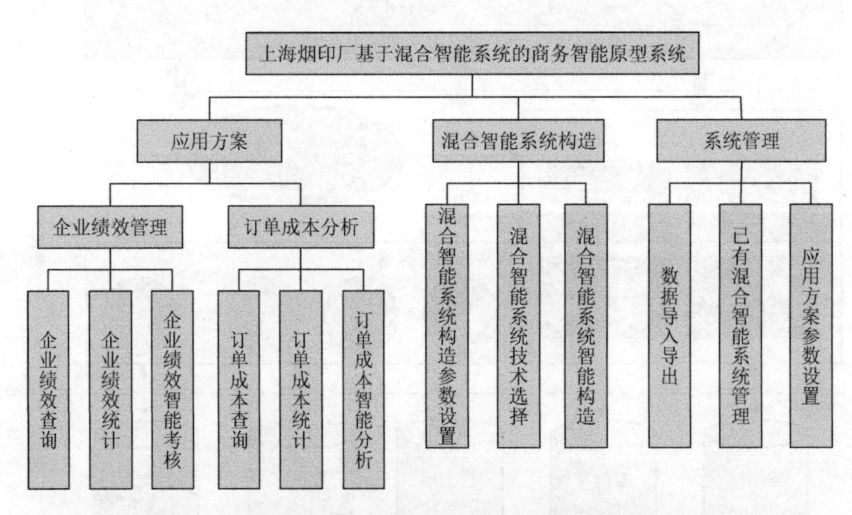

图 7-6 基于混合智能系统的商务智能原型系统的功能结构

由图 7-6 可知，上海烟印厂基于混合智能系统的商务智能原型系统主要功能有应用方案、混合智能系统构造、系统管理三部分。其中，应用方案主要有企业绩效管理和订单成本分析，企业绩效管理由企业绩效查询、企业绩效统计和企业绩效智能考核构成，订单成本分析由订单成本查询、订单成本统计、订单成本智能分析构成；混合智能系统构造由混合智能系统构造参数设置、混合智能系统技术选择和混合智能系统智能构造三个子功能构成；系统管理由数据导入导出、已有混合智能系统管理和应用方案参数设置组成。

3. 系统的技术架构设计

通过基于混合智能系统的商务智能原型系统的总体架构设计，根据混合智能系统的特点以及未来的可扩展性，选择以 Web 服务的形式来构建整体系统[179, 180]。同时，考虑 MATLAB 在算法方面的优势，在混合智能系统算法的具体实现上，本书选择 MATLAB 的方式，并将其“包装”为 Web 服务的形式，供 Web 应用调用。根据上述分析，上海烟印厂基于混合智能系统的商务智能原型系统的技术架构如图 7-7 所示。

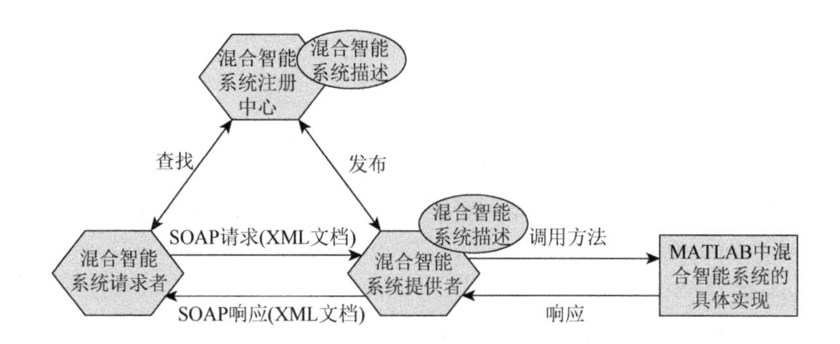

图 7-7　基于混合智能系统的商务智能原型系统的技术架构

SOAP 指简单对象访问协议（simple object access protocol）；XML 指可扩展标记语言（extensible markup language）

由图 7-7 可知，基于混合智能系统的商务智能原型系统的技术架构以 Web 服务架构为基础，这是因为需要将混合智能系统及其具体实现技术包装为服务供 Web 应用来调用，并且需要原型系统具有松耦合、高度的可集成能力以及平台无关性，供未来扩展时使用[181, 182]。此外，综合设计的原型系统的实际需求，以及 Web 服务的特点，本书选择 Web 服务的架构作为基于混合智能系统的商务智能原型系统的总体架构。

在混合智能系统的算法实现上采用 MATLAB，主要考虑 MATLAB 具有编程效率高、使用方便、扩充能力强，并且能够高效地进行矩阵和数组运算的特性[183-185]，这是本书设计的基于混合智能系统的商务智能原型系统所需要的。在混合智能系统的构建中除了要使用已有的混合智能系统，还需要根据实际情况进行新的混合智能系统的构建。当设计新的混合智能系统后，仍然需要将其发布到 UUID 注册中心上，使用其他语言构建新的混合智能系统在实现上存在众多不便的地方，MATLAB 可以通过其“工具箱”的特性方便而灵活地构造新的混合智能系统。本书在具体混合智能系统的实现上选择 MATLAB 作为工具，并通过将其包装为服务，供 Web 应用调用。

7.3.3　系统开发过程中的关键技术

1. 系统的开发平台和运行环境

基于混合智能系统的商务智能原型系统采用的开发平台和基础环境如下。

（1）操作系统：Windows XP SP2。

（2）集成开发环境：Microsoft Visual Studio 2005 Team Edition。

（3）Web 服务器：Microsoft Internet Information Server 5.1。

（4）算法实现：MATLAB R2007b。

（5）数据库：Microsoft SQL Service 2000。

2. 关键技术

基于混合智能系统的商务智能原型系统的关键技术主要有Web服务的实现以及 Web 应用的实现两块主要内容，底层数据结合 Web 应用进行说明，表现层界面结合具体应用实例进行说明。

1）Web 服务的实现

Web 服务的实现的主要内容是将 MATLAB 调试好的混合智能系统的算法包装为 Web 服务，并在 UUID 注册中心上发布，下面就对这个过程的具体实现进行说明。

（1）在 MATLAB 中将混合智能系统的算法调试成功，调用 MATLAB 中的 Deployment Tool 工具箱，如图 7-8 所示，将混合智能系统的算法编译为组件对象模型（component object model，COM）组件[186-188]。

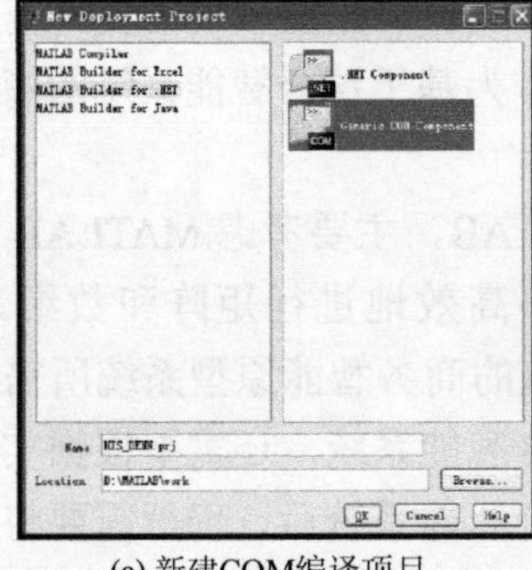

(a) 新建COM编译项目

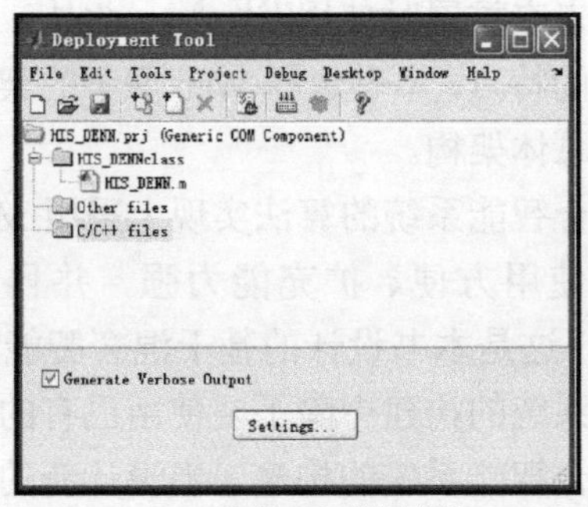

(b) 选择COM编译文件

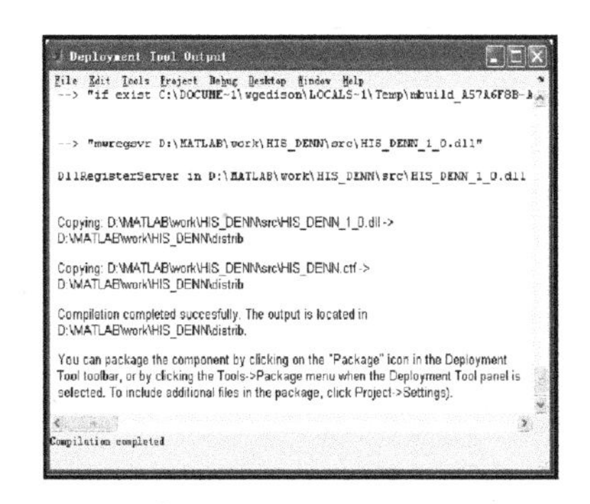

(c) COM编译结果

图 7-8　MATLAB 中的 Deployment Tool 工具箱

（2）在 Microsoft Visual Studio 2005 下使用 VB.NET 开发 Web 服务。由于经过 Deployment Tool 已将混合智能系统算法包装为 COM 组件的形式，在 VB.NET 中只要进行调用即可。首先，新建 ASP.NET Web 服务；其次，在“添加引用”对话框下，将编译的 COM 组件引入新建的 Web 服务中；再次，根据混合智能系统的参数配置好 Web 服务的参数；最后，进行编译发布[189, 190]。

例如，构建混合智能系统 DENN，首先，通过 DE 算法来优化神经网络的阈值选择，在 MATLAB 中将其编译为 COM 组件的形式；然后，在 VB.NET 中引用 HIS_DENN.dll 这个 COM 组件[191, 192]，如图 7-9 所示，程序代码和主要发布文件如图 7-10 所示。

图 7-9　Web 服务中引用混合智能系统的 COM 组件

```
Imports System.Web
Imports System.Web.Services
Imports System.Web.Services.Protocols
<WebService(Namespace:="http://tempuri.org/")>_
<WebServiceBinding(ConformsTo:=WsiProfiles.BasicProfile1_1)>_
<Global.Microsoft.VisualBasic.CompilerServices.DesignerGenerated()>_
Public Class Service
    Inherits System.Web.Services.WebService
<WebMethod()>Function DENN(ByVal Dennobject As  System.Object)As String
        Dim DENNNET As denn.dennclass
        DENNNET=New denn.dennclass
        ......
Call DENNNET.DENN()
......
    End Function
End Class
```

图 7-10　VB.NET 中构建混合智能系统 DENN 的程序代码

上述程序代码编译后，将基于混合智能系统 DENN 的 Web 服务发布到互联网信息服务（internet information services，IIS）上[193-195]，发布界面如图 7-11 所示。

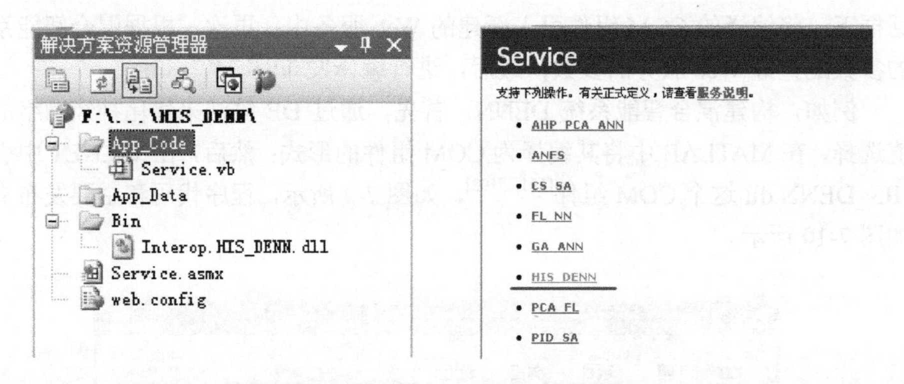

(a) VB.NET中构建混合智能系统DENN的资源管理器视图　(b) 基于混合智能系统DENN的Web服务发布成功界面

图 7-11　基于混合智能系统 DENN 的 Web 服务开发和发布的主要界面

2）Web 应用的实现

Web 应用的实现的主要内容是根据普通用户和系统用户的请求，通过控制中心将任务分解到数据预处理、混合智能系统技术选择以及混合智能系统构建模块，并通过调用 Web 服务中的混合智能系统算法实现用户的请求。这个过程的核心环节是调用 Web 服务。下面介绍上海烟印厂商务智能原型系统中 Web 应用如何调用 Web 服务。

在 VB.NET 构建基本的 Windows 应用程序，通过“添加 Web 引用”获得 Web 服务[193-195]。其中，VB.NET 中调用基于混合智能系统 DENN 的 Web 服务的界面如图 7-12 所示。

图 7-12　VB.NET 中调用基于混合智能系统 DENN 的 Web 服务的界面

在 Web 应用中，除了要实现核心的 Web 服务调用，还有普通用户和系统用户主要功能的实现。首先，系统的登录界面和主界面如图 7-13 所示；然后，控制中心调用混合智能系统的技术选择，混合智能系统技术选择的程序界面如图 7-14（a）所示；最后，控制中心调用混合智能系统的构造，混合智能系统构造的程序界面如图 7-14（b）所示。

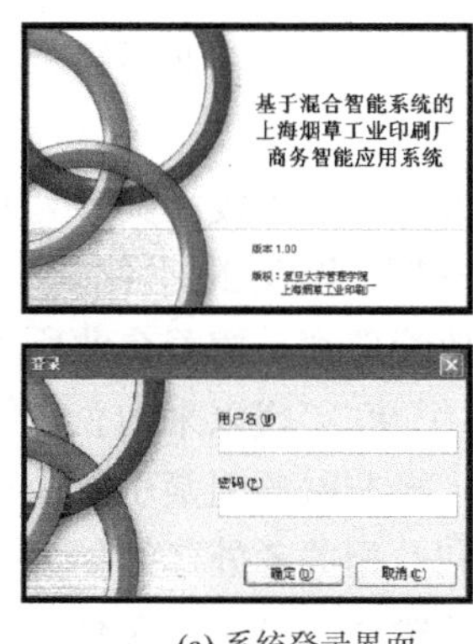

(a) 系统登录界面

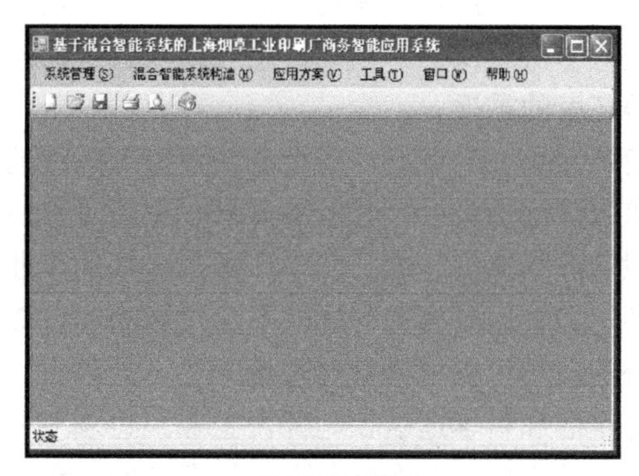

(b) 程序主界面

图 7-13　登录界面和主界面

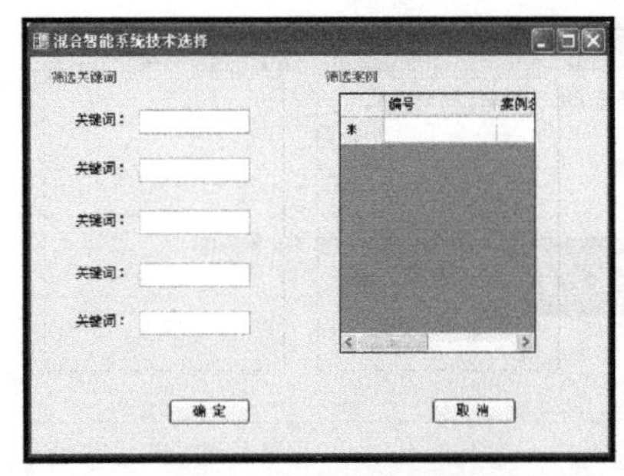

(a) 混合智能系统技术选择界面

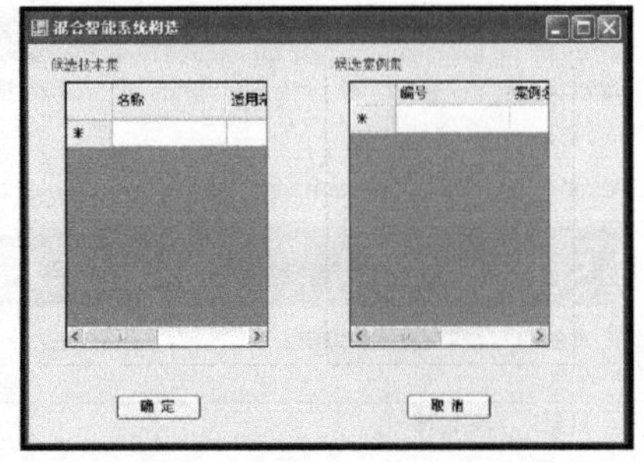

(b) 混合智能系统构造程序界面

图 7-14　混合智能系统技术选择和混合智能系统构造程序界面

7.4　上海烟印厂商务智能系统应用实例

从应用功能上看，上海烟印厂基于混合智能系统的商务智能应用框架分为两个层次：一是企业绩效管理，这是战略层次的，对企业进行宏观的监控；二是对各业务功能的支持，这是战术层次的，对企业具体业务操作提供支持。本节主要介绍商务智能系统在企业绩效管理中的应用。

7.4.1　上海烟印厂商务智能应用之一：企业绩效管理

1. 企业绩效管理概述

企业绩效管理作为管理基本职能之一——控制的重要组成部分，扮演了承上启下的双重角色：它既是对其他管理职能作用的总结和反馈，也为新一轮的管理活动提供了决策依据。因此，企业绩效管理历来在理论上以及企业的管理实践中都获得高度的重视。

简单回顾 20 世纪以来企业绩效管理系统的演进，可以大致将其分为两个阶段，即 20 世纪初～20 世纪 90 年代的财务业绩评价时期，以及 20 世纪 90 年代以后的战略业绩评价时期。其中，每个时期的企业绩效管理都是随着企业所处社会经济环境和管理要求的变化而不断发展的。自 20 世纪 90 年代以来的企业绩效管理系统的改革可以视为管理理论上的一次重大飞跃。将非财务因素引入原有体系可以更全面和科学地认识与评价企业，也表明企业利益相关者外延的扩大，即企业所关注的不仅是股东财务上的短期利益，还包括消费者、员工以及企业自身可持续发展的利益。

上海烟印厂基于混合智能系统的商务智能应用的第一个例子就选取商务智能在企业绩效管理中的应用。下面以混合智能系统的构建为主线，详细介绍基于混合智能系统的商务智能在上海烟印厂企业绩效管理中的应用。

2. 上海烟印厂企业绩效管理所需混合智能系统的总体设计

上海烟印厂企业绩效管理所需混合智能系统的总体设计主要包括两部分：一是混合智能系统的构建；二是混合智能系统的总体架构和详细设计。

1）混合智能系统的构建

根据第 3 章混合智能系统的构造原理，下面进行上海烟印厂企业绩效管理所需的混合智能系统的构建。

首先，由专家设定案例相似度阈值为 0.5，案例库进入判定阈值为 0.6，混合智能系统判定阈值 $\xi=0.1$，投票阈值 $\tau=0.7$，技术选择阈值 $\theta=0.5$，候选技术集的差异指数 μ 的阈值 $\psi=0.05$，案例选择相似度阈值 $\eta=0.5$，参数的设置界面如图 4-4 所示。

根据这些参数的设定，混合智能系统的构造过程如下。

（1）案例的初步选取。根据构建企业绩效管理的混合智能系统这一目标，选用关键词“企业绩效管理”和“评价”对案例库进行检索，并经过专家的筛选，共得到相关案例 259 个，如图 7-15 所示。

（2）是否应用混合智能系统的判定。对得到的案例集进行分析，分别按照智能技术和非智能技术统计使用频率，得到潜在使用价值序列 $L_{\text{value}}=\{X_1,X_2,\cdots,X_n\}$，对应的技术分别为逼近理想解排序法（technique for order preference by similarity to ideal solution，TOPSIS）模型、人工神经网络、偏好顺序结构评估法（preference ranking organization method for enrichment evaluations，PROMETHEE）模型、消去与选择转换法（elimination et choice translation reality，ELECTRE）模型、灰色评价模型。根据混合智能系统应用判定算法得到结果：应用混合智能系统，如图 7-15 所示。

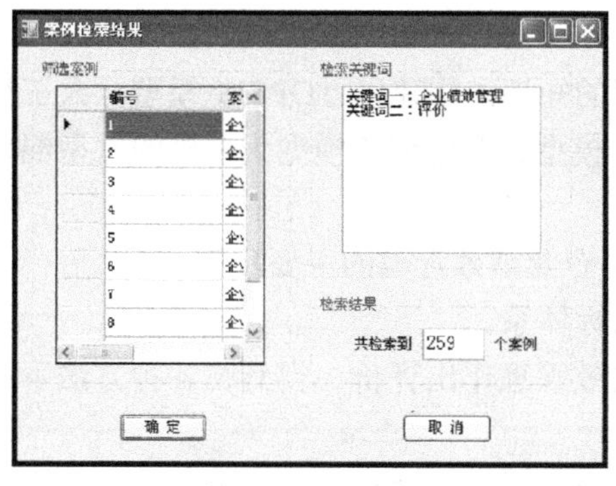

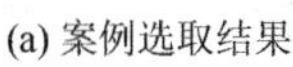
(a) 案例选取结果

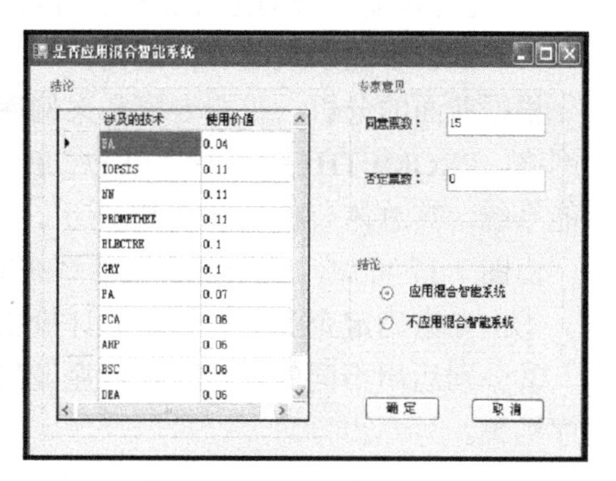

(b) 是否应用混合智能系统的判定结果

图 7-15　案例选取结果和是否应用混合智能系统的判定结果（一）

（3）是否构建新混合智能系统的判定。首先，经过候选技术集生成算法得到候选技术集 $\{T_1,T_2,\cdots,T_i\}$ 。通过对候选技术集 $\{T_1,T_2,\cdots,T_i\}$ 的差异指数计算得 $\mu=\mathrm{Max}\left(\left|\mathrm{Value}(T_i)-\mathrm{Value}(T_j)\right|\right)=0.03$ 。由于 $\mu \leqslant \psi$ ，候选技术集各技术间的差异比较小，此时，根据专家的集体商议，决定以候选技术集 $\{T_1,T_2,\cdots,T_i\}$ 为基础构建并型混合智能系统，如图 7-16 所示。

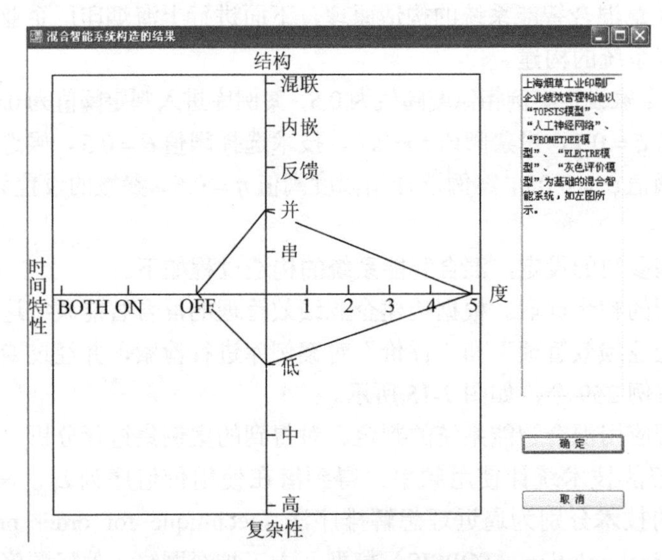

图 7-16　新混合智能系统的构建结果

经过上述三步，得到新构建的并型混合智能系统。接下来进行混合智能系统的评价工作。这一步结合上海烟印厂的具体应用背景给出，详见混合智能系统在上海烟印厂企业绩效管理中的应用。

2）混合智能系统的总体架构和详细设计

（1）混合智能系统的总体架构。

根据前面的分析，综合专家和案例库的知识，构建以 TOPSIS 模型、人工神经网络、PROMETHEE 模型、ELECTRE 模型、灰色评价模型为基础的并型混合智能系统，其总体架构如图 7-17 所示。

由图 7-17 可知，基于混合智能系统的企业绩效管理的主要步骤如下。

①由专家确定企业绩效管理的评价指标体系。

②分别运用不同的评价方法对企业绩效管理作出评价，得到在各种方法下的排序结果。

③利用 Kendall-W 系数对各个排序结果进行一致性检验，一致性检验在组合评价之前进行，因此称为事前检验。若排序结果具有一致性，则说明这些方法结果基本一致，直接进入步骤⑤；若在一致性检验中出现不一致性情况，则进入步骤④。

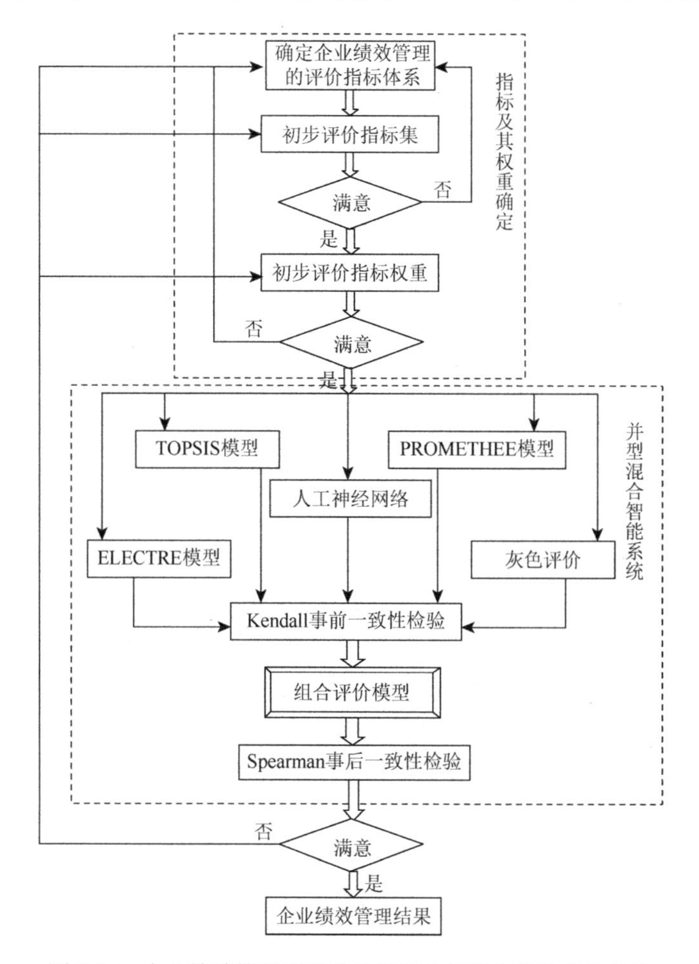

图 7-17　企业绩效管理所需的并型混合智能系统的总体架构

④由于结果不具有一致性，对各种方法进行两两一致性检验，将具有一致性的方法放在一起，然后对样本资料、评价结果及方法特点进行分析，选取既客观、符合实际又具有一致性的若干方法，返回步骤②。

⑤将各种方法的最后得分进行标准化处理，运用各种组合评价方法对独立评价结果进行组合，得到若干组合评价结果。

⑥利用 Spearman 等级相关系数，对组合排序结果与原始独立评价结果的密切程度进行检验，此检验在组合评价之后进行，因此称为事后检验。

⑦根据 Spearman 等级相关系数，选择其中最好的组合评价结果作为整个评价的最后结果。

（2）混合智能系统的详细设计。

针对企业绩效管理，根据混合智能系统的构建方法构建了以 TOPSIS 模型、人工神经网络、PROMETHEE 模型、ELECTRE 模型、灰色评价模型为基础的并型混合智能系统。这些方法都比较成熟，使用较为广泛。

①TOPSIS 模型。

上海烟印厂企业绩效管理并型混合智能系统采用的第一个子模型是 TOPSIS 模型，它是经济决策分析中常用的一种排序方法[196]，其原理是借助多目标决策问题的理想解和负理想解排序。理想解是一个设想的最好解，它的各个属性值都达到各备选方案中的最好值；负理想解是一个设想的最坏解，它的各个属性值都达到各备选方案中的最坏值。其基本思想是在确定了一个实际不存在的最佳方案（理想解）和最差方案（负理想解）之后，计算现实中的每个方案与最佳方案和最差方案之间的距离，利用理想解的相对接近度作为综合评估的标准，进而得到各方案的排序关系。本书采用的算法详见参考文献[196]。

②人工神经网络。

上海烟印厂企业绩效管理并型混合智能系统采用的第二个子模型是人工神经网络。对上海烟印厂进行企业绩效管理时涉及很多因素，并且各个因素之间相互影响，呈现复杂的非线性关系，人工神经网络为处理这类非线性问题提供了强有力的工具。以 Rumelhart 和 McClelland 为首的科研小组提出的 BP 算法为多层前向神经网络的研究奠定了基础，但存在收敛速度慢、易陷入局部极小的问题。对于前一个问题，学者已提出了很多解决方法，其中效果比较好的是 LM 算法。本书采用的算法详见参考文献[123]。

③PROMETHEE 模型。

上海烟印厂企业绩效管理并型混合智能系统采用的第三个子模型是 PROMETHEE 模型，属于基于优先级别关系的多属性决策方法，根据决策者对信息的要求量，分为部分优先关系（PROMETHEE Ⅰ）法和最优完全关系（PROMETHEE Ⅱ）法[197]。PROMETHEE Ⅰ法先将各评价目标分类，再进行类排序，因此，该方法不能给出各评价目标的完全序关系，但它暴露了评价目标分类后类中不可比较的类，从而能向决策者提供更多的提示信息；PROMETHEE Ⅱ法能得出各评价目标的完全序关系，结果简单明了，但包含的信息量要少于 PROMETHEE Ⅰ法。本书采用的算法详见参考文献[197]。

④ELECTRE 模型。

上海烟印厂企业绩效管理并型混合智能系统采用的第四个子模型是 ELECTRE 模型，该方法首先由 Benayoun、Roy 及 Sussman 于 20 世纪 60 年代提出，而后由 Roy、Nijkamp、van Delft 等将此方法应用在决策方面[198]。它的逻辑简单，计算容易，充分利用由所获信息转换而成的决策矩阵以及能精练萃取较好的方案，被很多学者称为较好的多准则决策方法。其基本思想是比较每个准则下不同方案的优劣关系，以便将一些明显较差的备选方案先行剔除。该方法利用一对比较矩阵和各评估准则的权重，建立一个加权常态化矩阵，经由此矩阵可获得各待选方案之间的一致性与不一致性矩阵（concordance and discordance matrix），因此，该方法又称为一致性分析（concordance analysis）。本书采用的算法详见参考文献[198]。

⑤灰色评价模型。

上海烟印厂企业绩效管理并型混合智能系统采用的第五个子模型是灰色评价模型。灰色系统理论是由我国邓聚龙教授首先提出的，包括灰关联度评价方法、灰色聚类分析方法等[119]。灰色评价的基本思想是根据待分析系统的各特征参量序列曲线间的几何相似或变化态势的接近程度，判断其关联程度。其优点在于能够处理信息部分明确、部分不明确的灰色系统。企业绩效管理是一个复杂系统，涉及因素众多，相互关系错综复杂，并且有的因素不是很明确，通过灰色评价模型可以很方便地进行比较。本书采用的算法详见参考文献[119]。

在以上五种基本方法的基础上，还要进行Kendall的事前检验和Spearman的事后检验，具体过程在4.3.2节中已详细讨论，这里就不赘述。

3. 混合智能系统在上海烟印厂企业绩效管理中的应用

1）混合智能系统在上海烟印厂企业绩效管理中的应用过程

（1）指标及其权重的确定。

根据7.2.2节建立的上海烟印厂BPM指标，采用AHP法对各指标的权重进行确定，结果如表7-2所示。

表7-2　上海烟印厂BPM指标权重

类型	财务					市场				内部流程			学习与成长		
指标名称	成长性	收益性	安全性	流动性	生产性	市场份额	客户质量	客户满意度	市场预测准确性	效率	执行力	决策力	研发投入	技术创新能力	人员储备
权重	0.04	0.04	0.04	0.04	0.04	0.1	0.07	0.1	0.03	0.1	0.1	0.1	0.1	0.05	0.05

（2）独立评价模型评价。

分别应用TOPSIS模型、人工神经网络、PROMETHEE模型、ELECTRE模型、灰色评价模型对上海烟印厂2007年企业绩效管理进行评价，各独立评价模型得到的评价结果如表7-3所示。

表 7-3　各独立评价模型评价结果

评价对象	TOPSIS 模型	人工神经网络	PROMETHEE 模型	ELECTRE 模型	灰色评价模型
M_1	5	6	3	4	6
M_2	12	12	11	11	12
M_3	4	3	7	7	5
M_4	9	11	8	9	9
M_5	6	8	6	5	7
M_6	3	2	4	2	2
M_7	8	7	10	10	8
M_8	2	5	1	3	3
M_9	11	9	12	12	10
M_{10}	7	4	5	6	4
M_{11}	10	10	9	8	11
M_{12}	1	1	2	1	1

（3）Kendall 事前检验。

应用 Kendall-W 系数对评价结果进行事前一致性检验。经计算，$X^2 = 273$。取显著性水平 $\alpha = 0.01$。查表得临界值 $X^2_{\alpha/2}(11) = 24.725$。显然，$X^2 > X^2_{\alpha/2}(11)$，故拒绝 H_0，即在给定显著性水平 $\alpha = 0.01$ 的条件下，不能认为这五种评价方法不具有一致性，也就是说应接受 H_1，认为这五种评价方法具有一致性。

（4）组合评价。

分别应用算术平均值组合评价模型、Borda 组合评价模型和 Copeland 组合评价模型对已得的评价结果进行组合评价，组合评价结果如表 7-4 所示。

表 7-4　组合评价结果

组合评价	M_1	M_2	M_3	M_4	M_5	M_6	M_7	M_8	M_9	M_{10}	M_{11}	M_{12}
算术平均值	4	12	6	9	7	2	8	3	11	5	10	1
Borda	4	12	6	9	7	2	8	3	11	5	10	1
Copeland	4	12	6	9	7	2	8	3	11	5	10	1

（5）事后检验并确定最后排序结果。

在获得独立评价模型和组合评价模型的评价结果后，根据 Spearman 等级相关系数事后检验的公式，得出三个组合模型的 t 值，分别用 t_a、t_b、t_c 表示。计算得 $t_a = 8.145$，$t_b = 8.145$，$t_c = 8.145$。取显著性水平 $\alpha = 0.01$，查表得临界值

$t_{\alpha/2}(10)=3.139$。显然，$t_a=t_b=t_c>t_{\alpha/2}(10)$。因此，三种组合评价方法与五种独立评价方法密切相关，且三种组合评价方法的相同结果即最终结果。

2）结果分析

首先，从独立评价结果来看，五种独立评价结果都不同程度地存在差异，甚至部分差异比较明显。这些差异的产生的原因如下：第一，五种方法本身的特征的影响；第二，最重要的主观因素的影响，例如，权重的设定、参数取值等都具主观性；第三，难以避免的随机因素的影响。因此，存在差异是可以理解的，这也是在选取多种方法进行评价之后再进行组合评价的根本原因。但总体来看，各种方法的评价结果具有较好的一致性。

然后，从组合评价结果来看，显然，三种组合评价结果具有很好的一致性，除极少数月份的排序有微弱的波动之外，大部分月份的排序相近，这说明在各独立评价方法的评价结果通过事前一致性检验的情况下，选用任何一种组合评价方法对最终的评价结果没有实质性影响。这也说明组合评价结果的可信性。

在以上对结果分析的基础上，进一步组织专家对并型混合智能系统应用于上海烟印厂企业绩效管理进行评价，分别从混合智能系统的知识存储能力、误差水平、训练过程的时间、结构复杂性、推理能力、对环境的敏感性、对问题的解答、用户满意程度、维护成本等角度，采用 3.5 节提到的混合智能系统的模糊综合评价方法对其进行评价。其中，指标权重采用 AHP 法确定，分别为{0.1；0.1；0.05；0.1；0.1；0.1；0.2；0.15；0.1}，最终评价得分为 90.8，表示专家认同并型混合智能系统在上海烟印厂企业绩效管理中的应用，主要结果如图 7-18 所示。

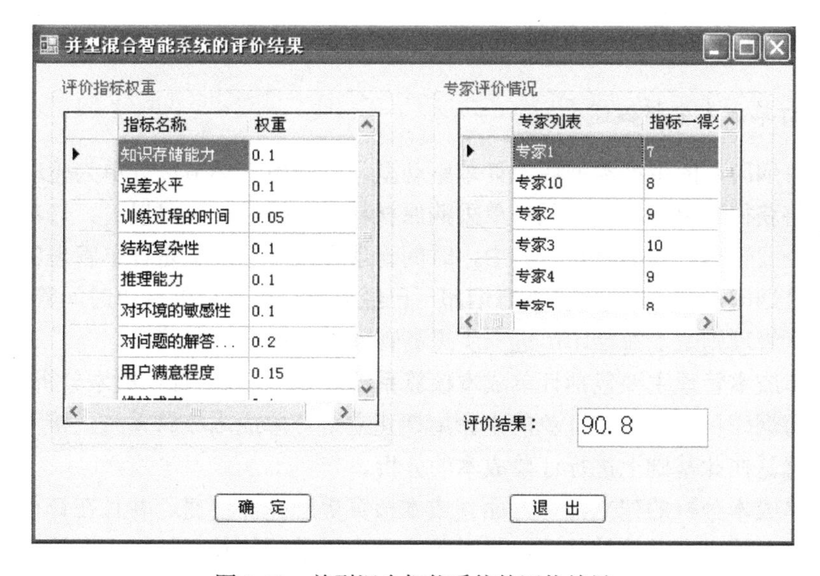

图 7-18 并型混合智能系统的评价结果

3）上海烟印厂商务智能原型系统中企业绩效管理子功能应用示例

上述步骤证明了以 TOPSIS 模型、人工神经网络、PROMETHEE 模型、ELECTRE 模型、灰色评价模型为基础的并型混合智能系统在上海烟印厂企业绩效管理中应用的有效性。将此并型混合智能系统加入上海烟印厂商务智能原型系统中，通过原型系统的使用，即可方便、快捷地完成上海烟印厂企业绩效管理。

7.3.2 节已对上海烟印厂商务智能原型系统中企业绩效管理子功能进行了介绍，其中，企业绩效管理的智能考核功能就是通过并型混合智能系统来完成的。企业绩效管理的查询功能和统计功能则是对历史的考核数据的查询和统计，找到问题所在。其中，查询功能和统计功能的界面如图 7-19 所示。

时间	企业绩效管理综合评分	财务方面	市场方面	内部流程方面
2007-01	4	4	4	4
2007-02	12	11	10	12
2007-03	6	6	6	6
2007-04	9	9	9	9
2007-05	7	7	7	7
2007-06	2	3	3	2
2007-07	8	8	8	8
2007-08	3	2	1	3
2007-09	11	10	11	10

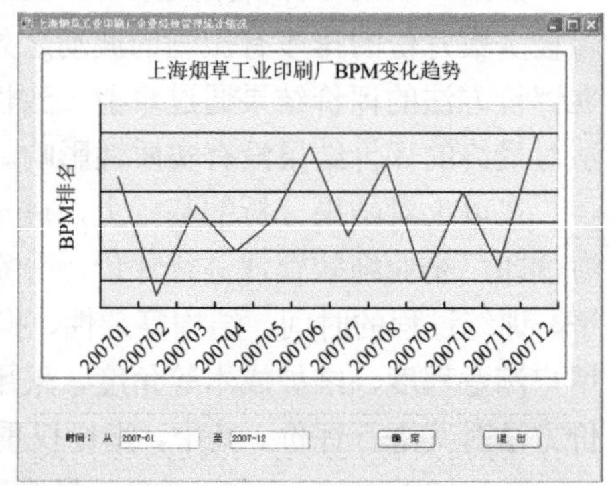

图 7-19　上海烟印厂企业绩效管理查询功能和统计功能界面

7.4.2　上海烟印厂商务智能应用之二：订单成本分析

1. 订单成本分析概述

上海烟印厂的生产类型属于订单驱动型，整个生产环节以订单为驱动力，从市场销售获得订单起，到按照订单采购原材料、安排生产，可以说，订单管理就是整个企业管理工作的重点。其中，时间管理和成本管理又是订单管理的重点。目前通过烟印资源管理系统，上海烟印厂已经可以进行良好的订单时间管理控制，订单成本管理则是上海烟印厂进一步提高管理水平的一个突破口。

订单成本管理主要包括订单成本核算系统的建立，以及订单成本分析的建立。目前上海烟印厂已经按照订单的生命周期建立了订单成本核算系统，接下来的主要工作就是在此基础上进行订单成本的分析。

订单成本分析的建立，一方面使成本核算更顺畅和便捷，并且在订单成本分析的基础上建立产品核算体系，让财务人员由以前的核算职能逐步向管理职能转变，能把更多的时间放在分析和控制上，提升财务管理的能力；另一方面细化了成本核算的粒度，增强了对生产过程中成本的控制，深化了成本分析。

针对目前上海烟印厂订单成本分析的实际需求，以及目前的数据情况，订单成本分析的功能主要是根据订单成本核算的数据，对订单进行评级分类，以此分类为基础，对订单和产品进行管理。

2. 上海烟印厂订单成本分析所需混合智能系统的总体设计

上海烟印厂订单成本分析所需混合智能系统的总体设计主要包括两部分：一是混合智能系统的构建；二是混合智能系统的总体架构和详细设计。

1）混合智能系统的构建

根据第 3 章混合智能系统的构造原理，下面进行上海烟印厂订单成本分析所需的混合智能系统的构建。

首先，由专家设定案例相似度阈值为 0.5，案例库进入判定阈值为 0.6，混合智能系统判定阈值 $\xi = 0.1$，投票阈值 $\tau = 0.7$，技术选择阈值 $\theta = 0.5$，候选技术集的差异指数 μ 的阈值 $\psi = 0.05$，案例选择相似度阈值 $\eta = 0.5$，参数的设置界面如图 4-4 所示。

根据这些参数的设定，混合智能系统的构建过程如下。

（1）案例的初步选取。根据构建订单成本分析的混合智能系统这一目标，对订单进行分类，选用关键词“成本分析”“分类”对案例库进行检索，并经过专家的筛选，共得到相关案例 216 个，如图 7-20 所示。

（2）是否应用混合智能系统的判定。对得到的案例集进行分析，分别按照智能技术和非智能技术统计使用频率，得到潜在使用价值序列 $L_{\text{value}} = \{X_1, X_2, \cdots, X_n\}$，根据混合智能系统应用判定算法得到结果：应用混合智能系统，如图 7-20 所示。

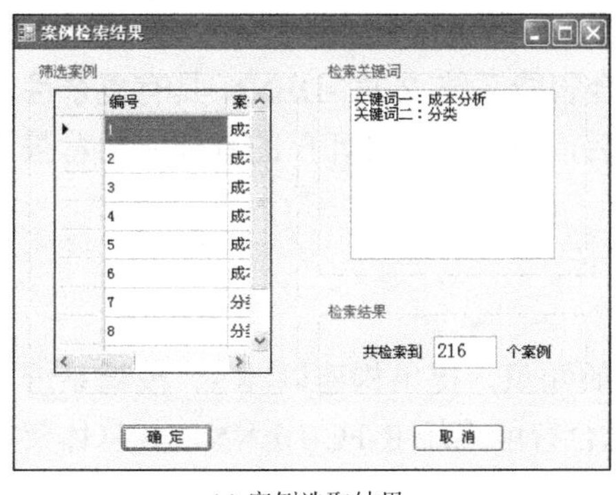

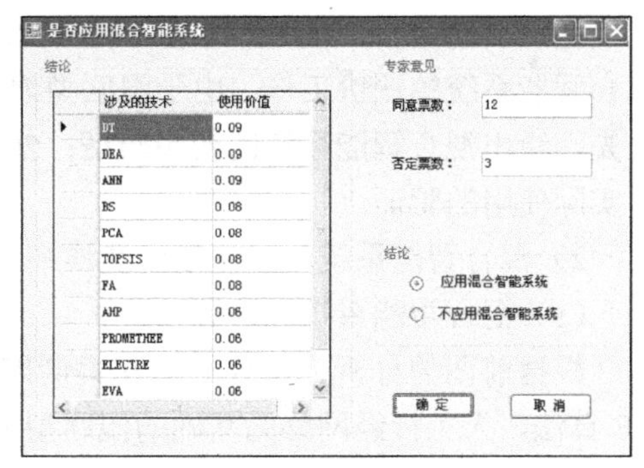

(a) 案例选取结果　　(b) 是否应用混合智能系统的判定结果

图 7-20　案例选取结果和是否应用混合智能系统的判定结果（二）

（3）是否构建新混合智能系统的判定。首先，根据上海烟印厂的订单成本分析需要具有自学习的特性，经过候选技术集生成算法得到候选技术集 $\{T_1,T_2,\cdots,T_i\}$；然后，针对候选技术集 $\{T_1,T_2,\cdots,T_i\}$，重新在基于案例推理的混合智能系统技术选择子系统中检索由候选技术集 $\{T_1,T_2,\cdots,T_i\}$ 构成混合智能系统的案例集 $\{\text{Case}_1,\text{Case}_2,\cdots,\text{Case}_m\}$；最后，经专家集体商议，需要构建新的混合智能系统，如图 7-21 所示。

（4）新混合智能系统的构造。根据问题 Q，重新在基于案例推理的混合智能系统技术选择子系统中检索使用混合智能系统的案例集 $\{\text{Case}_1,\text{Case}_2,\cdots,\text{Case}_p\}$，其使用的混合智能系统集合定义为 $\{\text{HIS}_1,\text{HIS}_2,\cdots,\text{HIS}_q\}$。根据混合智能系统的构造算法得到新构造的混合智能系统为以 RS、模糊系统、DE 算法、人工神经网络为基础的混合智能系统，如图 7-21 所示。

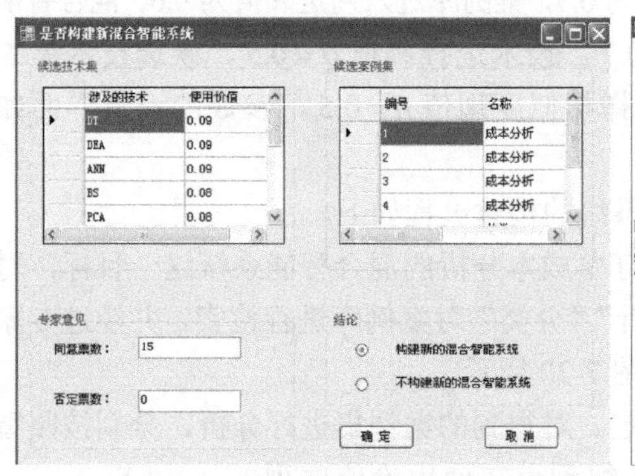

(a) 是否构建新混合智能系统的判定结果

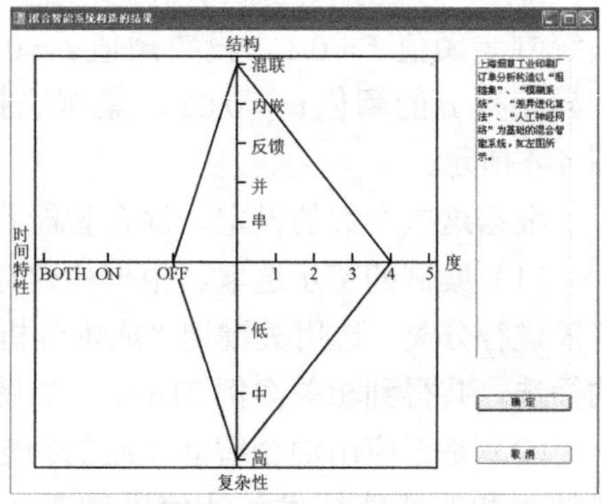

(b) 新混合智能系统的构造结果

图 7-21　是否构建新混合智能系统的判定结果和新混合智能系统的构造结果

通过上述四步，得到新构造的混联型混合智能系统 R-FC-DENN。接下来进行混合智能系统的评价工作，由于混联型混合智能系统 R-FC-DENN 具有复杂性，首先，给出混合智能系统的初步验证；然后，结合上海烟印厂的具体应用背景给出实际使用的验证。

2）混合智能系统的总体架构及详细设计

（1）混合智能系统的总体架构。

根据前面的分析，综合专家和案例库的知识，提出构建以 RS、模糊系统、DE 算法、人工神经网络为基础的混联型混合智能系统 R-FC-DENN，其总体架构如图 7-22 所示[199, 200]。

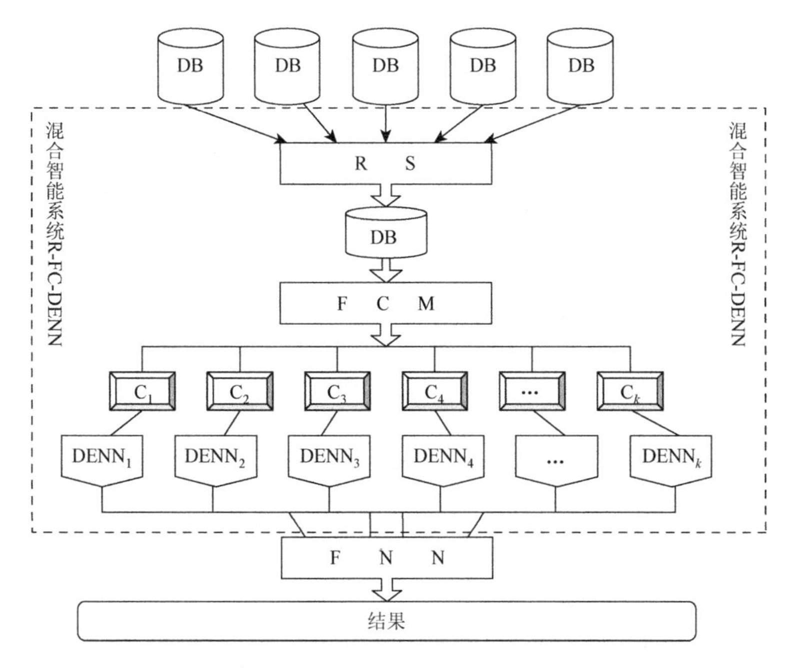

图 7-22　混联型混合智能系统 R-FC-DENN 的总体架构

（2）混合智能系统的详细设计。

针对上海烟印厂订单成本分析，采用混合智能系统的构造方法构造了以 RS、模糊系统、DE 算法、人工神经网络为基础的混联型混合智能系统 R-FC-DENN。其中，混联型混合智能系统 R-FC-DENN 可以分为以 RS 为基础的 RS 子模型，以模糊系统为基础的 FCM 子模型和 FNN 子模型，以 DE 算法和人工神经网络为基础的 DENN 子模型。FCM 子模型、DENN 子模型以及 FNN 子模型的具体实现与 5.3 节中讨论的混联型混合智能系统 FC-DENN 相同，这里就不赘述，下面介绍 RS 子模型。

RS 子模型是将输入神经网络中的数据空间通过 RS 的理论进行属性和值约简的模块。神经网络具有大规模并行处理、网络全局作用、信息分布存储等特点，可以通过训练、学习产生一个非线性映射，自适应地对数据产生聚类，具有较好地抑制噪声干扰的能力和较强的鲁棒性。但是神经网络一般不能简化输入信息空间的维数。当输入信息空间维数较大时，网络不仅结构复杂，而且训练时间很长。在对大型数据库进行数据挖掘时，输入信息空间不仅维数大，而且存在噪声干扰，单纯地使用 RS 理论或者人工神经网络均不能达到预期的效果。因此，设法将两者结合起来，即先通过 RS 理论方法简化信息空间，去掉冗余信息，使训练集简化，以降低神经网络结构的复杂性，从而缩短训练时间，再使用神经网络作为后置的信息识别系统，以提高容错和抗干扰能力。

RS 理论是 20 世纪 80 年代初由 Pawlak 提出的一种处理模糊性和不确定性的数学工具，在处理大量数据、消除冗余信息等方面具有良好效果，因此，广泛应用于数据挖掘、数据预处理、数据缩减、规则生成、数据依赖、关系发现等方面[201]。

RS 的数学基础是集合论，难以直接处理连续的属性。现实决策表中连续属性是普遍存在的，因此，连续属性的离散化是制约 RS 理论实用化的难点之一。连续属性的离散化的根本出发点是在尽量减少决策信息损失的前提下，得到简化的和浓缩的决策表，以便用 RS 理论分析，获得决策所需要的知识。最优离散化问题已证实是非确定性多项式难题（non-deterministic polynomial-time hard，NP-hard），利用启发算法可以得到满意的结果。

①属性离散化。

属性离散化有多种方法，常见的有等间隔离散化方法、等频离散化方法、模糊离散化方法等。这里对条件属性采用模糊离散化方法，对决策属性采用等间隔离散化方法[202]。

第一，条件属性模糊离散化。

条件属性 $x_i \in [x_{i\min}, x_{i\max}]$，将其属性范围 $[x_{i\min}, x_{i\max}]$ 作 m_i 等分，每一个等分点对应一个模糊子集，该点隶属函数值为 1。模糊隶属函数取为三角形。

设属性 x_i 的值为 x_{ij}，令

$$\mu_{A_i}(x_{ij}) = \mathop{\mathrm{Max}}_{k\in(1,\cdots,m_i)}\{\mu_{A_{ik}}(x_{ij})\}$$

其中，A_{ik} 为 x_i 的模糊子集，也对应 x_i 的一个离散属性值 k。选取对于 x_{ij} 具有最大模糊隶属函数值的模糊子集所对应的离散属性值作为 x_{ij} 的离散值。

第二，决策属性等间隔离散化。

决策属性 $y \in [y_{\min}, y_{\max}]$，将其属性范围 $[y_{\min}, y_{\max}]$ 作 n_i 等分，等分点用 y_i 表示。设决策属性值 y，求 y_k，令

$$|y - y_k| = \mathop{\mathrm{Min}}_{j=(1,2,\cdots,n_i)}\{|y - y_j|\}, k \in (1,2,\cdots,n_i)$$

k 即决策属性的离散值。

②基于 RS 的数据约简。

基于 RS 的数据约简分为一致性属性约简和属性的约简两大类。

第一类是一致性属性约简。数据库可以分为两类：一类是一致数据库；另一类是不一致数据库。若一个数据库中存在不同的实例，它们具有相同的条件属性值而具有不同的分类，则这类数据库是不一致数据库；否则，为一致数据库。

分类问题中，数据库大多可以用决策表的形式给出。令 $T = (\mu, A)$为决策表，$\mu = \{x_1, x_2, \cdots, x_n\}$为实例的集合，也称为论域。$A = C \cup D$ 为属性集合，$C = \{c_1, c_2, \cdots, c_n\}$为条件属性的集合，$D = \{d_1, d_2, \cdots, d_n\}$为决策属性的集合。分类问题中，$D$ 的每一种取值被归为一类，因此，D 可以归并为一个单元素集 $D = \{\text{class}\}$。一

般表中的列表示属性、行表示实例，表中的每个值都是对应行（实例）在对应列（属性）下的值，也称属性值。在进行决策前，必须使用 RS 理论对初始决策表 T 进行一致性属性约简，得到决策表 T_1，从而使人工神经网络训练的数据保持一致性，使得训练的数据不会出现矛盾。

第二类是属性的约简。在数据表中经常会遇到一些多余的数据，即从数据表中删除一些数据而依然保持数据表的基本性质。这些被删除的数据则是这个数据表中的冗余数据，删除冗余数据的过程称为属性的约简。RS 中的约简定义如下：令 C、D 分别为条件属性集合与决策属性集合，$C,D \subseteq A$，若 C' 是一个满足条件 $\gamma(C,D) = \gamma(C',D)$ 的 C 中的最小子集，则定义 $C' \subseteq C$ 为 C 的一个关于 D 的约简。

所有 D 约简的交集称为关于 D 的核。核是所有约简的交集，因此，它包含于所有约简之中。核是属性中最重要的子集，其中任何一个元素都不可能在不影响属性分类能力的情况下剔除。

3. 混联型混合智能系统 R-FC-DENN 的初步验证

为了验证混联型混合智能系统 R-FC-DENN 的有效性，在将混联型混合智能系统 R-FC-DENN 应用于上海烟印厂订单成本分析前，先将 UCI 机器学习数据库中的 6 个数据集作为实验数据集，对混联型混合智能系统 R-FC-DENN 的实际使用效果进行检验。实验采用如下环境：计算机 CPU：Intel（R）Core（TM）2 T5600，1G 内存，操作系统为 Windows XP，软件为 MATLAB R2007b。无特殊说明，模型中的各算法参数均取默认值。

1）数据集介绍

本实验主要使用 UCI 机器学习数据库中的 6 个数据集（BREAST、CAR、CMC、IRIS、YEAST、ZOO）作为实验数据集，其属性数、分类数、样本数等情况如表 5-1 所示。

其中，BREAST 问题是 Wolberg 提供的对癌症进行分类的样本数据，已被广泛用于模型检验。BREAST 问题根据一些基本信息将 683 个样本分成 2 类，已知的基本信息如表 7-5 所示。

表 7-5　BREAST 数据库基本信息

编号	代码	名称	取值
1	A	Clump Thickness	1～10
2	B	Uniformity of Cell Size	1～10
3	C	Uniformity of Cell Shape	1～10
4	D	Marginal Adhesion	1～10
5	E	Single Epithelial Cell Size	1～10

续表

编号	代码	名称	取值
6	F	Bare Nuclei	1～10
7	G	Bland Chromatin	1～10
8	H	Normal Nucleoli	1～10
9	I	Mitoses	1～10
10	J	Class	Benign or malignant

CAR 问题是 Bohanec 提供的对汽车进行分类的样本数据，已被广泛用于模型评价。CAR 问题根据一些基本信息将 1728 个样本分成 4 类，已知的基本信息如表 7-6 所示。

表 7-6　CAR 数据库基本信息

编号	代码	名称	取值
1	A	buying	v-high，high，med，low
2	B	maint	v-high，high，med，low
3	C	doors	2，3，4，5，more
4	D	persons	2，4，more
5	E	lug_boot	small，med，big
6	F	safety	low，med，high
7	G	class	unacc，acc. good，v-good

CMC 问题是 Lim 提供的对避孕药品进行分类的样本数据，已被大多数的改进算法所引用，是证明算法有效性的一个很好的例子。CMC 问题根据一些基本信息将 1473 个样本分成 3 类，已知的基本信息如表 7-7 所示。

表 7-7　CMC 数据库基本信息

编号	代码	名称	取值
1	A	Wife's age	numerical
2	B	Wife's education	1=low，2，3，4=high
3	C	Husband's education	1=low，2，3，4=high
4	D	Number of children ever born	numerical
5	E	Wife's religion	0=Non-Islam，1=Islam
6	F	Wife's now working	0=Yes，1=No

续表

编号	代码	名称	取值
7	G	Husband's occupation	1，2，3，4
8	H	Standard-of-living index	1=low，2，3，4=high
9	I	Media exposure	0=Good，1=Not good
10	J	Contraceptive method used	1=No-use，2=Long-term，3=Short-term

IRIS 问题是 Fisher 提供的对植物进行分类的样本数据，已被大多数的改进算法所引用，是证明算法有效性的一个很好的例子。IRIS 问题根据一些基本信息对 150 个样本的 3 类植物进行分类，已知的基本信息如表 7-8 所示。

表 7-8 IRIS 数据库基本信息

编号	代码	名称	取值
1	A	sepal length	Numerical
2	B	sepal width	Numerical
3	C	petal length	Numerical
4	D	petal width	Numerical
5	E	class	Setosa、Versicolour、Virginica

YEAST 问题是 Nakai 提供的对细胞进行分类的样本数据，已被广泛用于模型检验。YEAST 问题根据一些基本信息将 1484 个样本分成 10 类，已知的基本信息如表 7-9 所示。

表 7-9 YEAST 数据库基本信息

编号	代码	名称	取值
1	A	mcg	Numerical
2	B	gvh	Numerical
3	C	alm	Numerical
4	D	mit	Numerical
5	E	erl	Numerical
6	F	pox	Numerical
7	G	va	Numerical
8	H	nuc	Numerical
9	I	class	String

ZOO 问题是由 Forsyth 提供的对动物进行分类的样本数据，并被 Forsyth 用于

模型检验。ZOO 问题根据一些基本信息将 101 个样本分成 7 类，已知的基本信息如表 7-10 所示。

表 7-10　ZOO 数据库基本信息

编号	1	2	3	4	5	6	7	8	9
代码	A	B	C	D	E	F	G	H	J
名称	hair	feathers	eggs	milk	airborne	aquatic	predator	toothed	backbone
取值	String	Boolean	Boolean	Boolean	Boolean	Boolean	Boolean	Boolean	Boolean
编号	10	11	12	13	14	15	16	17	
代码	K	L	M	N	O	P	Q	R	
名称	breathes	venomous	fins	legs	tail	domestic	catsize	type	
取值	Boolean	Boolean	Boolean	Boolean	Numeric	Boolean	Boolean	Boolean	

2）实验过程

下面分四个步骤对各数据集进行实验。

（1）RS 子模型进行数据的约简。

对各数据集进行数据的约简，结果如图 7-23 所示。

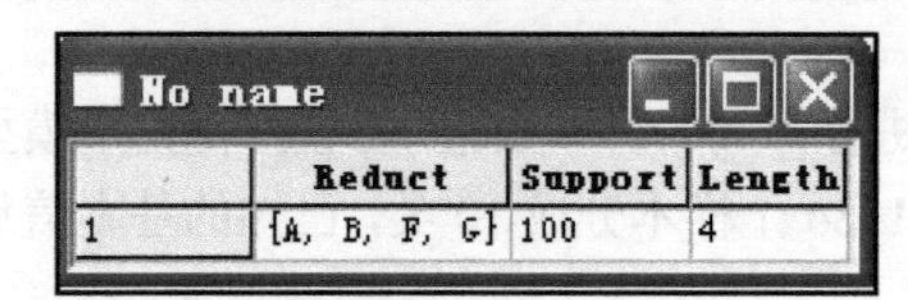

No name

	Reduct	Support	Length
1	{A, B, F, G}	100	4

(a) BREAST约简结果

No name

	Reduct	Support	Length
1	{A, B, C, D, E, F}	100	6

(b) CAR约简结果

No name

	Reduct	Support	Length
1	{A, B, C, D, E, F, G, H, I}	100	9

(c) CMC约简结果

No name

	Reduct	Support	Length
1	{A, B, D}	100	3
2	{A, B, C}	100	3
3	{A, C, D}	100	3
4	{B, C, D}	100	3

(d) IRIS约简结果

No name

	Reduct	Support	Length
1	{A, B, D, G}	100	4

(e) YEAST约简结果

No name

	Reduct	Support	Length
1	{C, D, F, H, M}	100	5

(f) ZOO约简结果

图 7-23　各数据集约简结果

根据数据约简的结果，其中，对于IRIS问题，A、B、C、D分别表示四个基本的决策信息：A为萼片长度，B为萼片宽度，C为花瓣长度，D为花瓣宽度。可将原数据库约简为任意三个决策信息的新数据库，所得到的支持度都是100，这样就不会影响决策结果。本书随机选取A、B、C三个信息作为混联型混合智能系统R-FC-DENN的输入数据。

（2）FCM子模型进行数据的聚类。

经过RS子模型的数据约简后，得到约简的数据库。首先，将数据库随机分为两部分，其中，80%的数据用于训练，20%的数据用于测试；然后，用FCM子模型进行数据的聚类，根据subcluster模块分析各数据集应该聚为几类；最后，采用FCM聚类算法对样本空间进行模糊聚类，得到的聚类中心点如表7-11～表7-16所示。

表7-11　BREAST问题的聚类中心点

中心点	A	B	F	G
1	3.0377	1.3753	1.3363	2.1266
2	7.3282	6.8709	8.416	6.2294

表7-12　CAR问题的聚类中心点

中心点	A	B	C	D	E	F
1	2.5	2.5	3.5	3.2093	2	2
2	2.5	2.5	3.5	3.8509	2	2
3	2.5	2.5	3.5	2.9053	2	2
4	2.5	2.5	3.5	2.9053	2	2
5	2.5	2.5	3.5	5.0494	2	2
6	2.5	2.5	3.5	5.0454	2	2
7	2.5	2.5	3.5	5.0491	2	2

表7-13　CMC问题的聚类中心点

中心点	A	B	C	D	E	F	G	H	I
1	41.002	3.2834	3.6175	4.2992	0.71379	0.7322	1.7698	3.5696	0.04412
2	31.964	2.7368	3.2976	3.919	0.86994	0.70203	2.3887	2.9726	0.07154
3	28.52	3.1977	3.6598	2.2911	0.82854	0.71761	1.9829	3.2367	0.027715
4	32.56	3.6045	3.7988	2.7349	0.71836	0.63548	1.6654	3.6081	0.021647
5	19.646	2.9541	3.4765	1.0894	0.94894	0.9213	2.3699	2.796	0.036771

续表

中心点	A	B	C	D	E	F	G	H	I
6	36.164	3.6311	3.8369	3.3014	0.67674	0.74206	1.7367	3.7114	0.032751
7	38.676	3.4454	3.7426	3.2419	0.71091	0.73004	1.7491	3.6304	0.044933
8	24.74	2.9997	3.4667	1.8893	0.94385	0.80127	2.3658	2.8974	0.034075
9	25.865	2.9276	3.5054	2.2065	0.93383	0.79274	2.3349	2.9953	0.037351
10	46.873	1.9614	2.6541	7.0141	0.91952	0.77308	2.1368	2.9928	0.23389
11	23.018	3.2611	3.6029	1.471	0.94699	0.76695	2.2944	3.0723	0.026098
12	29.695	2.8739	3.4576	3.0658	0.89549	0.7186	2.4101	3.0203	0.038911
13	36.122	2.4021	3.0526	5.8819	0.93497	0.79285	2.3578	2.941	0.11122
14	34.213	3.1452	3.5999	3.9917	0.80054	0.73335	2.1533	3.2566	0.066734
15	26.397	3.0502	3.5782	2.1381	0.90087	0.74847	2.1566	3.1111	0.03654
16	21.396	2.8548	3.2969	1.2739	0.94878	0.87991	2.5405	2.6127	0.051731
17	44.822	3.1728	3.6708	2.5983	0.78032	0.74632	1.5735	3.6272	0.08282
18	44.467	2.3361	3.0122	7.827	0.94672	0.85804	2.2237	2.9963	0.1682
19	42.978	3.3716	3.6745	4.8079	0.78805	0.76829	1.6173	3.5659	0.049324
20	47.116	3.1906	3.5748	4.1299	0.76615	0.86096	1.6705	3.4938	0.061142

表 7-14　IRIS 问题的聚类中心点

中心点	A	B	C
1	6.9088	3.0509	5.7847
2	5.0329	3.4205	1.4828
3	5.9559	2.7715	4.4668

表 7-15　YEAST 问题的聚类中心点

中心点	A	B	D	G
1	0.51061	0.51298	0.51492	0.4976
2	0.75694	0.71386	0.29714	0.50481
3	0.37311	0.384	0.19611	0.49936
4	0.43507	0.47189	0.19403	0.50301
5	0.5638	0.54514	0.19205	0.5075
6	0.49388	0.47886	0.26871	0.50099

表 7-16　ZOO 问题的聚类中心点

中心点	C	D	F	H	M
1	0.85913	0.10306	0.84235	0.88816	0.049744
2	0.92236	0.079599	0.23543	0.092516	2.0239
3	0.056582	0.94919	0.063349	0.97932	3.9654
4	0.95511	0.0077046	0.25287	0.02371	6.0472

（3）DENN 子模型进行数据的初步学习。

对于经过聚类的数据，分别采用不同的经过 DE 算法改进的神经网络进行训练。其中，经过 DE 算法改进的神经网络的结构根据式（5-8）确定，其中，BREAST 问题的各参数取值为 $m=4$，$n=2$，$\beta=5$，因此，网络隐含层节点数 $n_1=\sqrt{m+n}+\beta\approx7$；CAR 问题的各参数取值为 $m=6$，$n=4$，$\beta=6$，因此，网络隐含层节点数 $n_1=\sqrt{m+n}+\beta\approx9$；CMC 问题的各参数取值为 $m=9$，$n=3$，$\beta=7$，因此，网络隐含层节点数 $n_1=\sqrt{m+n}+\beta\approx11$；IRIS 问题的各参数取值为 $m=3$，$n=3$，$\beta=4$，因此，网络隐含层节点数 $n_1=\sqrt{m+n}+\beta\approx6$；YEAST 问题的各参数取值为 $m=4$，$n=10$，$\beta=9$，因此，网络隐含层节点数 $n_1=\sqrt{m+n}+\beta\approx12$；ZOO 问题的各参数取值为 $m=5$，$n=7$，$\beta=8$，因此，网络隐含层节点数 $n_1=\sqrt{m+n}+\beta\approx11$。训练各数据集的神经网络的拓扑结构如图 7-24 所示。

(a) BREAST问题的网络拓扑结构

(b) CAR问题的网络拓扑结构

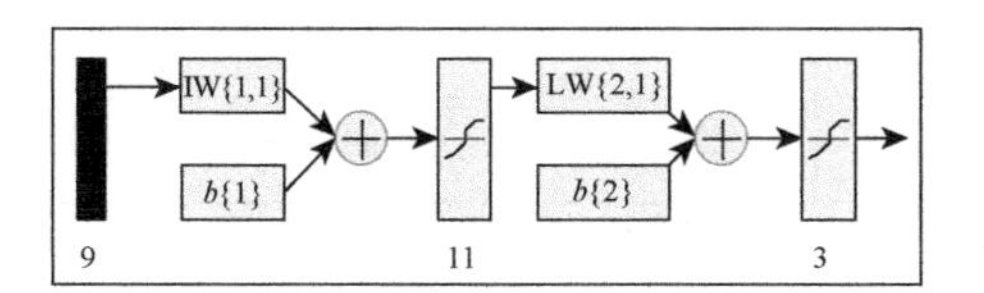

(c) CMC问题的网络拓扑结构

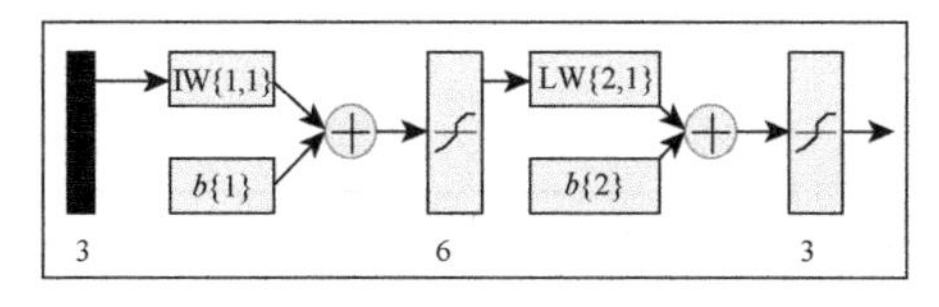

(d) IRIS问题的网络拓扑结构

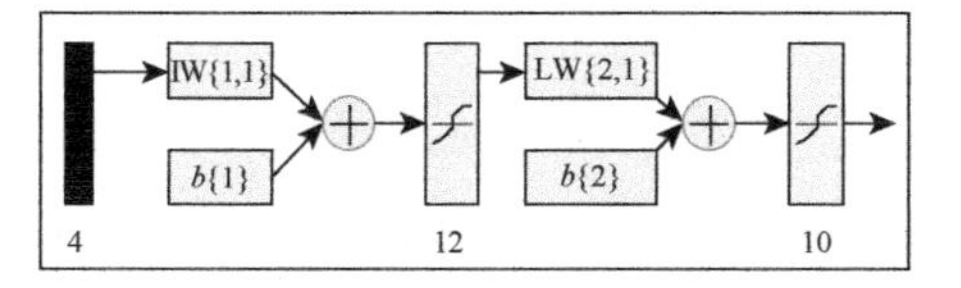

(e) YEAST问题的网络拓扑结构

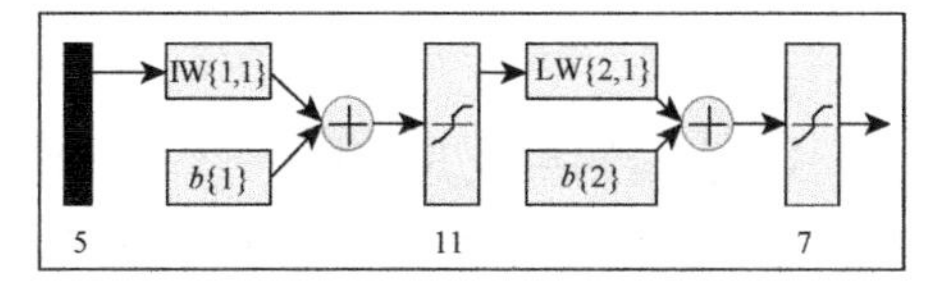

(f) ZOO问题的网络拓扑结构

图 7-24　神经网络拓扑结构

分别采用不同的训练精度对样本进行训练，训练过程的误差变化情况如图 7-25 所示。

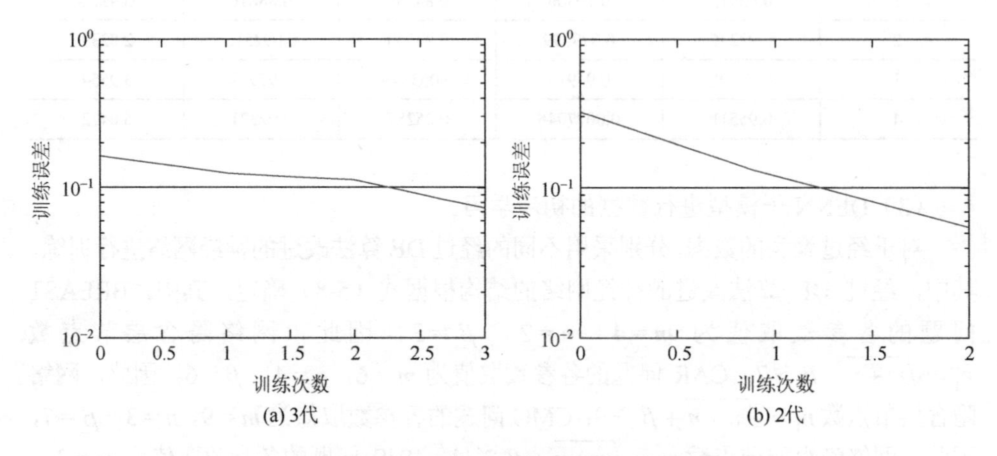

图 7-25　DENN 子模型训练过程的误差变化情况

（4）FNN 子模型进行数据的再次学习。

对于已经训练好的网络，采用 FNN 子模型对其进行再次学习，以保证模型有很好的分类精度，训练过程的误差变化情况如图 7-26 所示。

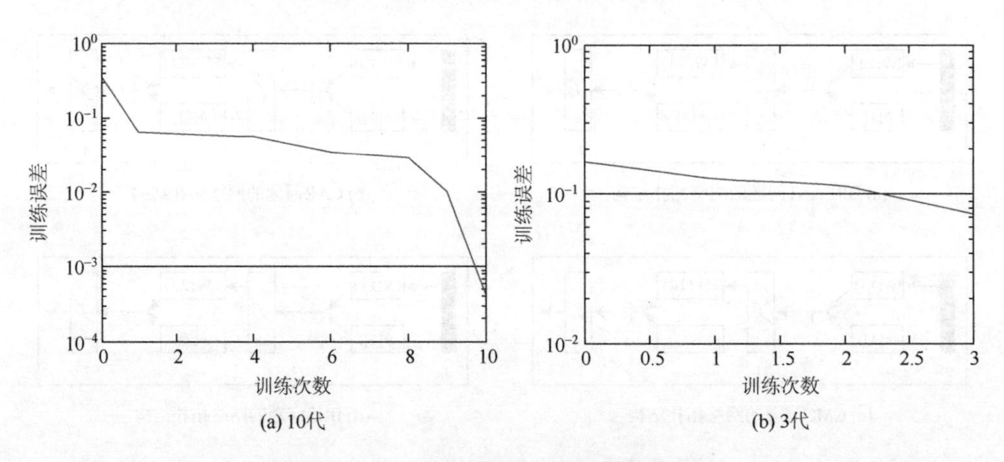

图 7-26　FNN 子模型训练过程的误差变化情况

3）实验结果及其分析

为了说明混联型混合智能系统 R-FC-DENN 的有效性，将提出的分类算法与经典的 BP 算法、LM 算法进行比较，其中，各算法的参数取值与混联型混合智能系统 R-FC-DENN 一致，30 次重复实验的平均结果如表 7-17 所示。

表7-17　混联型混合智能系统R-FC-DENN与经典算法比较

数据集	BP			LM			R-FC-DENN		
BREAST	70.66%	○	848.9	73.33%	○	395.8	89.54%	㊣	97.4
CAR	—	—	—	67.28%	○	1001.2	78.87%	㊣	213.6
CMC	—	—	—	63.57%	○	727.1	76.49%	㊣	164.7
IRIS	76.67%	㊣	694.2	80.00%	㊣	268.4	81.28%	㊣	42.3
YEAST	—	—	—	66.24%	○	784.5	85.94%	○	179.8
ZOO	81.26%	㊣	631.1	83.66%	㊣	217.4	91.27%	㊣	37.7

其中，BP、LM分别表示采用BP算法、LM算法的神经网络，R-FC-DENN表示混联型混合智能系统R-FC-DENN。对于每一种算法，表中第一列数据为分类精度；第二列数据中，“㊣”表示实验过程中网络都收敛，“○”表示实验过程中网络存在发散的情况，“—”表示在此精度下网络无法收敛；第三列数据是训练消耗的平均时间，单位为秒。

通过对比实验不难看出，随着样本数量的增加，原有的BP算法、LM算法都会出现不能收敛的情况，但混联型混合智能系统R-FC-DENN则在保证一定的分类精度的条件下基本上都能收敛，这就使得算法在鲁棒性和精确性上得到了提高。此外，通过对比同一数据库下不同算法所消耗的时间，不难看出，混联型混合智能系统R-FC-DENN在时间效率上较BP算法、LM算法都有了大幅度的提高。

4. 混联型混合智能系统R-FC-DENN在上海烟印厂订单成本分析中的应用

1）混联型混合智能系统R-FC-DENN在上海烟印厂订单成本分析中的应用过程

下面将混联型混合智能系统R-FC-DENN应用到订单成本分析中，对订单成本进行评级分析。

（1）实验环境及实验数据。

本实验环境同混联型混合智能系统R-FC-DENN初步验证的实验环境。实验数据主要来自订单成本核算系统的基础数据，共有记录6358条，其中，订单共分为六类：A类订单、B类订单、C类订单、D类订单、E类订单、F类订单。各记录的数据项主要分为九类，分别如下。

第一类，销售毛利数据，主要包括所属单位、产品大类、印刷类别、客户名称、产品类别、产品类型、品牌、产品名称、订单编号、结束日期、加工性质、外发类别、销售数量、销售单价、销售收入、单位销售成本、销售成本、销售毛利、销售毛利率、固定成本、变动成本、边际贡献、边际贡献率、工人工资、固定制造、直接材料、制版费用、动力费用、变动制造费用、包装费用、外加工费、其他费用等。

第二类，复拣情况数据，主要包括所属单位、产品名称、订单编号、复拣出库数量、复拣入库数量、复拣损失数量等。

第三类，入库调整数据，主要包括所属单位、产品名称、订单编号、入库调整金额等。

第四类，按拼版对象的单位成本数据，主要包括所属单位、产品大类、印刷类别、客户名称、产品类别、产品类型、品牌、拼版对象、是否多拼版、订单编号、订单状态、完工日期、印张联数、入库数量、机器工时、人工工时、纸张数量、纸张单价、纸张成本、油墨数量、油墨单价、油墨成本、溶剂数量、溶剂单价、溶剂成本、电化铝数量、电化铝单价、电化铝成本、直接材料成本小计、直接材料占售价比重、制版费用、工人工资、动力费用、固定制造费用、变动制造费用、制造费用小计、包装费用、外加工费、其他费用、单位成本合计、单位材料、单位费用、销售单价、毛利率、固定成本、变动成本、边际贡献、边际贡献率、投入印张、产品印张、废品印张、废品率、销售收入、销售成本、销售毛利率等。

第五类，拼版对象按工序的单位成本数据，主要包括所属单位、产品大类、印刷类别、客户名称、产品类别、品牌、拼版对象、订单编号、订单状态、完工日期、印张联数、工序、机器工时、人工工时、成品产量、废品数量、工序差异数量、转入数量、转入金额、转出数量、转出金额、外部半成品数量、外部半成品金额、纸张数量、纸张成本、油墨数量、油墨成本、溶剂数量、溶剂成本、电化铝数量、电化铝成本、直接材料成本小计、制版费用、工人工资、动力费用、固定制造费用、变动制造费用、制造费用小计、其他费用、单位成本合计等。

第六类，按拼版对象分订单的直接材料消耗数据，主要包括所属单位、产品大类、印刷类别、客户名称、产品类别、产品类型、品牌、拼版对象、订单编号、材料名称、耗用数量、材料单价、材料成本等。

第七类，按拼版对象分订单的制版费消耗明细数据，主要包括所属单位、产品大类、印刷类别、客户名称、产品类别、产品类型、品牌、拼版对象、订单编号、工序、工序半成品数量、预涂感光版（presensitized plate，PS）数量、PS 单价、PS 成本、脱机直接制版（computer to plate，CTP）数量、CTP 单价、CTP 成本、耐印率版材、一次性版材、零星版材、版材报废、版材合计等。

第八类，工时效率数据，主要包括所属单位、产品大类、印刷类别、客户名称、拼版对象、订单编号、工序、机台名称、机器工时、工序半成品产量、工时效率、机台计划车速、停机时间、停机时间占机台工时比例、扣除停机工时效率等。

第九类，机台费用工时单价数据，主要包括机台、机台工时、人工工时、工资人工工时单价、动力机台工时单价、固定制造费用、人工工时单价、固定制造费用机台工时单价、变动制造费用机台工时单价等。

（2）实验过程。

本实验过程与混联型混合智能系统 R-FC-DENN 初步验证的实验过程基本相同，故这里仅给出主要的实验步骤，实验的中间结果及有关数据涉及上海烟印厂相关信息，就不详细给出。

①RS 子模型进行数据的约简。

对于上述数据集，使用 RS 子模型进行数据约简，剔除不完整记录后，剩余记录 5635 条，包含 86 个字段。

②FCM 子模型进行数据的聚类。

经过 RS 子模型的数据约简后，得到约简的数据库。首先，将数据库随机分为两部分，其中，80%的数据用于训练，20%的数据用于测试；然后，采用 FCM 子模型进行数据的聚类。根据 subcluster 模块分析各数据集应该聚为 28 类；最后，采用 FCM 聚类算法对样本空间进行模糊聚类，限于篇幅，各中心点的坐标略去。

③DENN 子模型进行数据的初步学习。

对于经过聚类的数据，分别采用不同的经过 DE 算法改进的神经网络进行训练。经过 DE 算法改进的神经网络的结构根据式（5-8）确定，其中，m=86，n=6，$\beta=5$，则网络隐含层节点数 $n_1=\sqrt{m+n}+\beta\approx 15$。

④FNN 子模型进行数据的再次学习。

对于已经训练好的网络，采用 FNN 子模型对其进行再次学习，以保证模型有很好的分类精度。

2）结果分析

经过以上四个步骤完成了训练学习的过程。为了说明混联型混合智能系统 R-FC-DENN 的有效性，将提出的分类算法与经典的 BP 算法、LM 算法进行比较，其中，各算法的参数取值与混联型混合智能系统 R-FC-DENN 一致，30 次重复实验的平均结果如表 7-18 所示。

表 7-18　混联型混合智能系统 R-FC-DENN 应用效果比较

误差精度	BP			LM			R-FC-DENN		
10^{-1}	30.74%	○	3982.3	42.85%	○	1026.9	70.95%	㊣	615.7
10^{-2}	—	—	—	79.39%	○	2317.2	83.72%	㊣	876.2
10^{-4}	—	—	—	84.87%	○	3192.6	92.86%	㊣	968.4

其中，BP、LM 表示分别采用 BP 算法、LM 算法的神经网络，R-FC-DENN

表示混联型混合智能系统 R-FC-DENN。对于每一种算法，表中第一列数据为分类精度；第二列数据中，“㊣”表示实验过程中网络都收敛，“○”表示实验过程中网络存在发散的情况，“—”表示在此精度下网络无法收敛；第三列数据是训练消耗的平均时间，单位为秒。

在以上结果分析的基础上，进一步组织专家对混联型混合智能系统 R-FC-DENN 应用于上海烟印厂订单成本分析进行评价，分别从混合智能系统的知识存储能力、误差水平、训练过程的时间、结构复杂性、推理能力、对环境的敏感性、对问题的解答、用户满意程度、维护成本等角度，采用 3.5 节提到的混合智能系统的模糊综合评价方法对其进行评价。其中，指标权重采用 AHP 法确定，分别为{0.1；0.05；0.05；0.1；0.05；0.2；0.2；0.15；0.1}，最终评价得分为 95.9，表示专家认同混联型混合智能系统 R-FC-DENN 在上海烟印厂订单成本分析中的应用，主要结果如图 7-27 所示。

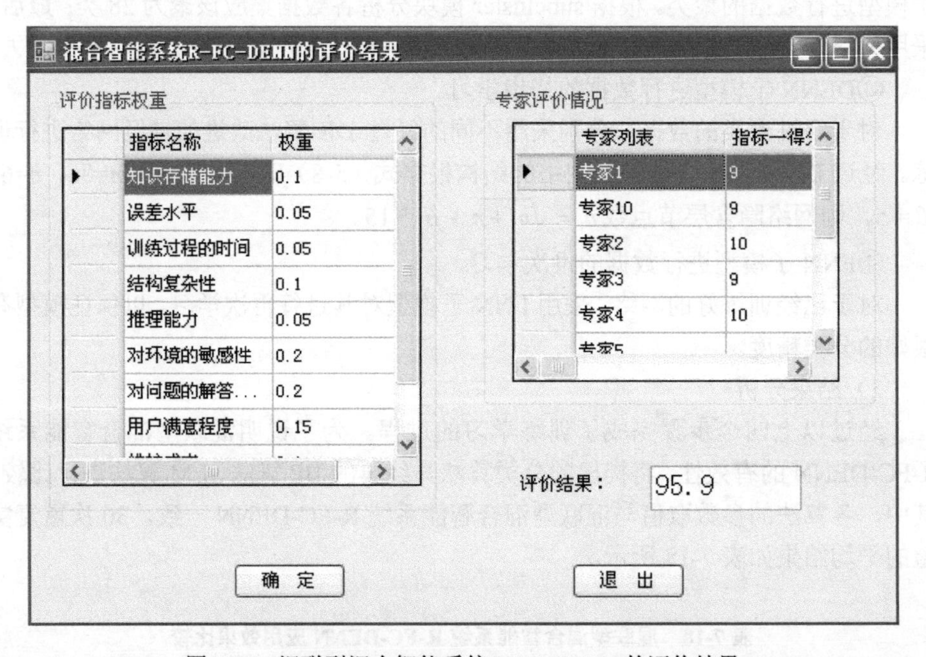

图 7-27　混联型混合智能系统 R-FC-DENN 的评价结果

3）上海烟印厂商务智能原型系统中订单成本分析子功能应用示例

上述步骤证明了混联型混合智能系统 R-FC-DENN 在上海烟印厂订单成本分析中应用的有效性。现将混联型混合智能系统 R-FC-DENN 加入上海烟印厂商务智能原型系统中，通过原型系统的使用即可方便、快捷地完成上海烟印厂订单成本分析。

7.3.2 节已经对上海烟印厂商务智能原型系统中订单成本分析子功能进行了介绍，其中，订单成本智能分析功能就是通过混联型混合智能系统 R-FC-DENN 来完成的，订单成本查询功能和统计功能则是对历史分析数据的查询和统计，找到问题的所在。其中，查询功能和统计功能的界面如图 7-28 所示。

订单编号	订单类型	产品名称	结束日期	加工性质
20070123-001	A类	中华(全开式)	20070407	自印
20070123-002	B类	中华(全开式)	20070510	自印
20070123-003	A类	中华(全开式)	20070301	自印
20070123-004	C类	曼妥思	20070330	外发
20070123-005	D类	曼妥思	20070501	外发
20070123-006	A类	中华(全开式)	20070630	自印
20070123-007	A类	中华(全开式)	20070415	自印
20070123-008	A类	中华(全开式)	20070320	自印
20070123-009	B类	比巴卜	20070830	外发
20070123-010	C类	比巴卜	20070401	外发

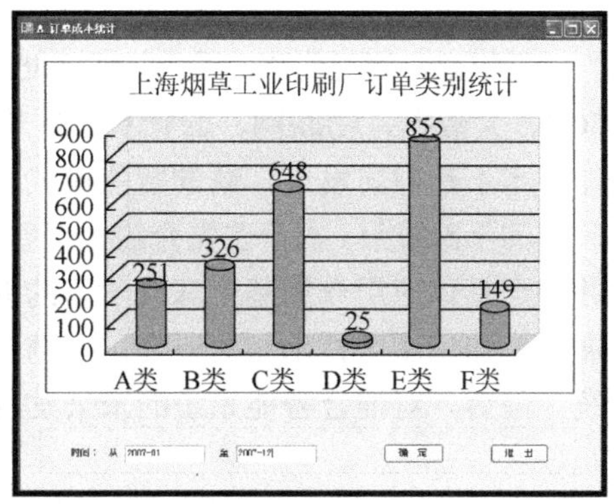

图 7-28　上海烟印厂订单成本查询功能和统计功能界面

7.5　本 章 小 结

本章主要讨论了案例应用背景介绍、上海烟印厂商务智能应用方案设计、上海烟印厂商务智能原型系统开发、上海烟印厂商务智能系统应用实例。

首先，介绍了案例应用的背景，对上海烟印厂以及上海烟印厂信息化的历程进行简要介绍；其次，对上海烟印厂商务智能应用需求进行了分析，并规划了上海烟印厂商务智能应用方案；再次，根据对上海烟印厂商务智能系统的需求分析、系统功能架构设计，开发了上海烟印厂商务智能原型系统，并对其中的关键技术进行论述；最后，以上海烟印厂企业绩效管理和订单成本分析为例，对原型系统的有效性进行了检验。通过上海烟印厂案例的分析，证明了第 6 章提出的基于混合智能系统的商务智能应用方案的有效性。

第 8 章 混合智能系统研究新进展

近年来，第五代移动通信技术（5th generation mobile communication technology，5G）、大数据、物联网、云计算、区块链等新一代信息技术快速发展，使人工智能技术不断向前发展，新的智能模式和发展路径不断涌现，促进了混合智能系统研究的不断发展。本章首先介绍人工智能联结主义的最新进展——深度学习技术，并结合具体应用介绍基于深度学习的混合智能系统；然后介绍符号主义的最新进展——知识图谱技术相关研究，并结合具体应用介绍基于知识图谱的混合智能系统；最后，对混合智能系统的未来发展进行展望。

8.1 基于深度学习的混合智能系统

从人工智能到深度学习，其演进过程如图 8-1 所示。

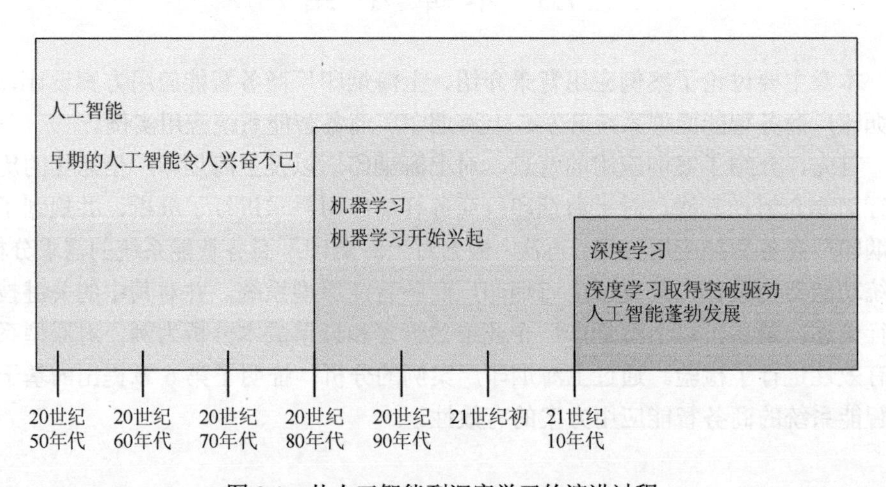

图 8-1 从人工智能到深度学习的演进过程

人工智能的目的是让机器完成人类的智能工作，如推理、规划和学习等。目前，人工智能中有多个研究热点，如计算机视觉（computer vision，CV）和自然语言处理（natural language processing，NLP）[203]。其中，计算机视觉的应用主要包括图像分类、图像分类+画框、物体检测、图像分割等；自然语言处理的应用主要包括机器翻译、语音助手等。人工智能中有许多方法，如专家系统和机器学习。其中，机器学习是人工智能的重要领域，其目的是让机器从训练数据中自动学习和进步，例如，通过输入大量棋谱，让机器学会如何下棋。机器学习又包括多种方法，如决策树、支持向量机和深度学习。深度学习是目前热门的机器学习方法，在诸多问题上表现最佳，尤其是在数据量足够大的情况下。深度学习的主要目标是用一种“深度”的模型完成机器学习，使用这种有“深度”的模型自动学习原始数据的特征表示，从而削减甚至消除人为特征工程的工作量。

“深度”是指将原始数据进行非线性特征转换的次数。如果将一个学习系统看作一个有向图结构，“深度”也可以指数据在系统中从输入到输出走过的最长路径。神经网络模型是目前深度学习采用的主要模型，因此，可以将其简单地看作神经网络的层数。一般超过一层的神经网络模型都可以看作深度学习模型，但实际上，随着深度学习的快速发展，神经网络的层数已经从早期的 5～10 层增加到目前的上千层。

一般认为，深度学习到目前为止共经历了 3 次浪潮：20 世纪 40 年代～60 年代，深度学习的雏形出现在控制论中；20 世纪 80 年代～90 年代，深度学习以联结主义的形式出现；2006 年以来，以深度学习之名复兴。

1. CNN

20 世纪 60 年代，神经生理学家 Hubel 和 Wiesel 研究发现，视觉信息通过人类视网膜传递到人类大脑的过程是一个分层次的过程，并且在传递中的每个层次都会由感受野（receptive fields）激发完成[204]。这一重大发现使其获得了诺贝尔生理学或医学奖，并推动了后续人工智能的突破性发展。1980 年，受该项研究成果的启发，日本学者 Fukushima 提出了卷积神经网络（convolutional neural network，CNN）的前身——Neocognitron 模型，其采用无监督学习方式实现了信息传递过程中的每一层信息都由前一层的局部区域激发获得[205]。20 世纪 90 年代前后，LeCun 等陆续提出了多个 LeNet 网络结构，成功地应用于字符识别等任务中，为 CNN 的现代结构奠定基础，受到了学术界和工业界的广泛关注[206, 207]。

CNN 是一种深层前馈神经网络，由卷积层、汇聚层（池化层）和全连接层交叉堆叠而成，其典型结构如图 8-2 所示。不同于全连接前馈神经网络，CNN 有局部连接、权重共享以及汇聚三个特征。这些特征使 CNN 在处理图像时，可以在一定程度上理解图像的平移、旋转和缩放等处理的不变性，而且相比于全连接前馈神经网络，其参数更少。因此，CNN 常被应用于完成图像处理任务上，并且在这些任务中的准确率远远超过其他网络模型。

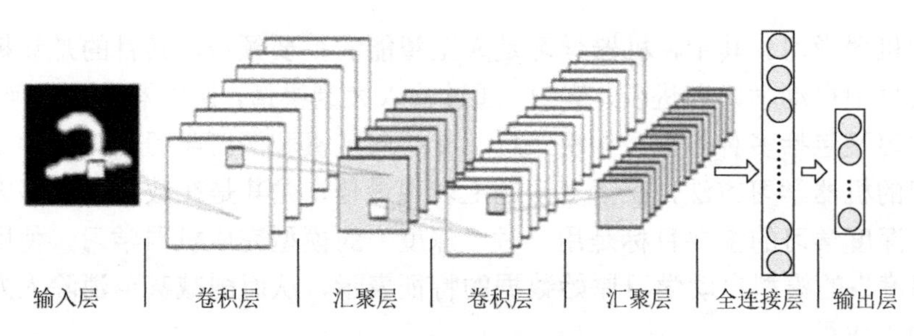

图 8-2　CNN 的典型结构

早期经典的 CNN 结构 LeNet-5 于 1998 年提出，其采用监督学习方式通过 BP 训练 CNN，取得了良好的手写字识别效果[207]。美国银行系统曾使用 LeNet-5 完成了全美 10%的支票识别任务。然而，当时人们并没有认识到大规模数据集的重要性以及进行大规模网络计算时存在的性能问题。因此，在之后的很长一段时间内，CNN 陷入了沉寂。

随着图形处理器（graphics processing unit，GPU）的日趋成熟，CNN 终于在十多年后迎来转机，许多方法开始尝试对深度 CNN 进行改善与优化。其中，最具标志性意义的当属 2012 年 ImageNet 图像分类竞赛第一名——CNN 模型 AlexNet，该模型的图像识别率相较于竞赛第二名取得了 11%的优势。AlexNet 与 LeNet-5 相类似，但是具有更深的网络层，其表现优异的核心在于使用 GPU 并行计算了大规模的图像数据集[208, 209]。此后，多种 CNN 模型不断被提出，其中主要探索的方向是让特征提取能力变得更强、网络变得更深。2014 年，牛津大学的 VGGNet 和谷歌公司的 GoogleNet 相继被提出，分别采用更小的卷积核和多尺度卷积核，增强了网络特征提取的非线性，刷新了 ImageNet 分类精度的纪录[210, 211]。2015 年，ImageNet 图像分类竞赛第一名是微软公司的 ResNet，其网络深度是 AlexNet 的近 20 倍、VGGNet 的近 8 倍。增加网络深度，同时结合残差学习缓解网络过深而无法收敛的问题，使得其 ImageNet 分类精度超越了人类的识别精度[212]。2016 年，由谷歌公司研发的人工智能程序 AlphaGo 在围棋比赛中连续战胜了人类的世界围棋冠军，引起了全世界的广泛关注。CNN 为 AlphaGo 分析围棋盘面信息提供了重要决策依据[213]。

当前，CNN 仍备受学术界和工业界共同关注，在其自身网络结构不断改进并发展的同时，应用场景也在不断扩展。CNN 在诸多领域特别是图像相关领域表现优异，包括图像识别、视频标注、自然语言处理、机器人控制等。

2. RNN

循环神经网络（recurrent neural network，RNN）起源于 19 世纪 80 年代 Hopfield 提出的包含递归结构的 Hopfield 网络，该网络能够有效地模仿生物的记忆机制[214]。然而，由于 Hopfield 网络的实现存在难度，且缺少应用场景，逐渐淡出了人们的视野。四年后，Jordan 通过对自动机的有序行为进行探索，提出了循环网络的方法，实现了对顺序动作的有效建模[215]。1990 年，Elman 对 Jordan 的循环网络进行简化得到新的循环网络[216]。Jordan 和 Elman 共同的 RNN 框架称为简单循环网络（simple recurrent network，SRN），是后续 RNN 的基础版本。

RNN 作为一种具有记忆能力的神经网络，在处理与时间序列相关的任务中表现优异。在这些任务中，网络的输出不仅和当前时刻的输入相关，也和过去时刻的输出相关，并且输入和输出的长度可能是不固定的。RNN 将它的每个神经元内部都设计成一个能够重复使用的自循环结构，不仅可以接收其他神经元的信息，也可以接收自身的信息。因此，可以采用一种有环路的网络结构表示 RNN，如图 8-3 所示。与前馈神经网络相比，RNN 更加符合生物神经网络的结构，其神经元带有自反馈能力，可以处理任意长度的时间序列数据。目前，RNN 已经广泛应用于语音识别、自然语言处理等任务中。

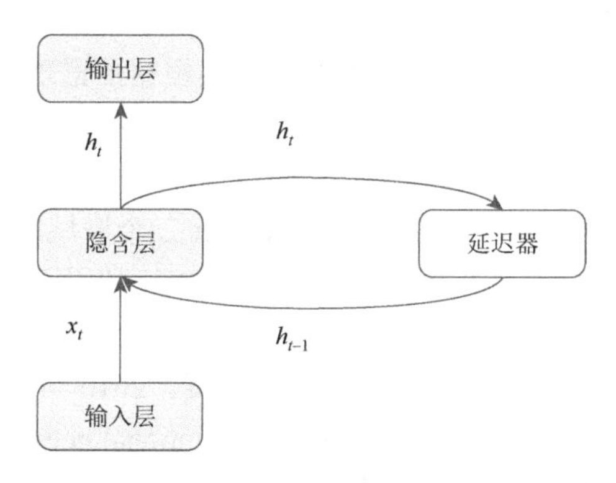

图 8-3　RNN 的简单结构

由于梯度消失和梯度爆炸问题，SRN 只能记忆较短时间内的历史状态，不能建立长时间间隔状态之间的依赖关系（长程依赖问题）。为了解决这一问题，1997 年，Hochreiter 和 Schmidhuber 提出一种特殊结构的 RNN，即长短时记忆（long short-term memory，LSTM）网络。该网络在 SRN 的基础上引入门控机制，利用输入门、遗忘门、输出门多门控单元控制信息的积累速度，使其有选择地记忆新的信息，且有选择地遗忘旧的信息[217]。2009 年，Graves 等对该网络做了改善与扩展，并将其应用到手写字识别中，获得了巨大成功。

然而，相比于 SRN，LSTM 网络内部结构较为复杂，记忆单元模块臃肿。为此，2014 年，Cho 等设计门控循环单元（gated recurrent unit，GRU），尝试简化 LSTM 网络的结构，从而在不影响其性能的同时提高计算效率[218]。与 LSTM 网络相比，每个 GRU 只包含两个门控机制，即更新门和重置门。其中，更新门控制当前状态信息中对前一时刻状态信息不同程度的保留，其越大代表信息保留程度越高；重置门控制前一时刻的状态信息对候选记忆单元的影响，影响越小，代表信息被忽略得越多。

RNN 在处理时间序列数据上具有天然的优势，因此，在信号处理、股票预测等具有时间序列数据的领域应用十分常见。此外，图像和文本等数据也可以处理为序列数据，使得 RNN 可以广泛地应用在视频描述、文本分类、机器翻译、语音识别等领域。RNN 的形式灵活多变，在应用时具有一对多（one-to-sequence）、多对一（sequence-to-one）和多对多（sequence-to-sequence）等模式。

3. GNN

图神经网络（graph neural networks，GNN）由 Gori 等在 2005 年首次提出，后由 Scarselli、Gori 和 Tsoi 等于 2009 年对其进一步阐述[219, 220]。处理图结构数据是 GNN 的首要动机。受 CNN 的启发，GNN 将卷积应用到非欧几里得空间的数据上，开始尝试重新定义非欧几里得空间的卷积算子。

2013 年，首个基于谱域的 GNN 被提出，其根据图谱理论和卷积定理，将非欧几里得空间的卷积算子定义到谱域，再由谱域返回空域。自此之后，对该网络进行改进、扩展、逼近的方法越来越多。2014～2016 年，稀疏 CNN（spatial CNN，SCNN）、光滑 SCNN（SmoothSCNN）、ChebNet 三个谱域图卷积方法相继提出，三者均立足于图谱理论并且一脉相承[221-223]。SCNN 利用可学习的矩阵代替谱域的卷积核，ChebNet 利用切比雪夫多项式代替谱域的卷积核，此时的研究均致力于对谱域卷积核的改进，以尽量降低时空复杂度。2016 年，阿姆斯特丹大学在 ChebNet 的基础上提出图卷积网络（graph convolutional networks，GCN），进一步简化了 ChebNet，对谱空间中的卷积核进行参数化，仅考虑一阶切比雪夫多项式，且每个卷积核仅有一个可学习的参数，大大降低了时空复杂度，同时从空间角度定义了节点的权重矩阵[224]。由于谱方法不适用于有向图，且每次训练需要用到整个图结构的拉普拉斯算子，一旦图结构发生改变，需要重新进行训练，可扩展性差，空间角度的操作逐渐进入人们的视野。

2017 年，基于空域的 GNN 出现，其直接在空间上定义卷积操作，不依赖图谱理论，具有良好的可扩展性。斯坦福大学和剑桥大学等纷纷聚焦于邻居节点取样、节点域用注意力机制或序列化模型建模节点权重等一系列重要问题的突破。在此期间，GraphSAGE 等的提出掀起了 GNN 的研究热潮。出于对大规模数据的考虑，GraphSAGE 对图结构中的每个节点进行邻居采样，只取一定数量的邻居节点作为其信息传播的来源，大大提高了计算效率[225]。斯坦福大学的 Jure 还联合图片社交网站 Pinterest，将 GraphSAGE 应用到其拥有 30 亿个节点、180 亿条边的大规模工业场景中，使该网站中 Shop and Look 产品浏览量实现迅速增长[226]。2018 年，图注意力网络（graph attention networks，GAT）出现，认为不同的邻居节点为目标节点所传递的信息量应该是不一样的，不能将它们同等对待。因而，GAT 利用注意力机制为图中节点的每个邻居分配不同的重要性，实现了 GNN 的又一次重要突破[227]。

近年来，GNN 的应用越来越广泛，也越来越关注复杂多样特性的图结构的处理，包括建模图上的高阶信息、带有属性边的图、异质图等，对多种具有不同特性的图数据设计精细算法。这期间提出了多种有效算法，阿姆斯特丹大学在 GCN 的基础上建模图中边的属性信息，斯坦福大学利用高度感知 GCN（height-aware GCN，HA-GCN）建模高阶信息。由于 GNN 具有良好的可解释性及表现性能，国内外各大企业与组织纷纷助推 GNN 落地，相关技术呈现百花齐放局面，并在金融风控、业务推荐、交通、计算机视觉、生命科学等领域广泛应用。更深层的 GNN 需要设计训练方式，以增强模型的泛化能力。此外，如何将 GNN 应用到大规模图数据中增强可扩展性并提升训练速度备受工业界关注。

4. 基于深度学习的混合智能系统研究

近年来，随着深度学习研究的不断发展，基于深度学习的混合智能系统研究逐渐出现。传统 CNN、RNN、GNN 主要针对不同类型数据提出，实际问题的复杂性带来了数据类型的多样性，需要综合运用不同类型的深度学习方法，因此，出现了基于深度学习的混合智能系统。接下来将结合具体应用问题，介绍四种基于深度学习的混合智能系统。

1）基于 GNewsRec 模型的个性化新闻推荐研究[228]

随着在线新闻平台（如雅虎新闻、谷歌新闻）数量的增加，在线新闻信息呈现爆炸式增长，用户被来自世界各地的各种主题的大量新闻信息淹没。为了缓解信息过载问题，GNewsRec 模型帮助用户快速找到自己的阅读兴趣，并实现个性化新闻推荐。

GNewsRec 模型首先构造一个异质图来显式地建模用户、新闻和潜在主题之间的交互。考虑用户通常有相对稳定的长期兴趣，但也可能在短时间内被某些事物吸引，分别建模用户对新闻的长期兴趣与短期兴趣，来共同学习用户嵌入和新闻嵌入。其中，用户的长期兴趣使用 GNN 模型，利用当前用户嵌入与用户的全部阅读历史进行捕获，通过在图上传播嵌入来编码高阶结构信息；用户的短期兴趣使用基于注意力的 LSTM 网络模型，利用用户的最近阅读历史进行分析。模型充分利用 GNN 模型和 LSTM 网络模型的特性与优势，实现有效的新闻推荐。此外，潜在主题信息的融入也减小了用户与新闻交互的稀疏性，且更有助于表示用户的兴趣。

2）基于 $PM_{2.5}$-GNN 模型的城市 $PM_{2.5}$ 浓度预测研究[229]

过去几十年里，工业的快速发展引发了严重的空气污染问题，特别是在京津冀、长三角和四川盆地等城市群。小于 2.5μm 的颗粒，即 $PM_{2.5}$，在降低大气能见度、人体健康、酸液沉降和气候等方面发挥着重要作用，受到了人们的特别关注。

$PM_{2.5}$-GNN 模型首先通过城市间的地理知识构造图结构。考虑 $PM_{2.5}$ 受 K 指数、风速、相对湿度、降水、大气压等多种复杂因素影响，$PM_{2.5}$-GNN 模型将众多领域知识作为图节点和边的属性，根据图结构学习 $PM_{2.5}$ 的传输和扩散过程。$PM_{2.5}$-GNN 模型主要由两个组件组成：一个是知识增强的 GNN，利用邻近信息和更新节点表示来捕获污染物在空间上的水平扩散；另一个是更新后的时空 GRU，模拟不同时间的天气影响下污染物的垂直积累和扩散。通过 GNN 与 GRU 的结合，有效利用广泛的领域知识对 $PM_{2.5}$ 在时间与空间上的传输和扩散过程进行建模。

3）基于 CNN-LSTM 模型的电池剩余使用寿命预测研究[230]

锂离子电池是工业制造中必不可少且广泛使用的电子设备，准确预测锂离子电池的剩余使用寿命有助于减少不必要的维护，并避免事故的发生。采用 CNN-LSTM 模型预测锂离子电池的剩余使用寿命。

CNN-LSTM 模型基于改进 CNN 和 LSTM 网络实现对锂离子电池剩余使用寿命的预测。首先使用自动编码器来处理和重构电池的时间序列数据，增加了数据维度，提取了更有价值的信息；然后，同时训练 CNN 和 LSTM 网络来提取特征，CNN 和 LSTM 网络利用电池相邻周期间的相关性探索序列特征，有助于降低数据噪声，增强特征的预测能力；最后，通过深度神经网络和一种平滑方法进行剩余使用寿命预测输出。与其他常用模型相比，CNN-LSTM 模型具有更高的预测准确性。

4）基于 CNN-LSTM 模型的损伤检测研究[231]

在工程实践中，飞机机翼、风力涡轮机转子叶片和桥梁等结构中可能会出现裂纹等初期损坏，这些损坏可能发展为灾难性故障，有必要进行有效的初期损坏检测。采用基于 CNN-LSTM 模型融合非线性输出频率响应函数的方法检测结构初期损坏。

CNN-LSTM 模型实现结构初期损坏检测的原理如下。一方面，CNN 通过构造卷积层，逐步捕捉局部特征来确定整体信息，其中，一维 CNN 具有傅里叶变换的能力；另一方面，RNN 的框架能够处理具有时间特性的问题，通过引入 GRU，LSTM 网络中的时间尺度可以自动调整，有助于更好地适应具有时延信息的函数。总之，CNN-LSTM 模型同时考虑 CNN 和 LSTM 网络的优点，CNN 的卷积连接可以捕捉瞬时频率等瞬时特征，LSTM 网络的递归连接有助于检测瞬时特征的变化规律，两者结合有助于提高损伤检测的识别精度。

8.2　基于知识图谱的混合智能系统

知识图谱的研究起源于 20 世纪 50 年代，至今大致分为三个发展阶段：第一阶段（1955～1977 年）是知识图谱的起源阶段，引文网络分析成为研究当代科学发展脉络的常用方法；第二阶段（1977～2012 年）是知识图谱的发展阶段，语义网的概念得到快速发展，应用基于资源描述框架（resource description framework，RDF）模式和网络本体语言（web ontology language，OWL）的本体模型来形式化表达数据中的隐含语义，使得知识能够在人机间交互；第三阶段（2012 年至今）是知识图谱的繁荣阶段，2012 年，谷歌公司提出 Google Knowledge Graph 知识库，改善了搜索引擎性能。随着人工智能的蓬勃发展，知识图谱涉及的知识抽取、表示、融合、推理、问答等关键问题得到一定程度的解决和突破，已经成为知识服务领域的一个新热点[232]。

知识图谱是一种结构化地揭示实体之间关系的语义知识库，以结构化的形式描述客观世界中概念、实体及其关系，将互联网的信息表达成更接近人类认知世界的形式，提供了一种更好地组织、管理和理解互联网海量信息的能力。它将互联网上可以识别的客观对象进行关联，以形成客观世界实体和实体关系的知识库，使得知识表示在工业界形成大规模知识应用。其基本组成单位是“实体—关系—实体”三元组，以及“实体—属性—值”对，实体间通过关系相互联接，构成网状的知识结构[233, 234]。具体来讲，知识图谱包含以下三层含义。

（1）知识图谱是一个具有属性的实体通过关系连接而成的网状知识库。从图的角度来看，知识图谱在本质上是一种概念网络，其中的节点表示物理世界的实体（或概念），边表示实体间的各种语义关系。由此可知，知识图谱是对物理世界的一种符号表达。

（2）知识图谱的研究价值在于，它是在当前 Web 基础上构造的一层覆盖网络。借助知识图谱，能够在 Web 网页上建立概念间的连接关系，从而以最小的代价将互联网中积累的信息组织起来并成为可以被利用的知识。

（3）知识图谱的应用价值在于，它能够改变现有的信息检索方式。一方面通过推理实现概念检索（相对于现有的字符串模糊匹配方式而言）；另一方面以图形化方式向用户展示经过分类整理的结构化知识，使人们从人工过滤网页寻找答案的模式中解脱出来。

知识图谱主要有自顶向下与自底向上两种构造方式。自顶向下指的是先为知识图谱定义好本体与数据模式，再将实体加入知识库。该构造方式需要将一些现有的结构化知识库作为其基础知识库。Freebase 项目就是采用这种方式，它的绝大部分数据是从维基百科中得到的。自底向上指的是从一些开放链接数据中提取出实体，选择其中置信度较高的实体加入知识库，再构造顶层的本体模式。目前，大多数知识图谱采用自底向上的方式进行构造，其中，最典型的就是Google Knowledge Vault。

知识图谱的体系架构如图 8-4 所示。其中，虚线框内的部分表示知识图谱的构造过程，采用一系列自动或半自动的技术手段，从原始数据中提取知识要素（事实），并将其存入知识库的数据层和模式层。这是一个迭代更新的过程。根据知识获取的逻辑，每一轮迭代包含 3 个阶段：①知识抽取，从各种类型的数据源中提取出实体、属性以及实体间的相互关系，在此基础上形成本体化的知识表达；②知识融合，在获得新知识后，需要对其进行整合，以消除矛盾和歧义，例如，某些实体可能有多种表达，某个特定称谓也许对应多个实体等；③知识加工，对于经过融合的新知识，需要经过质量评估（部分需要人工参与甄别），才能将合格的部分加入知识库中，以确保知识库的质量。新增数据之后，可以进行知识推理、拓展现有知识、得到新知识。

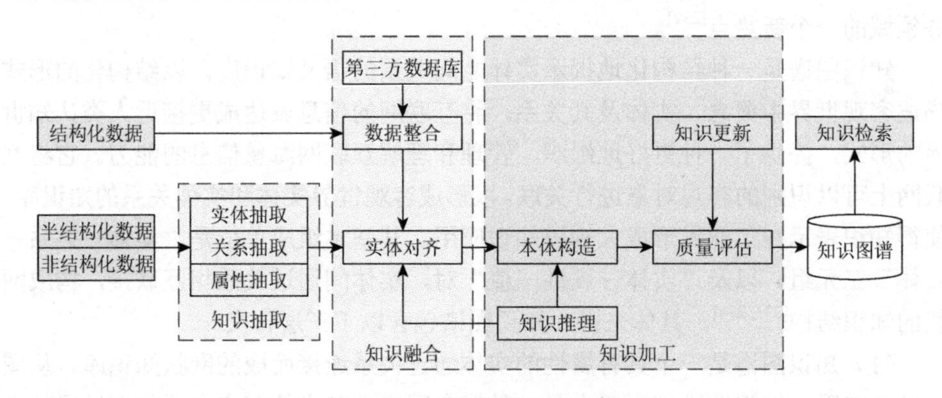

图 8-4　知识图谱的体系架构

根据知识图谱的体系架构，采用自底向上的知识图谱构造过程是一个迭代更新的过程，主要包括知识抽取、知识融合和知识加工三个步骤。通过知识抽取技术，可从一些公开的半结构化、非结构化数据中提取实体、关系、属性等知识要素；通过知识融合，可消除实体、关系、属性等指称项与事实对象之间的歧义，形成高质量的事实表达；通过知识加工，可进一步挖掘隐含的知识，获得结构化、网络化的知识体系。

1. 知识抽取

知识抽取是一种自动化地从半结构化和非结构化数据中抽取实体、关系以及属性等结构化信息的过程，关键在于如何从异构数据源中自动抽取信息得到候选知识单元。按照抽取对象，可以将涉及的关键技术分为实体抽取、关系抽取和属性抽取。

实体抽取，也称为命名实体识别（named entity recognition，NER），指从文本数据集中自动识别专有名词（如机构名、地名、人名、时间）或有意义的名词性短语。实体抽取的质量（准确率和召回率）对知识获取的质量和效率有着直接影响，因此，实体抽取是知识图谱构造和知识获取的基础与关键。为了解决早期的实体抽取方法面向单一领域（如特定行业或特定业务）的问题，相继提出规则和监督学习相结合的方法、半监督方法、远程监督方法以及海量数据的自学习方法等。

关系抽取是利用多种技术自动从文本中发现命名实体之间的语义关系，将文本中的关系映射到实体关系三元组上。相较于实体抽取，关系抽取更加复杂，研究的难点主要体现在并非所有的关系都很明显，即关系表达的隐含性；实体关系不仅有二元，还有多元，即关系的复杂性；一种关系可能会有多种表述形式，如A位于B或B的省会是A，即语言的多样性。

属性抽取的目标是从不同信息源中采集特定实体的属性信息。例如，针对某个公众人物，可以从网络公开信息中得到其昵称、生日、国籍、教育背景等信息。属性抽取技术能够从多种数据源中汇集这些信息，实现对属性的完整勾画。

2. 知识融合

通过知识抽取，实现了从结构化、非结构化和半结构化数据中获取实体、关系以及属性信息的目标。然而，这些结果中可能包含大量的冗余和错误信息，数据之间的关系也是扁平化的，缺乏层次性和逻辑性，因此，有必要对其进行清理和整合。根据融合层面，可以分为数据层知识融合和模式层知识融合，前者主要研究实体链接、实体消解，是面向知识图谱实例层的知识融合；后者主要研究本体对齐、本体匹配等。知识融合可以消除概念的歧义，剔除冗余和错误概念，从而确保知识的质量。

数据层知识融合研究的主要任务是实体链接，即对于从文本中抽取得到的实体对象，将其链接到知识库中对应的正确实体对象的操作。实体链接的一般流程如下：①从文本中通过实体抽取得到实体指称项；②进行实体消歧和共指消解，判断知识库中的同名实体是否代表不同的含义以及知识库中是否存在其他命名实体与之表示相同的含义；③在确认知识库中对应的正确实体对象之后，将该实体指称项链接到知识库中对应实体。

模式层知识融合是对多个知识库或者信息源在模式层进行模式对齐的过程。本体对齐或者本体匹配是主要研究任务，指确定本体概念之间映射关系的过程。本体匹配可以分为单语言本体匹配和跨语言本体匹配：单语言本体匹配是指建立同一自然语言中本体的对齐映射关系的过程；跨语言本体匹配是指从两个或多个独立的语言本体中建立本体之间映射关系的过程。本体匹配的研究核心就在于如何通过本体概念之间的相似性度量，发现异构本体间的匹配关系。本体匹配的基本方法包括基于结构的方法、基于实例的方法、基于语言学的匹配算法、基于文本的匹配算法和基于已知本体实体联接的匹配算法。

3. 知识加工

通过知识抽取，可以从原始数据源中提取实体、关系与属性等知识要素；经过知识融合，可以消除实体指称项与实体对象之间的歧义，得到一系列基本的事实表达。然而，事实本身并不等于知识，要想最终获得结构化、网络化的知识体系，还需要经历知识加工的过程。知识加工主要包括本体构造、知识推理、质量评估和知识更新。

在知识图谱中，本体位于模式层，用于描述概念层次体系，是知识库中知识的概念模板。本体可以采用人工编辑的方式手动构造（借助本体编辑软件），也可以采用计算机辅助、以数据驱动的方式自动构造，然后采用算法评估与人工审核相结合的方式加以修正和确认。对于特定领域，可以采用领域专家和众包的方式人工构造本体；对于跨领域的全局本体库，可以从一些面向特定领域的现有本体库出发，逐步扩展，自动构造本体。

知识推理指从知识库中已有的实体关系数据出发，经过计算机推理，建立实体间的新关联，从而拓展和丰富知识网络。这是知识图谱构造的重要手段和关键环节，通过知识推理，作用于实体、实体间的关系、实体的属性、本体的概念层次关系等，根据本体库中的概念继承关系，也可以进行概念推理，进而从现有知识中发现新的知识。

质量评估可以对知识的可信度进行量化，通过舍弃置信度较低的知识，保障知识库的质量。首先，受现有技术水平的限制，采用开放域信息抽取技术得到的知识元素有可能存在错误（如实体识别错误、关系抽取错误），经过知识推理得到的知识的质量同样是没有保障的；然后，随着开放关联数据项目的推进，各子项目所产生的知识库产品间的质量差异也在增大，数据间的冲突日益增多；因此，质量评估在全局知识图谱的构造中起着重要作用。

人类所拥有的信息和知识量都是时间的单调递增函数，因此，知识图谱的内容需要与时俱进，其构造过程是一个不断迭代更新的过程。从逻辑上看，知识库的更新包括模式层的更新和数据层的更新。模式层的更新是指新增数据后获得了新的概念，需要自动将新的概念添加到知识库的模式层中。数据层的更新主要是新增或更新实体、关系和属性，对数据层进行更新需要考虑数据源的可靠性、数据的一致性（是否存在矛盾或冗余等问题）等多方面因素。知识图谱的内容更新有两种方式：全面更新和增量更新。全面更新是指以更新后的全部数据为输入，从零开始构造知识图谱。这种方式比较简单，但资源消耗大，而且需要耗费大量人力资源进行系统维护。增量更新是指以当前新增数据为输入，向现有知识图谱中添加新增知识。这种方式资源消耗小，但目前仍需要大量人工干预（定义规则等），因此，实施起来十分困难。

4. 基于知识图谱的混合智能系统研究

近年来，随着知识图谱的不断发展，出现了基于知识图谱的混合智能系统研究。接下来结合推荐系统这一背景，介绍两个基于知识图谱的混合智能系统：基于 RippleNet 模型的混合智能系统和基于具有标签平滑性的知识感知图神经网络（knowledge-aware graph neural networks with label smoothness，KGNN-LS）模型的混合智能系统。

1）基于 RippleNet 模型的推荐研究[235]

为了解决推荐系统中的稀疏和冷启动问题，通常采用社交关系和物品属性等辅助信息提高推荐性能。知识图谱包含丰富的事实和物品连接信息，能够捕获物品之间的语义相关性，将知识图谱作为辅助信息融入推荐系统中是一个重要手段。RippleNet 模型基于知识图谱的结构特征和 GNN 共同实现推荐系统。

RippleNet 模型采用 GNN 方法对用户兴趣在知识图谱上的传播过程进行模拟，根据宽度优先搜索获取多跳关联实体。对于每个用户，将其历史喜欢的物品作为知识图谱种子集合，以该集合为起点，沿着图中连接迭代地向外扩散。类似于一滴水滴落在水面上而产生的波纹（ripple）效应，多个波纹之间也会相互干涉叠加，从而获得用户兴趣在知识图谱上的分布，更加准确地预测用户的偏好，并为其进行推荐。

2）基于 KGNN-LS 模型的推荐研究[236]

推荐系统的学习过程通常容易产生过拟合问题，导致推荐效果不佳。KGNN-LS 模型将 GNN 结构扩展到知识图谱，同时捕获项目之间的语义关系和个性化用户偏好，并加入正则化，从而解决过拟合问题，提供更好的推荐。

KGNN-LS 模型通过使用用户特定的关系评分函数和聚集不同权重的邻域信息，将 GNN 架构应用于知识图谱。模型依赖标签平滑假设，该假设认为知识图谱中相邻的两个项目可能拥有相似的用户评分。标签平滑度约束和损失为知识图谱中的边缘权重提供了强大的正则化，解决了过拟合问题。标签平滑假设不仅对推荐任务起到重要作用，在其他图任务（如链接预测和节点分类）中同样具有重要指导意义。

8.3　混合智能系统发展展望

2017 年 7 月，国务院印发的《新一代人工智能发展规划》中提出建立新一代人工智能基础理论体系[237]："加强大数据智能、跨媒体感知计算、人机混合智能、群体智能、自主协同与决策等基础理论研究。大数据智能理论重点突破无监督学习、综合深度推理等难点问题，建立数据驱动、以自然语言理解为核心的认知计算模型，形成从大数据到知识、从知识到决策的能力。跨媒体感知计算理论重点突破低成本低能耗智能感知、复杂场景主动感知、自然环境听觉与言语感知、多媒体自主学习等理论方法，实现超人感知和高动态、高维度、多模式分布式大场景感知。混合增强智能理论重点突破人机协同共融的情境理解与决策学习、直觉推理与因果模型、记忆与知识演化等理论，实现学习与思考接近或超过人类智能水平的混合增强智能。群体智能理论重点突破群体智能的组织、涌现、学习的理论与方法，建立可表达、可计算的群智激励算法和模型，形成基于互联网的群体智能理论体系。自主协同控制与优化决策理论重点突破面向自主无人系统的协同感知与交互、自主协同控制与优化决策、知识驱动的人机物三元协同与互操作等理论，形成自主智能无人系统创新性理论体系架构。"

大数据智能、跨媒体感知计算、人机混合智能、群体智能、自主无人系统等为人工智能的重要发展方向，但是由于人类智能具有复杂性和混合性特征，最终真正实现"强人工智能"，一定是以上方向以及未来出现的新兴方向的综合。混合智能系统一定是实现"强人工智能"的一个重要的可行技术方案。与此同时，混合智能系统的进一步发展需要加强人工智能的生理学基础和人工智能芯片研究，不断探索"知识引导+数据驱动"的混合智能研究，从计算智能、感知智能提升到认知智能，实现人机协同的混合智能系统。

1. 人工智能的生理学基础研究

一直以来，人工智能的发展与人体生理学的研究息息相关，对脑与神经科学领域技术的不断研究支持着人工智能学者对智能本质进行更加深入的探索，这也是人工智能及混合智能系统研究的重要基础之一。当前，对人工智能生理学研究的一个重要方向是基于大脑认知仿生驱动机制的类脑智能研究。类脑智能是以计算建模为手段，受脑神经机制和认知行为机制启发，并通过软硬件协同实现的机器智能。类脑智能具备在信息处理机制上类脑、认知行为和智能水平上类人等特点，目标是使机器实现各种人类具有的多种认知能力及其协同机制，最终达到或超越人类智能水平。早期的类脑智能将神经元和突触模型作为基础，注重神经系统在微观尺度上的建模，对整体的脑认知系统缺乏框架级别的计算模型，与真正实现认知功能的模拟之间具有很大鸿沟。近年来，随着深度学习的提出，得益于深度神经网络的多层结构以及与人脑的层次化抽象信息处理机制的互通性，类脑智能在感知信息处理方面取得了巨大突破和应用成效。如今，对于类脑智能技术的研究已经形成一套完整的体系，主要有基础理论层、硬件层、软件层和产品层。

基础理论层基于脑认知与神经计算，主要从生物医学角度研究大脑可塑性机制、脑功能结构、脑图谱等大脑信息处理机制；硬件层主要是实现类脑功能的神经形态芯片，也就是非冯·诺依曼架构的类脑芯片；软件层包括核心算法和通用技术，核心算法主要是弱监督学习和无监督学习机制，如脉冲神经网络、增强学习、对抗神经网络等；产品层主要包括交互产品和整机产品，交互产品包括脑机接口、脑控设备、神经接口、智能假体等，整机产品主要包括类脑计算机、类脑机器人等。

2. 人工智能芯片研究

人工智能芯片作为人工智能技术的硬件基础和产业落地的必然载体，是人工智能向前发展的内在动力。广义上，人工智能芯片是指在人工智能系统中，能够实现利用数字计算机或者数字计算机控制的机器模拟、延伸和扩展人的算法芯片；狭义上，人工智能芯片是指针对人工智能算法进行电路或者器件定制的芯片。目前，人工智能芯片主要包括四类技术路线。第一类是经过软件、硬件优化，可以高效支持人工智能应用的通用计算芯片。这类芯片计算核心是算术逻辑，基于其通用性，需要应对分支跳转、中断等复杂的指令处理，需要消耗很多片上资源。第二类是专门为特定的人工智能产品或服务而设计的芯片，它针对特定的计算网络结构，采用硬件电路实现的方式，能够在很低的功耗下实现非常高的能效比，称为专用集成电路（application specific integrated circuit，ASIC）。这类芯片侧重加速机器学习，广泛应用于网络模型算法和应用需求固定的环境中，也是目前人工智能芯片中最多的形式。第三类是基于可重构架构实现的处理器芯片，通过将计算部分设计为可配置的处理单元，并调整相应的配置信息来改变存储器与处理单元之间的连接，从而实现硬件结构的动态配置。该类芯片可根据不同的应用需求灵活重构自身的体系结构，同时具备通用计算芯片兼容性和专用集成电路高效性的优点。第四类是采用神经拟态工程设计的神经拟态芯片，使用电子技术模拟已经被证明的生物脑的运作规则，从而构造类似生物脑的电子芯片，即仿生电子脑。该类芯片能够更好地拟合人脑的感知方式、行为方式和思维方式，在计算上具有低功耗、低延迟、高速处理、时空联合等特点。

3. “知识引导+数据驱动”的混合智能研究

当前，人工智能研究很大一部分集中在通过多种方式采集大量数据，并对其进行加工和预处理，在数据的基础上经过训练和拟合形成自动化的决策模型。然而，这类数据驱动的人工智能大多应用在具有充分数据、稳定性、完全信息、静态、特定领域与单任务的场景下。从人类智能的表现角度来说，最重要的就是“随机应变”，能够根据已有的知识举一反三。因此，人工智能想要突破现有的数据驱动带来的局限性，需要充分应用的不仅是数据、算法和算力，知识也是非常重要的一环。引入人类知识来克服数据驱动的人工智能的局限性，将知识引导和数据驱动相结合，从而实现混合智能，将是人工智能发展的必然趋势。“知识引导+数据驱动”的混合智能能够不断地解决不完全信息、不确定性、动态环境下的问题，使得人们离达到真正的人工智能更进一步。其最主要的任务就是建立可解释的鲁棒人工智能理论，充分发挥知识、数据、算法和算力四要素的作用，在充分利用“数据”的同时，注重“知识”的引导作用，在原有数据库的基础上，同步建立知识库或知识图，以支持和促进智能应用。

4. 认知智能研究

目前，人工智能的发展可分为三个阶段：计算智能、感知智能和认知智能，其中，认知智能是人工智能及混合智能系统发展的重要方向。计算智能是人工智能发展的初始阶段，其以快速的计算能力和记忆存储能力为基础，是受到大自然智慧和人类智慧的启发而设计出的一类解决复杂问题方法的统称。计算智能是感知智能和认知智能的基础，目前已经形成的具有代表性的应用有神经网络、进化计算、群体智能和人工免疫系统等。感知智能是指机器能够像人类一样具备视觉、听觉和触觉等感知能力，即机器通过传感器模仿人的感觉器官，感知外部环境并通过各种智能感知能力与自然界进行交互。目前，感知智能具有代表性的应用主要有图像识别和语音识别等。然而，感知智能对应感性认识，只能看到事物的表象，是认识的初级阶段。新一代人工智能技术正在从感知层面向认知层面迈进。认知智能是人工智能的高级阶段，旨在对人类特有的自然语言、知识表达、逻辑推理、自主学习等能力进行深入的机理研究与计算机模拟，使机器能够拥有类似人类的智慧。认知智能与人的语言、知识、逻辑相关，涉及语义理解、知识表示、小样本学习甚至零样本学习、联想推理、智能问答、情感推算、自主学习和决策规划等。在认知智能的帮助下，人工智能通过发现世界和历史上海量的有用信息，并洞察信息间的关系，不断优化自己的决策能力，甚至拥有专家级别的实力，辅助人类做出决策。

5. 人机协同的混合智能系统研究

人工智能系统已经渗透到各行各业。随着相关技术的发展和融合，人工智能将以人机协同的方式嵌入所有的业务流程中，连接线上、线下各类数据，形成人类智慧与机器智能融合的混合智能系统。人机协同智能将专为人与计算机之间进行自然交互、协作完成复杂业务而构造，同时为开发者设计研发人机协同智能应用提供全面支持，提升人类与机器智能协作效率，从而有力推动人机协同发展。结合了人类智慧和机器智能的人机协同将会沿着“人机交互—人机融合—人机共创”的技术路线依次演进。人机交互主要涉及人与机器或者系统的沟通问题。人机融合主要侧重人的大脑与机器的“电脑”相结合的智能问题。人机融合智能理论着重描述一种由人、机、环境系统相互作用而产生的新型智能形式，在人机融合的不断适应中，人与机器的关系将演变为互相理解，人的主动性将与机器的被动性混合起来，从而使得人与机器结合产生既大于人也大于机器的效果。作为人机协同的全新技术路线，人机共创在前沿科技与文艺创作等维度都具有重要的探索和实验价值。人机共创体现了科技思维与文艺思维的结合，使得人类智慧与机器智慧实现共同协作。以文学作品的人机共创为例，大量项目生成的文本汇入网络世界，新的模型又在网络世界中人类与机器共同创作的文字基础上进行学习，人与机器的创作实现了“我中有你，你中有我”。人机共创使用更多的数据、更智能的算法，打破人类与机器思想的边界，实现人与机器的协作交互，让思想碰撞与流动。

参 考 文 献

[1] 史忠植. 智能科学[M]. 北京：清华大学出版社，2006.

[2] Minsky M. Logic versus analogical or symbolic versus connectionist or neat versus scruffy[J]. AI Magazine，1991，12（2）：35-51.

[3] 钱学森，于景元，戴汝为. 一个科学新领域——开放的复杂巨系统及其方法论[J]. 自然杂志，1990，13（1）：3-10.

[4] 薛华成. 管理信息系统[M]. 北京：清华大学出版社，1999.

[5] 孙华梅，李一军，黄梯云. 管理信息系统的发展与展望[J]. 运筹与管理，2004，13（6）：1-5.

[6] Negoita M G，Neagu D，Palade V. Computational Intelligence[M]. Berlin：Springer-Verlag，2005.

[7] Negoita M G，Reusch B. Real World Applications of Computational Intelligence[M]. Berlin：Springer-Verlag，2005.

[8] Ovaska S J. Computationally Intelligent Hybrid Systems：The Fusion of Soft Computing and Hard Computing[M]. New York：Wiley，2005.

[9] Medsker L. Hybrid Intelligent Systems[M]. Boston：Kluwer Academic Publishers，1995.

[10] Goonatilake S，Khebbal S. Intelligent Hybrid Systems[M]. New York：Wiley，1995.

[11] Abraham A. Hybrid intelligent systems design：A review of a decade of research[R]. Melbourne：Monash University，2002.

[12] HIS. Hybrid Intelligent Systems[EB/OL]. [2022-11-09]. https://en.wikipedia.org/wiki/Hybrid_intelligent_system.

[13] IJHIS. International Journal of Hybrid Intelligent Systems[EB/OL]. [2022-11-09]. https://www.iospress.com/catalog/journals/international-journal-of-hybrid-intelligent-systems.

[14] Ovaska S J，Kamiya A，Chen Y Q. Fusion of soft computing and hard computing：Computational structures and characteristic features[J]. IEEE Transactions on Systems，Man，and Cybernetics，Part C，2006，36（3）：439-448.

[15] Shi C，Cheok A D. Performance comparison of fused soft control/hard observer type controller with hard control/hard observer type controller for switched reluctance motors[J]. IEEE Transactions on Systems，Man，and Cybernetics，Part C，2002，32（2）：99-112.

[16] Sterritt R，Bustard D W. Fusing hard and soft computing for fault management in telecommunications systems[J]. IEEE Transactions on Systems，Man，and Cybernetics，Part C，2002，32（2）：92-98.

[17] Cho S B. Incorporating soft computing techniques into a probabilistic intrusion detection system[J]. IEEE Transactions on Systems，Man，and Cybernetics，Part C，2002，32（2）：

154-160.

[18] Kewley R H，Embrechts M J. Computational military tactical planning system[J]. IEEE Transactions on Systems，Man，and Cybernetics，Part C，2002，32（2）：161-171.

[19] 刘振凯. 智能混合系统的理论及其工程应用研究[D]. 西安：西北工业大学，1997.

[20] 王刚. 基于混合智能系统的数据挖掘分类算法研究[D]. 长沙：中南大学，2004.

[21] Medsker L R，Bailey D L. Models and guidelines for integrating expert systems and neural networks[M]//Kandel A，Langholz G. Hybrid Architecture for Intelligent Systems. Boca Raton：CRC Press，1992：153-171.

[22] Ovaska S J，van Landingham H F. Fusion of soft computing and hard computing in industrial applications：An overview[J]. IEEE Transactions on Systems，Man，and Cybernetics，Part C，2002，32（2）：72-79.

[23] Khosla R，Dillon T. Engineering Intelligent Hybrid Multi-Agent Systems[M]. Boston：Kluwer Academic Publishers，1997.

[24] Jacobsen H A. A generic architecture for hybrid intelligent systems[C]. Anchorage：Proceedings of The 1998 IEEE International Conference on Fuzzy Systems，1998：709-714.

[25] Lertpalangsunti N，Chan C W. An architectural framework for hybrid intelligent systems：Implementation issues[J]. Intelligent Data Analysis，2000，4：375-393.

[26] Zhang Z L，Zhang C. Agent-Based Hybrid Intelligent Systems[M]. Berlin：Springer-Verlag，2004.

[27] Li C S，Liu L. MAHIS：An agent-oriented methodology for constructing dynamic platform-based HIS[M]//Zhang S，Jarvis R. AI2005. Berlin：Springer-Verlag，2005：705-714.

[28] Hefny H A，Wahab A，Bahnasawi A. A novel framework for hybrid intelligent systems[M]//Iman I. IEA/AIE-99. Berlin：Springer-Verlag：761-770.

[29] Kordon A K. Hybrid intelligent systems for industrial data analysis[J]. International Journal of Intelligent Systems，2004，19：367-383.

[30] Tsakonas A，Dounias G. Hybrid Computational Intelligence Schemes in Complex Domains：An Extended Review[M]//Vlahavas I P，Spyropoulos C D. SETN2002. Berlin：Springer-Verlag，2002：494-511.

[31] Gallant I S. Connectionist expert systems[J]. Communication of the ACM，1988，31（2）：152-169.

[32] Caudill M. Using neural nets：Hybrid expert networks[J]. AI Expert，1990，5（11）：49-54.

[33] Kuncicky D C，Hruska S I，Lacher R C. Hybrid systems：The equivalence of rule-based expert systems and artificial neural network inference[J]. International Journal of Expert Systems，1991，4（3）：281-297.

[34] Towell G G，Shavlik J W，Noordewier M O. Refinement of approximate domain theories by knowledge-based neural networks[C]. San Mateo：Proceedings of AAAI90，1990：861-866.

[35] Suddarth S C，Holden A D C. Symbolic-neural systems and the use of hints for developing compiles systems[J]. International Journal of Pattern Recognition，1991，5（4）：503-522.

[36] Tirri H. Implementing expert system rule conditions by neural networks[J]. New Generation Computing，1991，10：55-71.

[37] Honik K，Stinchcomb M，White H. Multiplayer feedforward networks are universal approximator[J]. Neural Computing，1990，2：210-215.

[38] Kosko B. Fuzzy systems as universal approximators[J]. IEEE Transactions on Computers，1994，43（11）：1329-1333.

[39] Wang L，Mendel J. Fuzzy basis functions，approximation，and orthogonal least squares learning[J]. IEEE Transactions on Neural Network，1992，3（5）：807-814.

[40] Medsker L R. Models and techniques for developing hybrid neural network and expert systems[J]. Journal of Computer and Software Engineering，1995，3（1）：487-495.

[41] Mitchell M. An Introduction to Genetic Algorithms[M]. Cambridge：MIT Press，1996.

[42] Rao S S，Pan T S，Venkayya V B. Optimal placement of actuators in actively controlled structures using genetic algorithms[J]. AIAA Journal，1991，29（6）：942-943.

[43] van Rooij A J F. Neural Network Training Using Genetic Algorithm[M]. Singapore：World Scientific，1996.

[44] Pawlak Z，Busse J G. Rough sets[J]. Communications of the ACM，1995，38（11）：89-95.

[45] Sarkkar M，Yegnanarayana B. Fuzzy-rough neural networks for vowel classification[C]. San Diego: Proceedings of IEEE International Conference on Systems, Man and Cybernetics, 1998: 4160-4165.

[46] Jelonek J，Krawiec K，Slowinski R. Rough set reduction of attributes and their domains for neural networks[J]. Computational Intelligence，1995，11（2）：339-347.

[47] Myllymaki P，Tirri H. Bayesian case-based reasoning with neural networks[C]. San Francisco：Proceedings of the IEEE International Conference on Neural Networks，1993：422-427.

[48] Xu L D. Developing a case-based knowledge system for AIDS prevention[J]. Expert Systems，1994，11（4）：237-244.

[49] Louis S，McGraw G，Wyckoff R O. Case-based reasoning assisted explanation of genetic algorithm results[J]. Journal of Experimental and Theoretical Artificial Intelligence，1993，5（1）：21-37.

[50] Ramsey C L，Grefenstette J J. Case-based initialization of genetic algorithms[C]. San Francisco：Proceedings of International Conference on Genetic Algorithms，1993：84-91.

[51] Li S L，Duan Y Q，Kinman R，et al. A framework for a hybrid intelligent systems in support of marketing strategy development[J]. Marketing Intelligent and Planning，1999，17（2）：70-77.

[52] Li S L. Developing marketing strategy with MarStra：The support system and the real-world test[J]. Marketing Intelligence and Planning，2000，18（3）：135-143.

[53] Aburto L，Weber R. Improved supply chain management based on hybrid demand forecasts[J]. Applied Soft Computing，2007，7（1）：136-144.

[54] Yu L X，Zhang Y Q. Evolutionary fuzzy neural networks for hybrid financial prediction[J]. IEEE Transactions on Systems，Man，and Cybernetics，Part C，2005，35（2）：244-249.

[55] Abraham A，Nath B，Mahanti P K. Hybrid intelligent systems for stock market analysis[J]. Lecture Notes in Computer Science，2001（2074）：337-345.

[56] Feng S，Xu L D. Hybrid artificial intelligence approach to urban planning[J]. Expert Systems，1999，16（4）：257-270.

[57] Nemati H R，Todd D W，Brown P D. A hybrid intelligent systems to facilitate information system project management activities[J]. Project Management Journal，2002，33（3）：42-52.

[58] Tan K H，Lim C P，Platts K，et al. An intelligent decision support system for manufacturing technology investments[J]. International Journal of Production Economics，2006，104：179-190.

[59] Goonatilake S. Intelligent hybrid systems for financial decision making[C]. Nashville：Proceedings of ACM Symposium on Applied computing，1995：471-476.

[60] Hashemi R R，Blanc L，Rucks C T，et al. A hybrid intelligent systems for predicting bank holding structures[J]. European Journal of Operational Research，1998，109：390-402.

[61] Angeli C. Integrating symbolic and numerical features for fault prediction and diagnosis by an expert system[J]. Expert Systems，1999，16（4）：233-239.

[62] Jota P R S，Islam S M，Wu T，et al. A class of hybrid intelligent systems for fault diagnosis in electric power systems[J]. Neurocomputing，1998，23：207-224.

[63] Kordon A K，Smits G F，Kalos A N，et al. Robust soft sensor development using genetic programming[J]. Data Handling in Science and Technology，2003，23：69-108.

[64] Madan S，Son W K，Bollinger K E. Development of an integrated intelligent system[C]. Victoria：Proceedings of IEEE Pacific Rim Conference on Communications，Computers and Signal，1999：827-830.

[65] El-Fergany A A，Yousef M T，El-Alaily A A. Fault diagnosis in power systems-substation level-through hybrid artificial neural networks and expert system[J]. IEEE/PES Transmission and Distribution Conference and Exposition Developing New Perspectives (Cat. No.01CH37294)，2001：207-211.

[66] Zhou C J，Jagannathan K，Myint T. Prescribed synergy method-based hybrid intelligent gait synthesis for biped robot[C]. Detroit：Proceedings of the 1999 IEEE International Conference on Robotics and Automation，1999：1384-1389.

[67] Challaghan M J，Mcginnity T M，McDaid L. Third order loose coupled hybrid intelligent systems for machine vision applications[C]. The Hague：2004 IEEE International Conference on Systems，Man and Cybernetics，2004：3680-3685.

[68] Chtioui Y，Bertrand D，Devaux M. Application of a hybrid neural network for the discrimination of seeds by artificial vision[C]. Toulouse：Proceedings Eighth IEEE International Conference on Tools with Artificial Intelligence，1996：484-489.

[69] Meesad P，Yen G G. A hybrid intelligent systems for medical diagnosis[C]. Washington DC：Proceedings of International Joint Conference on Neural Networks，2001：2558-2563.

[70] Reddy N P，Rothschild B M. Hybrid fuzzy logic committee neural networks for classification in medical decision support systems[C]. Houston：Proceedings of the Second Joint EMBS/BMES Conference，2002：30-31.

[71] Pattaraintakorn P，Cercone N，Naruedomkul K. Hybrid intelligent systems：Selecting attributes for soft-computing analysis[C]. Edinburgh：Proceedings of the 29th Annual International Computer Software and Application Conference，2005：319-325.

[72] Lones M A，Tyrrell A M. The evolutionary computation approach to motif discovery in biological sequences[C]. Washington DC：Proceeding of GECCO'05，2005：1-11.

[73] Tsakonas A，Tsiligianni T，Dounias G. Evolutionary neural logic networks in splice-junction gene sequences classification[J]. International Journal on Artificial Intelligence Tools，2006，15（2）：287-307.

[74] Kalra G，Peng Y，Guo M，et al. A hybrid intelligent systems for formulation of BCS Class II drugs in hard gelatin capsules[C]. Singapore：Proceedings of the 9th International Conference on Neural Information Processing，2002：1987-1991.

[75] Guo M，Kalra G，Wilson W. A prototype intelligent hybrid system for hard gelatin capsule formulation development[J]. Pharmaceutical Technology North America，2002，26（9）：44-60.

[76] Lundstedt H. Solar wind magnetosphere coupling：Predicted and modeled with intelligent hybrid systems[J]. Physics Chemistry Earth，1997，22：623-628.

[77] Wintoft P，Lundstedt H. Space weather modelling with intelligent hybrid systems：Predicting the solar wind velocity[J]. Advances in Space Research，1998，22（1）：59-62.

[78] Sohrabi M R，Mirzai A R，Massoumi A. Application of expert systems and neural networks for the design of hydro-carbon structures[J]. Engineering Applications of Artificial Intelligence，2000，13：371-377.

[79] Goel V，Chen J H. Application of expert network for material selection in engineering design[J]. Computers in Industry，1996，30：87-101.

[80] Zha X F. Soft computing in engineering design：A hybrid dual cross-mapping neural network model[J]. Neural Compute and Application，2005，14：176-188.

[81] Chebrolu S，Abraham A，Thomas J P. Feature deduction and ensemble design of intrusion detection systems[J]. Computers and Security，2005，24：259-307.

[82] Peddabachigari S，Abraham A，Grosan C，et al. Modeling intrusion detection system using hybrid intelligent systems[J]. Journal of Network and Computer Applications，2007，30（1）：114-132.

[83] Anonymity. BI's founding father speaks[EB/OL]. [2022-11-09]. http://searchdatamanagement.techtarget. c-om.

[84] Bernard L. 商务智能[M]. 郑晓舟，译. 北京：电子工业出版社，2002.

[85] Michael L G. IBM Data Warehousing With IBM Business Intelligence Tools[M]. New York：Wiley，2003.

[86] Ortiz S.Is business intelligence a smart move[J]. Computer，2002，35（7）：11-14.

[87] van Aken J E. Management research based on the paradigm of the design sciences：The quest for field-tested and grounded technological rules[J]. Journal of Management Studies，2004，41：219-245.

[88] 司马贺. 人工科学[M]. 武夷山，译. 上海：上海科技教育出版社，2004.

[89] 库恩. 科学革命的结构[M]. 金吾伦，胡新和，译. 北京：北京大学出版社，2003.

[90] Vaishnavi V，Kuechler B. Design science research in information systems[EB/OL]. [2022-11-09]. https://www.researchgate.net/publication/235720414_Design_Science_Research_in_Information_Systems.

[91] 钱学森. 论系统工程[M]. 长沙：湖南科学技术出版社，1982.

[92] 汪应洛. 系统工程理论、方法与应用[M]. 2 版. 北京：高等教育出版社，1998.

[93] 王众托. 系统工程引论[M]. 3 版. 北京：电子工业出版社，2006.
[94] 许国志. 系统科学[M]. 上海：上海科技教育出版社，2000.
[95] 高隆昌. 系统学原理[M]. 北京：科学出版社，2005.
[96] Hall A D. A Methodology for System Engineering[M]. New York：Van Nostrand Company，1962.
[97] Mosard G R. A generalized framework and methodology for systems analysis[J]. IEEE Transactions on Engineering Management，1982，29（3）：81-87.
[98] 苗东升. 系统科学精要[M]. 2 版. 北京：中国人民大学出版社，2006.
[99] 蔡自兴. 人工智能及其应用[M]. 3 版. 北京：清华大学出版社，2004.
[100] 戴汝为. 人工智能[M]. 北京：化学工业出版社，2002.
[101] 史忠植. 高级人工智能[M]. 北京：科学出版社，1998.
[102] 王永庆. 人工智能原理与方法[M]. 西安：西安交通大学出版社，1998.
[103] Wolpert D H，MacReady W G. No free lunch for optimization[J]. IEEE Transactions on Evolutionary Computation，1997，1（4）：67-82.
[104] 张维，刘豹. 模型选择准则的渐近性与选择检验[J]. 系统工程学报，1995，10（4）：17-24.
[105] 黄梯云，吴菲，卢涛. 模型自动选择方法研究的进展[J]. 计算机应用研究，2001，18（4）：6-8.
[106] 黄梯云，李一军，周宽久. 模型管理系统及其发展[J]. 管理科学学报，1998，1（1）：57-63.
[107] Sean B E. Mapping the intellectual structure of research in decision support systems through author cocitation analysis[J]. Decision Support Systems，1996，16：315-338.
[108] Kolodner J L.Case-based Reasoning[M]. San Francisco：Morgan Kaufman Publishers，1993.
[109] Aamodt A，Plazas E.Case-based reasoning：Foundational issues，methodological variations，and system approaches[J]. AI Communication，1994，7：39-52
[110] Spalazzi L. A survey on case-based planning[J]. Artificial Intelligence Revised，2001，16：3-36.
[111] 高阳，王刚. 模糊 AHP 模型在商业银行全面质量管理综合评价中的应用[J]. 统计信息与论坛，2004，19（1）：9-12.
[112] 高阳，王刚，夏洁. 一种新的基于人工神经网络的综合集成算法[J]. 系统工程与电子技术，2004，26（12）：1821-1825.
[113] Satty T L. The Analytic Hierachy Process[M]. New York：McGrow-Hill Inc，1980.
[114] 马占新. 数据包络分析方法的研究进展[J]. 系统工程与电子技术，2002，24（3）：42-46.
[115] 缪仁炳，徐朝晖. 信息能力国际比较的主成分分析法[J]. 数理统计与管理，2002，21（3）：1-5.
[116] 胡大立. 应用灰色理论评价企业竞争力[J]. 科技进步与对策，2003，20（1）：159-161.
[117] 仲维清，侯强. 供应商评价指标体系与评价模型研究[J]. 数量经济技术经济研究，2003（3）：93-97.
[118] 宁自军. 多种评价方法的综合应用[J]. 数理统计与管理，2000，19（3）：13-16.
[119] 徐维祥，张全寿. 一种基于灰色理论和模糊数学的综合集成算法[J]. 系统工程理论与实践，2001（4）：114-119.
[120] 李一智. 商务决策数量方法[M]. 北京：经济科学出版社，2003.
[121] Werbos P J. Beyond Regression New Tools for Predicting and Analysis in the Behavioral[M].

Cambridge：Harvard University Press，1974.
[122] Hecht-Nielsen R. Theory of the backpropagation neural network[J]. Neural Network，1988（1）：445.
[123] 袁勇任. 人工神经网络及应用[M]. 北京：清华大学出版社，1999.
[124] Rumelhart D E，McClelland J L，The PDP Research Group. Parallel Distributed Processing[M]. Cambridge：MIT Press，1988.
[125] 高红深，陶有德. BP 神经网络模型的改进[J]. 系统工程理论与实践，1996（1）：67-71.
[126] 曾福先. 农业适度规模经营与中国农业发展[M]. 长沙：湖南人民出版社，1996.
[127] 苏东水. 产业经济学[M]. 北京：高等教育出版社，2001.
[128] 赵占平. 农业产业化经营评价指标体系及数学模型[J]. 山东科技大学学报，2002，21（3）：66-69.
[129] 马培荣，杨耀东，卢平. 关于农业产业化评价模型和指标体系的讨论[J]. 农业系统科学与综合研究，2000，16（4）：299-302.
[130] 陈国宏，李美娟. 基于方法集的综合评价方法集化研究[J]. 中国管理科学，2004，12（1）：101-105.
[131] 陈国宏，陈衍达，李美娟. 组合评价系统综合研究[J]. 复旦大学学报，2003，42（5）：667-672.
[132] Mohamed R M，Luis A G. Comparison of different multicriteria evaluation methods for the Red Bluff diversion dam[J]. Environmental Modelling and Software，2000，15：471-478.
[133] 刘树. 农业产业化指标体系研究[J]. 农业技术经济，1997，16（3）：8-11.
[134] 何亚斌. 论农业产业化考核评价指标体系的设立[J]. 统计与决策，1997，13（12）：7-8.
[135] Fernandez C，Jimenez M. PROMETHEE：An extension through fuzzy mathematical programming[J]. Journal of the Operational research Society，2005，56：119-122.
[136] 陈志，俞炳丰，胡汪洋，等. 城市热岛效应的灰色评价与预测[J]. 西安交通大学学报，2004，38（9）：985-988.
[137] 张斌. 集对分析与多属性决策[J]. 农业系统科学与综合研究，2004，20（2）：123-125.
[138] Hunt J E，Cooke D E. Learning using an artificial immune system[J]. Journal of Network and Computer Applications，1996，19：189-212.
[139] Hofmeyr S，Forrest S. Architecture for an artificial immune system[J]. Evolutionary Computation，1999，7（1）：1289-1296.
[140] Kirkpatrick S，Gelatt C D，Vecchi M P. Optimization by simulated annealing[J]. Science，1983，220：671-680.
[141] van Veldhuizen D A，Lamont G B. Multiobjective evolutionary algorithm research：A history and analysis[J]. Evolutionary Computation，1998，8（2）：1-8.
[142] Schoot J R. Fault tolerant design using single and multicriteria genetic algorithms optimization [D]. Cambridge：Massachusetts Institute of Technology，1995.
[143] 王刚，黄丽华，张成洪，等. 数据挖掘分类算法研究综述[J]. 科技导报，2006，12：73-76.
[144] Babu B V，Chaturvedi G. Evolutionary computation strategy for optimization of an alkylation reaction[C]. Calcutta：Proceedings of International Symposium & 53rd Annual Session of IIChE，2000：18-21.
[145] 王刚，高阳，夏洁. 基于差分算法的人工神经网络快速训练研究[J]. 管理学报，2005，2（4）：

450-454.
[146] 焦李成. 神经网络系统理论[M]. 西安：西安电子科技大学出版社，1990.
[147] Newman D J，Hettich S，Blake C L，et al. UCI Repository of machine learning databases[DB/OL]. [2022-11-09]. https://archive.ics.uci.edu/ml/index.php.
[148] White G B，Fisch E A，Pooch U W. Cooperating security managers：A peer-based intrusion detection system[J]. IEEE Network，1996，10（1）：20-23.
[149] Denning D E. An intrusion detection model[J]. IEEE Transations on Soft Engineering，1987，13（2）：222-232.
[150] 唐正军，李建华. 入侵检测技术[M]. 北京：清华大学出版社，2004.
[151] Lee S C，Heinbuch D V. Training a neural-network based intrusion detector to recognize novel attacks[J]. IEEE Transactions on Systems，Man and Cybernetics Part A，2001，31（4）：294-299.
[152] Wang G，Huang L H，Zhang C H. Study of artificial neural network model based on fuzzy clustering[C]. Dalian：The 6th World Congress on Intelligent Control and Automation，2006：2713-2717.
[153] 王刚，黄丽华，张成洪. 基于模糊聚类的神经网络在数据挖掘分类中的应用[J]. 科技导报，2007，15：58-61.
[154] 刘增良. 模糊技术与神经网络技术选编（4）[M]. 北京：北京航空航天大学出版社，2000.
[155] Chiu S. Fuzzy model identification based on cluster estimation[J]. Journal of Intelligent and Fuzzy Systems，1994，2（3）：267-278.
[156] The third international knowledge discovery and data mining tools competition dataset KDD99-CUP[DB/OL]. [2022-11-09]. https://www.kaggle.com/datasets/galaxyh/kdd-cup-1999-data.
[157] 王茁，顾洁. 三位一体的商务智能——管理、技术与应用[M]. 北京：北京电子工业出版社，2004.
[158] 谭学清. 商务智能[M]. 武汉：武汉大学出版社，2006.
[159] 佚名. 您认同商务智能的那种定义？[EB/OL]. [2022-11-09]. http://www.chinabi.net/Article/binews/200712/ 890.htm.
[160] Karl V D B. BI web services enabling next generation BI extranets for total visibility over the value chain[DB/OL]. [2022-11-09]. http://www.businessobjects.com/global/pdf/whitepapers/biws_wp.pdf.
[161] 张云涛. 商务智能设计、部署与实现[M]. 北京：电子工业出版社，2004.
[162] 郭金兰. 商务智能及其应用研究[D]. 上海：华东师范大学，2004.
[163] 孙蕾. 商务智能应用探索[D]. 南京：南京理工大学，2004.
[164] 冯瑞芳. ERP 与商务智能整合应用的研究[D]. 大连：大连海事大学，2006.
[165] 佚名. 商务智能的起源和现状[EB/OL]. [2022-11-09]. https://www.dzsc.com/data/2007-4-30/27968.html.
[166] 安淑芝. 数据仓库与数据挖掘[M]. 北京：清华大学出版社，2005.
[167] Michael L G. IBM Data Warehousing With IBM Business Intelligence Tools[M]. 吴刚，译. 北京：电子工业出版社，2004.
[168] 陈京民. 数据仓库原理、设计与应用[M]. 北京：中国水利水电出版社，2004.
[169] 于宗民，刘宁义. 数据仓库中的项目管理[M]. 北京：人民邮电出版社，2006.

[170] Davidson T S. Visual Data Mining[M]. 朱建秋，译. 北京：电子工业出版社，2004.
[171] 林杰斌，刘明德. 数据挖掘与 OLAP 理论与实务[M]. 北京：清华大学出版社，2003.
[172] 张云涛. 数据挖掘原理与技术[M]. 北京：电子工业出版社，2004.
[173] Han J W. Data Mining Concepts and Techniques（影）[M]. 北京：高等教育出版社，2002.
[174] 康晓东. 基于数据仓库的数据挖掘技术[M]. 北京：机械工业出版社，2005.
[175] 罗龙，沈健敏，王刚，等. 信息化带动传统印刷企业管理的腾飞[J]. 中国青年科技，2008，1：89-95.
[176] 沈健敏，罗龙，王刚，等. 上海烟草工业印刷厂 ERP 系统的设计与实现[J]. 企业技术开发，2008，27（1）：69-71.
[177] Kaplan R S，Norton D P. The balanced scorecard：Measures that drive performance[J]. Harvard Business Review，1992（1）：71-79.
[178] Kaplan R S，Norton D. Strategy maps：Converting intangible assets into tangible out-comes[J]. Harvard Business Review，2004.
[179] 顾宁，刘家茂，柴晓路. Web Services 原理与研发实践[M]. 北京：机械工业出版社，2006.
[180] 柴晓路，梁宇奇. Web Services 技术、架构和应用[M]. 北京：电子工业出版社，2003.
[181] Kleijnen S，Raju S. An Open Web Services Architecture[M]. NewYork：ACM Press，2003.
[182] 章建功. 基于 Web 服务商务智能应用研究[D]. 大连：辽宁工程技术大学，2005.
[183] 王正林，刘明. 精通 MATLAB7[M]. 北京：电子工业出版社，2006.
[184] Duane H，Bruce L. Mastering MATLAB7[M]. Upper Saddle：Prentice Hall PTR，2004.
[185] 张志涌. 精通 MATLAB6.5[M]. 北京：北京航空航天大学出版社，2003.
[186] 张志刚，刘丽梅，朱婧，等. MATLAB 与数学实验[M]. 北京：中国铁道出版社，2004.
[187] 王正林，王胜开，陈国顺，等. MATLAB/Simulink 与控制系统仿真[M]. 北京：电子工业出版社，2005.
[188] 董维国. 深入浅出 MATLAB7.x 混合编程[M]. 北京：机械工业出版社，2006.
[189] Billy S H，Rockford L. 高效掌握 Visual Basic.NET[M]. 康博，译. 北京：清华大学出版社，2002.
[190] 陈文军，陈晓铭. Visual Basic. NET 数据库编程[M]. 北京：清华大学出版社，2005.
[191] Kimel P. Visual Basic. NET 技术内幕[M]. 吕建宁，译. 北京：电子工业出版社，2002.
[192] Cazzulino D，Delorme R. ASP.NET 组件工具包——VB.NET Web 解决方案[M]. 李增民，王黎，译. 北京：清华大学出版社，2003.
[193] 郑小平. NET 精髓——Web 服务原理与开发[M]. 北京：人民邮电出版社，2002.
[194] Joseph B，Karli W. NET Web 服务入门经典[M]. 候彧，译. 北京：清华大学出版社，2003.
[195] Kapil A，Dietrich A. 开放源代码的 Web 服务高级编程[M]. 周辉，杜一民，译. 北京：清华大学出版社，2003.
[196] 陈莉，赵磊，华伟，等. TOPSIS 在电力上市公司财务综合能力评价中的应用[J]. 现代电力，2003，20（6）：96-100.
[197] Albadvi A. Formulating national information technology strategies：A preference ranking model using PROMETHEE method[J]. European Journal of Operational Research，2004，153（2）：290-296.
[198] Mousseau V，Dias L. Valued outranking relations in ELECTRE providing manageable

disaggregation procedures[J]. European Journal of Operational Research，2004，156：467-482.
[199] 王刚，黄丽华，夏洁，等. 新的混合智能系统 R-FC-DENN[J]. 系统工程与电子技术，2006，28（3）：448-453.
[200] 王刚，黄丽华，张成洪. 混合智能系统 R-FC-DENN 及其实现[J]. 科技导报，2007，11：69-73.
[201] Pawlak Z. Rough Sets，Theoretical Aspects of Reasoning about Data[M]. Boston：Kluwer Academic Publishers，1991.
[202] 张文修，吴伟志，梁吉业，等. 粗糙集理论与方法[M]. 北京：科学出版社，2003.
[203] LeCun Y，Bengio Y，Hinton G. Deep learning[J]. Nature，2015，521（7553）：436-444.
[204] Hubel D H，Wiesel T N. Receptive fields，binocular interaction and functional architecture in the cat's visual cortex[J]. Journal of Physiology，1962，160（1）：106-154.
[205] Fukushima K，Miyake S. Neocognitron：A self-organizing neural network model for a mechanism of visual pattern recognition[M]//Cybern B. Competition and Cooperation in Neural Nets. Berlin：Springer-Verlag，1982：267-285.
[206] LeCun Y，Boser B E，Denker J S，et al. Handwritten digit recognition with a back-propagation network[C]. Denver：NIPS'89：Proceedings of the 2nd International Conference on Neural Information Processing Systems，1989：396-404.
[207] LeCun Y，Bottou L，Bengio Y，et al. Gradient-based learning applied to document recognition[J]. Proceedings of the IEEE，1998，86（11）：2278-2324.
[208] Krizhevsky A，Sutskever I，Hinton G E. Imagenet classification with deep convolutional neural networks[J]. Advances in Neural Information Processing Systems，2012，25：1097-1105.
[209] Deng J，Dong W，Socher R，et al. Imagenet：A large-scale hierarchical image database[C]. Miami：2009 IEEE Conference on Computer Vision and Pattern Recognition，2009：248-255.
[210] Simonyan K，Zisserman A. Very deep convolutional networks for large-scale image recognition[C]. San Diego：International Conference on Learning Representations 2015，2015：1-14.
[211] Szegedy C，Liu W，Jia Y，et al. Going deeper with convolutions[C]. Boston：Proceedings of the IEEE Conference on Computer Vision and Pattern Recognition，2015：1-9.
[212] He K，Zhang X，Ren S，et al. Deep residual learning for image recognition[C]. Las Vegas：Proceedings of the IEEE Conference on Computer Vision and Pattern Recognition，2016：770-778.
[213] Silver D，Huang A，Maddison C J，et al. Mastering the game of Go with deep neural networks and tree search[J]. Nature，2016，529（7587）：484-489.
[214] Hopfield J J. Neural networks and physical systems with emergent collective computational abilities[J]. Proceedings of the National Academy of Sciences，1982，79（8）：2554-2558.
[215] Jordan M I. Serial order：A parallel distributed processing approach[J]. Advances in Psychology，1997，121（97）：471-495.
[216] Elman J L. Finding structure in time[J]. Cognitive Science，1990，14（2）：179-211.
[217] Hochreiter S，Schmidhuber J. Long short-term memory[J]. Neural computation，1997，9（8）：1735-1780.

[218] Chung J，Gulcehre C，Cho K，et al. Empirical evaluation of gated recurrent neural networks on sequence modeling[C]. Montréal：NIPS 2014 Workshop on Deep Learning，2014：1-9.

[219] Gori M，Monfardini G，Scarselli F. A new model for learning in graph domains[C]. Montreal：Proceedings. 2005 IEEE International Joint Conference on Neural Networks，2005：729-734.

[220] Scarselli F，Gori M，Tsoi A C，et al. The graph neural network model[J]. IEEE Transactions on Neural Networks，2009，20（1）：61-80.

[221] Bruna J，Zaremba W，Szlam A，et al. Spectral networks and deep locally connected networks on graphs[C]. Banff：2nd International Conference on Learning Representations，2014：1-14.

[222] Henaff M，Bruna J，LeCun Y. Deep convolutional networks on graph-structured data[J]. Computer Science，2015：1-10.

[223] Defferrard M，Bresson X，Vandergheynst P. Convolutional neural networks on graphs with fast localized spectral filtering[C]. Barcelona：Proceedings of the 30th International Conference on Neural Information Processing Systems，2016：3844-3852.

[224] Kipf T N，Welling M. Semi-supervised classification with graph convolutional networks[C]. Toulon：International Conference on Learning Representations，2016：1-14.

[225] Hamilton W L，Ying R，Leskovec J. Inductive representation learning on large graphs[C]. Long Beach：Proceedings of the 31st International Conference on Neural Information Processing Systems，2017：1025-1035.

[226] Ying R，He R，Chen K，et al. Graph convolutional neural networks for web-scale recommender systems[C]. London：Proceedings of the 24th ACM SIGKDD International Conference on Knowledge Discovery & Data Mining，2018：974-983.

[227] Veličković P，Cucurull G，Casanova A，et al. Graph attention networks[C]. Vancouver：International Conference on Learning Representations，2018：1-12.

[228] Hu L，Li C，Shi C，et al. Graph neural news recommendation with long-term and short-term interest modeling[J]. Information Processing & Management，2020，57（2）：102142.

[229] Wang S，Li Y，Zhang J，et al. $PM_{2.5}$-GNN：A domain knowledge enhanced graph neural network for $PM_{2.5}$ forecasting[C]. New York：Proceedings of the 28th International Conference on Advances in Geographic Information Systems，2020：163-166.

[230] Ren L，Dong J，Wang X，et al. A data-driven auto-CNN-LSTM prediction model for lithium-ion battery remaining useful life[J]. IEEE Transactions on Industrial Informatics，2020，17（5）：3478-3487.

[231] Zhao B，Cheng C，Peng Z，et al. Detecting the early damages in structures with nonlinear output frequency response functions and the CNN-LSTM model[J]. IEEE Transactions on Instrumentation and Measurement，2020，69（12）：9557-9567.

[232] Wang Q，Mao Z，Wang B，et al. Knowledge graph embedding：A survey of approaches and applications[J]. IEEE Transactions on Knowledge and Data Engineering，2017，29（12）：2724-2743.

[233] Zhu G，Iglesias C A. Computing semantic similarity of concepts in knowledge graphs[J]. IEEE Transactions on Knowledge and Data Engineering，2016，29（1）：72-85.

[234] Nickel M，Murphy K，Tresp V，et al. A review of relational machine learning for knowledge

graphs[J]. Proceedings of the IEEE，2015，104（1）：11-33.

[235] Wang H，Zhang F，Wang J，et al. RippleNet：Propagating user preferences on the knowledge graph for recommender systems[C]. Torino：Proceedings of the 27th ACM International Conference on Information and Knowledge Management，2018：417-426.

[236] Wang H，Zhang F，Zhang M，et al. Knowledge-aware graph neural networks with label smoothness regularization for recommender systems[C]. New York：Proceedings of the 25th ACM SIGKDD International Conference on Knowledge Discovery & Data Mining，2019：968-977.

[237] 百度百科. 新一代人工智能发展规划[EB/OL]. [2022-11-09]. https://baike.baidu.com/item/%E6%96%B0%E4%B8%80%E4%BB%A3%E4%BA%BA%E5%B7%A5%E6%99%BA%E8%83%BD%E5%8F%91%E5%B1%95%E8%A7%84%E5%88%92/22036716.